公共建筑设计

（第 3 版）

艾学明　**主编**

季　翔　**主审**

东南大学出版社
SOUTHEAST UNIVERSITY PRESS

内 容 提 要

本书根据《公共建筑设计课程教学标准》编写。本书系统性强,设计概念新,在内容的选材上以大量性民用建筑为主,理论与实践相结合,教材和教学相结合,深度上适合本专科层次的教学要求。

全书共分十五章,前六章讲述的是公共建筑设计的基本原理,分别是第1章建筑设计基本知识,第2章公共建筑空间组成,第3章公共建筑内部空间组合设计,第4章公共建筑外部空间环境设计,第5章建筑立面造型艺术,第6章建筑设计技术经济分析,后九章讲述的是公共建筑的专题设计,分别是第7章文化馆建筑设计,第8章托儿所、幼儿园建筑设计,第9章中、小学校建筑设计,第10章商业建筑设计,第11章旅馆建筑设计,第12章医院建筑设计,第13章图书馆建筑设计,第14章汽车站建筑设计,第15章展览馆建筑设计。

本书可作为专科、应用型本科学校建筑设计技术、城市规划等专业的教材,也可以供从事本专业的工程技术人员使用。

图书在版编目(CIP)数据

公共建筑设计 / 艾学明主编. —3版. —南京:
东南大学出版社,2019.1(2021.1 重印)
 ISBN 978-7-5641-8130-7

Ⅰ.①公… Ⅱ.①艾… Ⅲ.①公共建筑-建筑设计-
高等职业教育-教材 Ⅳ.①TU242

中国版本图书馆 CIP 数据核字(2018)第 266730 号

公共建筑设计(第3版)

出版发行	东南大学出版社	
出 版 人	江建中	
网 址	http://www.seupress.com	
电子邮箱	editor_ma@163.com	
社 址	南京市四牌楼2号	
邮 编	210096	
经 销	全国各地新华书店	
印 刷	江苏扬中印刷有限公司	
开 本	787mm×1092mm 1/16	
印 张	23.25	
字 数	580 千	
版 次	2019 年 1 月第 3 版	
印 次	2021 年 1 月第 3 次印刷	
书 号	ISBN 978-7-5641-8130-7	
印 数	8001—12000 册	
定 价	58.00 元	

本社图书若有印装质量问题,请直接与营销部联系。电话(传真):025-83791830。

前　言

本书根据《公共建筑设计课程教学标准》编写。建筑从使用功能上分为工业建筑、民用建筑和农业建筑,其中民用建筑包括居住建筑和公共建筑两部分,所以公共建筑设计是建筑设计的重要组成部分。按照用途的不同,公共建筑分为 14 种之多,各类公共建筑设计专题更是多达几十个。为了更加熟练地掌握公共建筑设计技能,首先必须掌握建筑设计的基本原理,再通过对各类公共建筑设计专题的学习与训练,从而达到全面理解与掌握。为此,本书在内容的选择上,首先注重建筑设计的基本理论知识,其次对于各类公共建筑设计专题的选择,更加侧重于具有典型的、普遍意义的中小型民用建筑,同时融入当前最新的设计概念,这使得本书更具系统性和先进性;深度上较适合高职高专层次和应用型本科的教学要求。

《公共建筑设计》是建筑设计专业的主干核心课,是一门实践性很强的课程,是从事建筑设计工作人员所必须要掌握的专业知识和技能。建筑设计又是一项政策性和综合性很强的工作,它除了必备的本专业知识外,还应对自然科学、社会科学有广泛的了解,还必须掌握调查研究、绘图、计算、计算机应用等多方面的技能,还需要运用逻辑思维和形象思维去思考相关问题,而所有这些理论的掌握和设计技能的提高都有赖于大量的设计实践活动。为此,本书在介绍建筑设计基本理论知识时,以大量建筑设计作品为例进行分析。同时,为了突出高等职业教育教学的特色,本书在编写过程中遵循高职教材理论"必需、够用"原则,积极推行工学结合,加强实践能力培养,在选材上以大量性民用建筑为主,将教材和教学有机结合,具有较强的可操作性。在具体的教学过程中,可指导学生多作设计,包括快速的草图构思、小设计以及各类中小型民用建筑设计。设计深度以初步设计为主,也可绘制部分施工图。由于设计选题不同,各章节的内容在讲授时,可以有详有略,也可以根据具体情况,节选部分章节内容进行讲授。

本书图文并茂,文字简练,重点突出,详略得当,以图代言,直观易懂。

本书在编写过程中参考和引用了很多专家、学者的著作、教材和资料,在此深表谢忱。全国高职高专教育建筑类专业指导委员会主任委员季翔教授在百忙中对于本书予以认真的审定,提出了很多建设性的修改意见,在此表示感谢。

由于时间仓促及编者水平有限,书中难免存在错误和不足,恳请有关专家和广大读者批评指正。

编　者
2018 年 11 月

目　　录

1 建筑设计基本知识

建筑是为了满足人类社会活动的需要,利用物质技术条件,按照科学法则和审美要求,通过对空间的塑造、组织与完善所形成的物质环境。

建筑可以泛指建筑物和构筑物。建筑物有较完整的围护结构,审美要求也较高,如住宅、学校、办公楼、影剧院等,人们习惯上把它们统称为房屋。构筑物围护结构不完整,审美要求不高,如水塔、烟囱、蓄水池等。有的建筑,虽然没有完整的围护结构,但审美要求高,也可称为建筑物,如纪念碑等。

1.1 建筑的发生与发展

为了满足生存和发展的需要,人类很早就学会了建造房屋,并使之成为最早的生产活动之一。从远古的穴居、巢居到现代的高楼大厦,千姿百态,异彩纷呈。考察建筑发展的历史,影响因素很多,主要有以下三方面。

1.1.1 生产力发展水平

建筑首先是一种物质资料的生产,因而离不开建筑材料和建造技术。远古时期,人们采用自然界最易取得,或加工最方便的材料来建造房屋,如泥土、木、石等,出现了石屋、木骨泥墙等简单的房屋。随着生产力的发展,人们逐渐学会了制造砖瓦,利用火山灰制作天然水泥,提高了对木材和石材的加工技术,并掌握了构架、拱券、穹顶等施工方法,使建筑变得更加复杂和精美。特别是进入工业时代以后,生产力迅速提高,钢筋混凝土、金属、玻璃、塑料逐渐代替砖、瓦、木、石,成为最主要的建筑材料。科学的发展已使建造超高层建筑和大跨度建筑成为可能,各种建筑设备的采用极大地改善了建筑的环境条件。建筑正以前所未有的速度改变其面貌。所以,生产力的发展是建筑发展最重要的物质基础。

1.1.2 生产关系的改变

建筑是为人类从事各种社会活动的需要而建造的,因而其必然要反映各个历史时期社会活动的特点,包括生产组织方式、政治制度、社会意识形态和生活习俗等。原始社会、奴隶社会、封建社会,各个时期的建筑都大不相同。

1.1.3 自然条件的差异

建筑的目的主要是创造能适应人类社会活动需要的良好环境,因而如何针对不同的自然条件来改善这种环境便成为建造活动的重要内容之一。如寒带与热带,山地与平原,林区与草原等,人类在不同自然条件下创造了丰富多彩的建筑类型。

建筑的发展受到各种因素影响,并被打上深深的烙印,所以建筑成为人类历史发展的重要标志,成为各民族文化的重要组成部分(图 1-1 至图 1-6)。

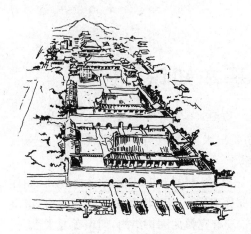

图 1-1　北京故宫

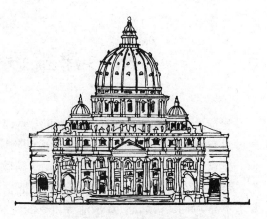

图 1-2　罗马圣彼得大教堂

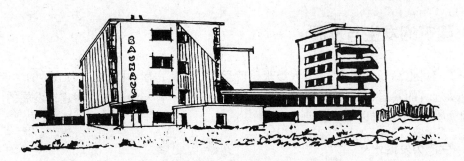

图 1-3　包豪斯新校舍

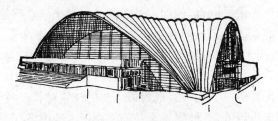

图 1-5　巴黎国家工业与技术中心陈列大厅

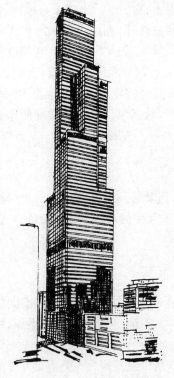

图 1-4　西尔斯大厦

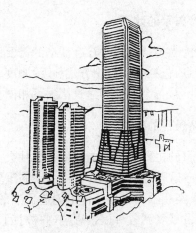

图 1-6　广东国际大厦

图 1-1,北京故宫,始建于明朝永乐年间,是我国封建社会后期最重要的建筑群。建筑面积 15 万 m²,有房屋近 1 万间。建筑群布置井然有序,巍峨壮观,表达了王权至上的思想。完美的空间组合和建筑造型都达到了很高的艺术水平。

图 1-2,罗马圣彼得大教堂,始建于 1506 年,历时 120 年才建成。很多建筑师都参加了它的设计。该建筑雄伟壮观,其顶点高达 137.8 m。建筑材料主要为石和砖。穹顶、拱券、柱式的运用很纯熟。它集中了意大利 16 世纪建筑技术与艺术的最高成就,是文艺复兴时期最伟大的纪念碑。

图 1-3,包豪斯新校舍,1926 年建成于德国德绍市,由现代主义建筑大师格罗皮乌斯设计。建筑材料主要为钢筋混凝土和砖。根据建筑空间要求,分别采用了框架和墙承重两种结构体系。该建筑功能分区明确合理,建筑空间灵活多样,建筑造型简洁明快。包豪斯新校舍是现代主义建筑经典作品之一。

图 1-4,西尔斯大厦,是当今世界最高的建筑物之一。大厦共 110 层,总高度 442 m,建筑面积 42 万 m²。大厦平面由 9 个 22.9 m 见方的平面组成,每个方形平面为一个竖向筒体,组成束筒结构。9 个竖筒分别截止在不同的高度,形成阶梯状的外表。大厦的建成,标志着现代建筑技术的新成就。

图 1-5,巴黎国家工业与技术中心陈列大厅,平面为三角形,每边跨度 218 m,壳顶高出地面 48 m,总面积达 9 万 m²。屋顶采取分段预制的钢筋混凝土薄壳。

图 1-6,广东国际大厦,1992 年落成于广州市,总建筑面积 18 万 m²,主楼高 200 m,是一座现代化的综合大厦。外墙饰以银灰色蜂窝铝板和蓝色镜面玻璃。整个建筑挺拔雄伟。大厦内部运用电脑网络技术进行管理。

1.2 建筑的构成要素和建筑设计原则

1.2.1 建筑的空间组成

建筑的空间组成主要是指建筑的内部空间和外部空间,建筑的内部空间包括主要使用空间、辅助使用空间、交通联系空间,建筑的外部空间主要包括建筑物及其周围环境空间等。

1.2.2 建筑的构成要素

建筑的构成要素主要有建筑功能、建筑技术、建筑的艺术形象三个方面。

1) 建筑功能

建筑功能是指建筑的用途和使用要求。建筑功能的要求是随社会生产和生活的发展而发展的,不同的功能要求产生不同的建筑类型,不同的建筑类型就有不同的建筑特点。

2) 建筑技术

建筑技术包括材料、结构、设备、施工技术及经济合理性等。建筑技术随社会生产水平和科学技术水平的提高而提高。建筑技术的进步必将带来建筑的改观。

3) 建筑的艺术形象

构成建筑的艺术形象的因素,包括建筑群体和单体的体形、内部和外部的空间组合、立面构图、细部处理、材料的质感和色彩以及光影变化等。这些因素处理得当,便会产生良好的艺术效果,满足人们的审美要求。优秀的建筑设计,其建筑形象常常能反映时代的生产水平、文化传统、民族风格和社会精神面貌,表现出某种建筑的性格和内容。

在上述三个基本构成要素中,建筑功能是建筑的目的,建筑技术是实现建筑目的的手段,而建筑形象则是建筑功能、建筑技术和审美要求的综合表现。三者之中,功能常常是主导的,对建筑技术和建筑形象起决定作用;建筑技术是建筑的手段,因而建筑功能和建筑形象受其一定制约;建筑形象也不是完全被动的,在同样的条件下,有同样的功能,采用同样的技术,也可创造出不同的建筑形象,达到不同的审美要求。优秀的建筑作品应实现三者的辩证统一。

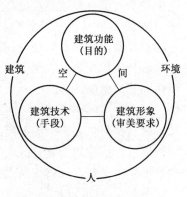

建筑是人建造的,是为人服务的,它以空间(包括内部空间和外部空间)为其主要特征,以创造良好的环境为其宗旨,建筑应实现功能、技术和形象三者的辩证统一,这就是建筑的本质。我们可以用图1-7来加以概括。

图 1-7 建筑的本质

1.2.3 建筑方针

1953 年,我国制定了"适用、经济、在可能条件下注意美观"的建筑方针,对当时的建设工作起到了巨大的指导作用。1986 年,原建设部根据新时期的具体情况,制定了《中国建筑技术政策》,并指出:"建筑业的主要任务是全面贯彻适用、安全、经济、美观的方针"。

适用,是对建筑的基本要求,也是建筑的目的。因此建筑应具有与其使用要求相适应的面积、体积及合理的空间布置、必要的设施条件,并能创造良好的物理环境。

安全,是建筑应具备的保障条件。结构安全、防火及建筑的耐久年限等都应达到国家有关技术规范的要求。

经济,是建筑在建造和使用过程中所产生的综合效益,包括经济效益、社会效益和环境效益。经济效益要综合考虑建筑造价、材料消耗和建设周期等因素。社会效益体现在社会文化、福利、对人才素质的提高以及国民收入增长等方面。环境效益取决于环境质量评价。

美观,是建筑造型、室内外空间组织以及装修等艺术处理的结果,也是时代的社会生活、物质技术、审美意识的综合反映。不同的建筑类型和处于不同的环境条件下的建筑,应有不同的艺术形式和建筑风格,以促进建筑创作的繁荣与发展。

"适用、安全、经济、美观",是与建筑的构成要素相一致的,反映了建筑的本质,同时也结合了我国的具体情况,所以它不但是建筑业的指导方针,也是评价建筑物优劣的基本准则。我们在建筑实践中应严格执行这个方针,以保证建筑业沿着正确的方向发展。

1.2.4 建筑设计的基本原则

建筑设计是一项政策性和技术性很强、内容非常广泛的综合性工作,也是艺术性很强的创作过程。建筑设计应遵循以下基本原则:

(1)坚决贯彻国家的有关方针政策,遵守有关的法规、规范和条例。

(2)考虑建筑与城市和周围环境的关系,使建筑设计满足城市规划的要求。

(3)考虑建筑的功能和使用要求,创造良好的空间环境,以满足人们生产、生活和文化等各种活动的需要。

(4)考虑防火、抗震、防空、防洪等措施,保障人民生命财产的安全,并尽量为残疾人和老年人的正常生活及参与社会活动创造便利条件。

（5）考虑建筑的内外形式，创造良好的建筑形象，以满足人们的审美要求。

（6）考虑材料、结构与设备布置的可能性与合理性，妥善解决建筑功能和艺术要求与技术之间的矛盾。

（7）考虑经济条件，创造良好的经济效益、社会效益和环境效益，并适当考虑远近期目标相结合。

（8）考虑施工技术问题，为施工创造有利条件，并促进建筑工业化。

1.3　建筑的分类与分级

1.3.1　建筑的分类

1）按建筑的使用功能分类

（1）居住建筑

供人们居住、生活的建筑，如住宅、宿舍、公寓等。

（2）公共建筑

供人们进行公共活动的建筑，按照用途又可分为 14 种。

① 办公建筑：办公楼（写字楼）等。

② 教育科研建筑：教学楼、实验楼等。

③ 文化娱乐建筑：展览馆、图书馆、博物馆、影剧院、文化宫等。

④ 体育建筑：体育场、体育馆、游泳池等。

⑤ 商业服务建筑：商店、商场、餐饮店等。

⑥ 旅馆建筑：宾馆、旅馆、招待所等。

⑦ 医疗与福利机构建筑：医院、疗养院、休养所、福利院等。

⑧ 交通建筑：客运站、航空港等。

⑨ 邮电建筑：邮局、电信局、广播电视台、卫星地面站等。

⑩ 纪念性建筑：纪念馆、纪念碑等。

⑪ 司法建筑：法院、监狱等。

⑫ 园林建筑：公园、动物园、植物园等。

⑬ 市政公用设施建筑：公共厕所、消防站、煤气站、加油站等。

⑭ 综合性建筑：集多种功能为一体的建筑。

（3）工业建筑

为工业生产所需的各类建筑，如厂房、仓储等。

（4）农业建筑

为农、牧、渔业生产和加工所需要的各类建筑，如农机站、温室、农副产品仓库等。

上述居住建筑和公共建筑合称民用建筑。

2）按建筑的数量与规模分类

（1）大量性建筑：指单幢建筑规模不大，但建造数量多，分布较广的建筑，如住宅、中小学校、幼儿园、中小型商店等。

（2）大型性建筑：指规模大、标准高、耗资多的建筑，如大型体育馆、影剧院等。

3）按建筑的层数分类

（1）《住宅设计规范》（GB 50096—2011）规定：低层，1～3层；多层，4～6层；中高层，7～9层；高层，10层及以上。

（2）《建筑设计防火规范（2018版）》（GB 50016—2014）规定：10层或超过10层的住宅，超过24 m 高度的其他民用建筑称为高层建筑。

（3）高层建筑分为四类。

第一类：9～16层（最高50 m）；第二类：17～25层（最高75 m）；第三类：26～40层（最高100 m）；第四类：层数超过40层，高度大于100 m。

第四类高层建筑又称为超高层建筑。

1.3.2　建筑的等级划分

1）以主体结构确定建筑耐久年限

以主体结构确定的建筑耐久年限分为四级，见表1-1。

表1-1　以主体结构确定的建筑耐久年限等级表

建筑等级	耐久年限	适用建筑类型
一	100年以上	重要的建筑和高层建筑
二	50～100年	一般性建筑
三	25～50年	次要的建筑
四	25年以下	临时性建筑

2）按建筑物的耐火等级分级

按照建筑物的耐火程度，根据我国现行规范规定，建筑物的耐火等级分为四级，见表1-2。耐火等级标准依据房屋的主要构件（如墙、柱、梁、楼板、屋顶、楼梯等）的燃烧性能和它的耐火极限来确定。构件的燃烧性能分为燃烧体、难燃烧体、非燃烧体三类。耐火极限是指按规定的火灾升温曲线，对建筑构件进行耐火试验，从受到火的作用起，到失掉支持能力或发生穿透性裂缝或背火一面温度升高到220℃时止，这段时间以小时计。

表1-2　建筑物的耐火等级

构件名称	耐火等级	一　级	二　级	三　级	四　级
		燃烧性能和耐火极限（h）			
墙	防火墙	非燃烧体4.00			
	承重墙、楼梯间、电梯井墙	非燃烧体3.00	非燃烧体2.50		难燃烧体0.50
	非承重外墙	非燃烧体1.00		非燃烧体0.50	非燃烧体0.25
	疏散走道两侧的隔墙				
	房间隔墙	非燃烧体0.75	非燃烧体0.50		难燃烧体0.25
柱	支承多层的柱	非燃烧体3.00	非燃烧体2.50		难燃烧体0.50
	支承单层的柱	非燃烧体2.50	非燃烧体2.00		燃烧体
梁		非燃烧体2.00	非燃烧体1.50	非燃烧体1.00	难燃烧体0.50
楼板		非燃烧体1.00	非燃烧体0.50		难燃烧体0.25
屋顶承重构件		非燃烧体1.50	非燃烧体0.50	燃烧体	燃烧体
疏散楼梯		非燃烧体1.00			
吊顶（包括吊顶搁栅）		非燃烧体0.25	难燃烧体0.25	难燃烧体0.15	

3）民用建筑工程设计等级分类表

按建筑的规模大小、复杂程度划分的设计等级共分六级,详见表1-3。

表1-3　民用建筑工程设计等级分类表

工程等级	工程主要特征	工程范围举例
特　级	1. 列为国家重点项目或以国际性活动为主的高级大型公共建筑; 2. 有国家和重大历史意义或技术要求特别复杂的中小型公共建筑; 3. 30层以上高层建筑; 4. 高大空间有声、光等特殊要求的建筑	国宾馆、国家大会堂、国际会议中心、国际体育中心、国际贸易中心、大型国际航空港、国际综合俱乐部、重要历史纪念建筑、国家级图书馆、博物馆、美术馆、剧院、音乐厅、三级以上人防工程
1　级	1. 高级、大中型公共建筑; 2. 有地区历史意义或技术要求复杂的中小型公共建筑; 3. 16层以上29层以下或高度超过50 m(八度抗震设防区超过36 m)的公共建筑; 4. 建筑面积10万 m² 以上的居住区、工厂生活区	高级宾馆、旅游宾馆、高级招待所、别墅、省级展览馆、博物馆、图书馆,科学实验研究楼(包括高等院校)、高级会堂、高级俱乐部、大型综合医院、疗养院、医疗技术楼、大型门诊楼、大中型体育馆、室内游泳馆、室内滑冰馆、大城市火车站、航运站、候机楼、综合商业大楼、高级餐厅、四级人防、五级平战结合人防工程等
2　级	1. 中高级、大中型总高不超过50 m(八度抗震设防区不超过36 m)的公共建筑; 2. 技术要求较高的中小型建筑; 3. 建筑面积不超过10万 m² 的居住区、工厂生活区; 4. 16层以上29层以下的住宅	大专院校教学楼、档案楼、礼堂、电影院、省级机关办公楼、300张床位以下(不含300张床位)医院、疗养院、地市级图书馆、文化馆、少年宫、俱乐部、排演厅、报告厅、风雨操场、中等城市汽车客运站、中等城市火车站、邮电局、多层综合商场、风味餐厅、高级小住宅等
3　级	1. 中级、中型公共建筑; 2. 高度不超过24 m(八度抗震设防区<13 m)、技术要求简单的建筑以及钢筋混凝土屋面、单跨<18 m(采用标准设计21 m)或钢结构屋面单跨<9 m的单层建筑; 3. 7层以上15层以下有电梯住宅或框架结构的建筑	重点中学、中等专科学校、教学实验楼、电教楼、社会旅馆、饭馆、招待所、浴室、邮电所、门诊所、百货楼、托儿所、幼儿园、综合服务楼、1~2层商场、多层食堂、小型车站等
4　级	1. 一般中小型公共建筑; 2. 7层以下无电梯住宅、宿舍及砖混结构的建筑	一般办公楼、中小学教学楼、单层食堂、单层汽车库、消防车库、消防站、蔬菜门市部、粮站、杂货店、阅览室、理发室、公共厕所等
5　级	1~2层单功能、一般小跨度结构建筑	同特征

1.4　建筑设计的内容与依据

1.4.1　建筑设计的内容

房屋的设计工作,通常包括建筑设计、结构设计、设备设计三部分。建筑设计包括建筑空间环境的造型设计和构造设计。建筑设计是房屋设计的龙头,并与结构设计、设备设计紧密配合,相互协调。结构设计包括结构选型、结构计算、结构布置与构件设计等,它是从受力骨架上保证建筑安全的设计。设备设计包括给水、排水、供热、通风、电气、燃气、通讯、动力等项设计,它是改善建筑物理环境的重要设计。

建筑设计的内容具体如下:

1)建筑空间环境的造型设计

(1)建筑总平面设计,主要是根据建筑物的性质和规模,结合基地条件和环境特点,以及城市规划的要求,来确定建筑物或建筑群的位置和布局,规划用地内的绿化、道路和出入口,以及布置其他设施,使建筑总体满足使用要求和艺术要求。

(2) 建筑平面设计,主要根据建筑的空间组成及使用要求,结合自然条件、经济条件和技术条件,来确定各个房间的大小和形状,确定房间与房间之间、室内与室外空间之间的分隔联系方式,进行平面布局,使建筑的平面组合满足实用、安全、经济、美观和结构合理的要求。

(3) 建筑剖面设计,主要根据功能和使用要求,结合建筑结构和构造特点,来确定房间各部分高度和空间比例,进行垂直方向空间的组合和利用,选择适当的剖面形式,并进行垂直方向的交通和采光、通风等方面的设计。

(4) 建筑立面设计,主要根据建筑的性质和内容,结合材料、结构和周围环境特点,综合地解决建筑的体形组合、立面构图和装饰处理,以创造良好的建筑形象,满足人们的审美要求。

2) 建筑的构造设计

构造设计主要是研究房屋的构造组成,如墙体、楼地层、楼梯、屋顶、门窗等,并确定这些构造组成所采用的材料和组合方式,以解决建筑的功能、技术、经济和美观等问题。构造设计应绘制很多详图,有时也采用标准构配件设计图或标准制品。

房屋的空间环境造型设计中,总平面以及平面、剖面、立面各部分是一个综合思考过程,而不是相互孤立的设计步骤。空间环境的造型设计和构造设计,虽然设计内容不同,但目的和要求却是一致的,所以设计时也应综合起来考虑。

1.4.2 建筑设计的依据

1) 人体工程学与行为建筑学

人体工程学是研究人体尺度和人体活动所需的空间尺度,研究家具、设备与人的配合关系,研究人的生理要求。行为建筑学是研究人与建筑空间环境的关系,包括人的各种行为对建筑产生的要求;建筑对人的行为,包括生理和心理的反作用等。所以,人体工程学和行为建筑学是建筑设计的重要依据之一。

2) 自然条件与环境条件

(1) 气象条件

气象条件包括建设地区的温度、湿度、日照、降水、风向、风速等。建筑设计应根据建筑自身的要求和不同的气象条件,解决好保温、隔热、通风、防风沙、日照、遮阳、排水、防水、防潮、防冰冻等问题。

图1-8是我国部分城市的风向频率玫瑰图。

风向频率是指该地区各个方位上风的次数与所有方位风的总次数之比(%)。风向频率按一定比例画在方位坐标上就形成了风向频率玫瑰图。风向资料可以从当地气象部门收集。在玫瑰图中,实线一般表示全年风向频率,虚线一般表示夏季(或最热的三个月)风向频率。风向频率玫瑰图可以表示地形图的方位和该地区各方位刮风次数的分布情况,并确定出主导风向。例如,长沙市全年主导风向为西北风,夏季主导风向为南风。

(2) 地形、地质、水文条件和地震烈度

地形是指建设地段地势起伏的状况。地质包括地基土的种类和承载能力。水文包括地面水(河、湖、山洪等)和地下水的基本情况。地震烈度表示地面及房屋建筑遭受地震破坏的

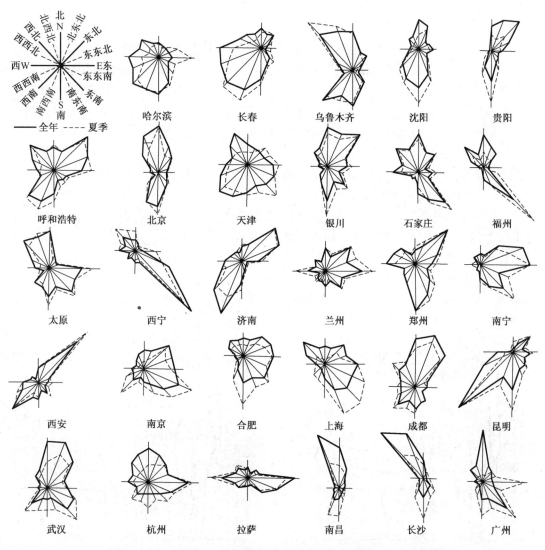

图 1-8 我国部分城市风向频率玫瑰图

程度。地震烈度为五度及五度以下的地区,地震对建筑物的损坏影响较小,可以不设防。九度以上地区,一般不适宜建造房屋。抗震设防的重点是设计烈度为六至九度的地区。建筑设计应根据地形、地质、水文条件和地震烈度趋利避害,采取必要的防范措施(有关抗震设防问题在《建筑构造》课程中详述)。

(3)环境条件

环境条件包括建设基地的方位、形状、面积,基地周围的绿化与自然风景,基地原有的建筑状况和管网设施,以及城市规划对该地段的要求等。建筑设计必须与环境条件相适应,并通过设计,进一步改善环境质量。

3)技术要求

技术要求包括建筑材料、结构形式、施工方法和建筑设备的选择等。建筑设计受到技术条件的制约。建筑师必须做好与其他工种设计人员的协作配合工作。建筑设计应尽量采用新材料、新技术、新工艺,为建筑工业化创造条件。

1.4.3　人体工程学与行为建筑学

建筑活动的根本目的是为人类的生活、工作、生产等社会活动创造良好的空间环境。因此,建筑设计研究的基本课题是"建筑·环境·人"。20世纪以来,建筑理论工作者开始运用现代哲学、社会学、环境学、行为学、生理学、心理学、技术学等来研究建筑、环境、人之间的关系,丰富了建筑理论,也促进了建筑设计实践,其中最突出的是人体工程学和行为建筑学。此外,影响建筑设计的因素还有自然条件与环境条件、技术要求等。

1) 人体工程学

人体工程学是第二次世界大战后迅速发展起来的一门边缘学科,又被称为工效学、人类工程学、人机工程学、人体工学等。

人体工程学的主要内容由六门分支学科组成,即人体测量学、生物力学、劳动生理学、环境生理学、工程心理学、时间与工作研究;其中与建筑设计、室内设计关系最密切的是人体测量学和环境生理学。

人体测量学,包括人体静态测量和动态测量。前者测量人在静止和正常体态时人体各部位的尺寸,后者测量人体各部位在活动时的位置关系(图1-9)。

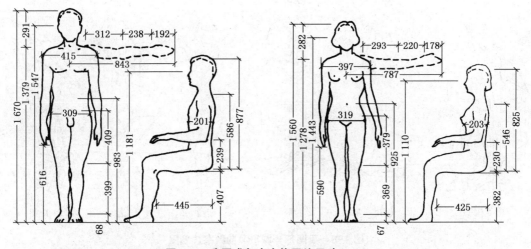

图 1-9　我国成年人人体平均尺寸(mm)

本资料摘自《建筑设计资料集》第2版第1册,是按我国中等人体地区(长江三角洲)的人体测量资料绘制的。

不同年龄的人人体高度不相同,在运用人体基本尺度时,除考虑地域、年龄等差别外,还应注意以下几点:

(1) 设计中采用的身高并不一定都是平均数,应视情况在一定幅度内取值,并酌情增加戴帽着鞋的高度。

(2) 时代不同,身高也在变。近年来我国不少城市调查表明,青少年平均身高有增长趋势,所以在使用原有资料数据时应与现状调查结合起来。

(3) 针对特殊的使用对象,人体尺度的选择也应作调整。例如:运动员身高较高;老年人身高比成年人略低;乘轮椅的残疾人应将人与轮椅结合起来考虑其尺度。

人在社会活动中不仅要着衣,有时还要携带物品,并与一定的家具设备发生关系(图1-10,图1-11),此外,人体测量学还可以与生物力学结合起来,测定出人在各种工作条件下活动的正常范围和最大范围,以及在各种活动尺度中的舒适程度(图1-12至图1-15)。

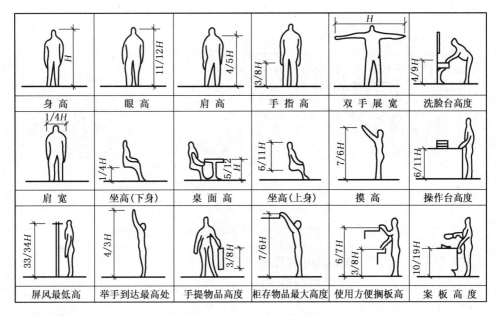

图 1-10　人体动作尺度

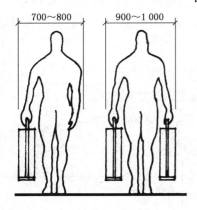

图 1-11　旅客行走时的尺度(mm)

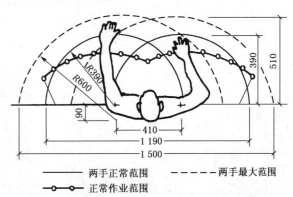

——— 两手正常范围　　- - - - 两手最大范围
—○—○— 正常作业范围

图 1-12　成年男子手臂水平活动范围(mm)

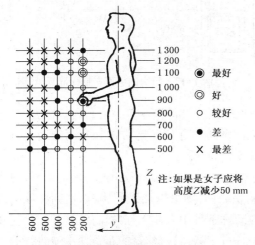

● 最好
◎ 好
○ 较好
● 差
× 最差

注：如果是女子应将
高度Z减少50 mm

图 1-13　成年男子在垂直工作面
操作时最佳位置选择(mm)

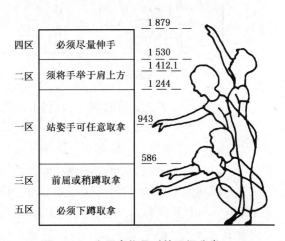

四区	必须尽量伸手
二区	须将手举于肩上方
一区	站姿手可任意取拿
三区	前屈或稍蹲取拿
五区	必须下蹲取拿

图 1-14　女子拿物品时的区间分类(mm)

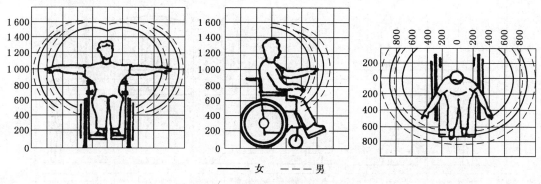

——— 女　　- - - 男

图 1-15　乘轮椅者的尺度(mm)

注:内侧线为端坐时手能达到的范围;外侧线为身体外倾或前倾时手能达到的范围。

人体工程学对建筑设计的影响比较突出的有以下四个方面:

(1) 根据人体工程学,对家具进行科学分类,并合理确定家具的各部分尺寸,使其既具有实用性,又能节省材料。

(2) 人体工程学对人体尺度、动作范围的精密测定,为确定室内空间尺度、室内家具设备布置提供了定量依据,增强了室内空间设计的科学性。图 1-16、图 1-17 以厨房为例,说明人体工程学与室内空间尺度的关系。

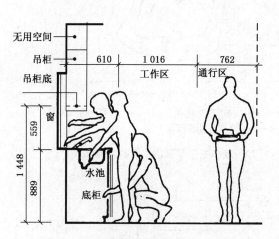

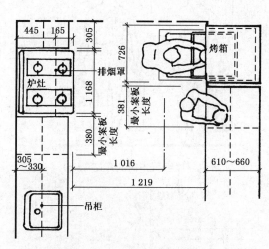

图 1-16　厨房中人的活动范围(mm)　　　　　**图 1-17　厨房的平面布置**(mm)

(3) 室内环境要素参数的测定,有利于合理地选择建筑设备和确定房屋的构造做法。

(4) 由于建筑艺术要求真、善、美统一,建筑空间环境引起的美感常常和实用舒适分不开,所以人体工程学也在一定程度上影响了建筑美学。

视力、视野、光觉、色觉等在建筑功能和建筑艺术处理中也是必须考虑的因素。此外,视错觉会造成建筑形象的改变,有时需要对设计作调整,有时则可以加以利用,以达到特殊的艺术效果。古代建筑师对此已有初步认识,现代建筑师掌握了人体工程学,将使这种应用变得更自觉、更科学(图 1-18)。图 1-18 是意大利圣马可广场,陪衬建筑的布置使主体建筑的远近感发生错觉。站在 A 点看圣马可教堂感觉比实际距离近。站在 B 点看运河口外的修道院,感觉比实际距离远。

2）行为建筑学

行为建筑学是建筑学与行为科学、心理学交叉的学科，主要研究人的需要、欲望、情绪、心理机制等与环境及建筑的关系，研究如何通过城市规划与建筑设计来满足人的行为心理要求，以达到提高工作效率，创造良好生活环境的目的。

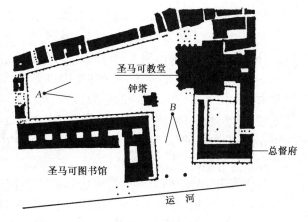

图 1-18　意大利圣马可广场

行为建筑学研究的范围十分广泛，大致可分为两类。

（1）人、人际关系与空间

人处于空间中。单个人所需要的空间包括人体所占空间、动作域空间和心理空间（图 1-19）。前两类空间可以通过人体工程学进行测定，后者则依赖于心理学的研究。

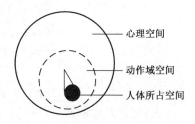

图 1-19　单个人体所需空间

人在空间中具有方向性，除动作外，还会有上下、前后、左右方向上的判断。这种判断会产生不同联想，如上升、下降；前进、后退；胜利、失败⋯⋯

人有领域感。领域感是人所占有的与控制的一定空间范围。它可以是建筑空间的一部分，也可能只是象征性的。

人与人接触，其恰当距离视情况而不同。有的社会心理学家提出，人际间社会接触有 4 种距离：亲密距离，如夫妇、双亲与子女，可在 35 cm 以内；个人距离，如密切的朋友，约在 35～120 cm；社交距离，如熟人，约在 120～300 cm；公共距离，如陌生人，约在 3～9 m。

人与人的位置关系还包括：重叠、交接、邻近和分离（图 1-20）。

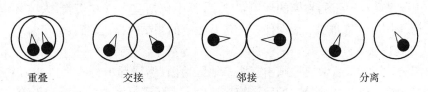

重叠　　　　　交接　　　　　邻接　　　　　分离

图 1-20　人与人的位置关系

在更复杂的人际关系中，每个人对空间的要求涉及家具布置、团体交往、个人领域等很多因素。由于人既是个体，又具有社会性，因此，在有的情况下需要私密性，有的情况则要求公共性、开放性。

（2）人与环境

环境是与个体相对应的空间、时间和社会万物的总体。环境可以分为形体环境和社会环境两大部分。形体环境由建筑、道路、场地、植物、环境设施等物质要素构成，其中有属于人工的，也有属于自然的。社会环境由人的各种社会活动构成，如欣赏、游览、交往、购买、聚会、工作、劳动等。形体环境是社会活动的场所，对各种行为起容纳、促进或限制、阻碍的作用。因此，形体环境要满足人的生理、心理需要，符合行为规律，为人类的各种活动提供环境支持，创造符合时代要求的空间。由于人的生理要求在人体工程学中已有研究，所以行为建筑学的研究往往侧重于心理方面。因此,不少人也把行为建筑学称为建筑环境心理学。

早期研究的一个重要领域是工作环境与工人心理。研究表明,人的行为受心理活动支配。环境影响心理,也影响人的行为。一定的环境会产生一定的心理,一定的心理将影响工人工作的积极性。例如,井然有序的室内布置,有条不紊的工艺流程,清洁卫生的工作场所,充足而柔和的光线,赏心悦目的色彩,在工人目之所及的地方布置绿树鲜花,都有利于提高工人的工作热情,减弱疲劳感,从而提高劳动生产率。以后,这一研究进一步扩展到其他用途的空间,探索各种自然环境、人工环境与人的心理感受、人的身心健康和生活质量之间的关系。社会学家、心理学家、建筑设计人员都参与了研究工作。

行为建筑学研究的另一重要领域是城市环境与居民心理。各种规模的建筑环境对人的行为影响是不同的,如生活在独户住宅、非独户住宅、街道、居民区、郊区的居民有不同的行为。住宅的类型和位置,可以影响家庭成员的相互关系,影响邻里交往和儿童的娱乐活动。同样的环境,对不同的年龄、经济地位、文化水平的人的影响也有差异。有人认为,通过设计不同的环境,可以在一定程度上影响人的行为。例如,优美而整洁的建筑环境,有利于使人养成讲究卫生的习惯,培养爱美的心理。行为建筑学还考察了现代化大城市的各种弊端,如人口密度太大,交通问题突出,污染与噪声严重,信息过量,人工环境过多,人的精神负担过重,人际关系冷漠等。

（3）行为建筑学的研究方法

行为建筑学的研究任务,主要是将大量定性的内容,通过各种科学研究手段,达到定量化分析,以提供科学的环境质量设计依据。行为建筑学由于重点是环境心理研究,所以其研究方法与现代心理学相似,大体上可分为实验法和调查分析法两大类。实验法可分为现场实验法与实验室实验法两种。调查法分为观察分析法与调查分析法,或者将两者结合起来形成观察调查分析法。

下面举例说明几种常见方法。

① 建筑环境实验室

有的国家已建立了不同规模的环境实验室,其中包括室内气候实验、人体环境实验、视觉环境实验、环境心理实验等,根据任务配备有相应的测试仪器、设备。

② 认知地图法

这种方法是请受试者快捷地画出一张某地区地图,然后标出哪些是他认为最突出的部分,包括从小的细节到大的区域,最后详细描述他个人穿越这一地区的感受等等。研究者将大量的个人认知地图和口头报告加以汇总,便能得出对某地区的公众印象。

③ 语义区别法

这种方法是让受试者观察真实的环境或所摄制的录像、照片、幻灯片,同时评价所看到的情况,根据各自的感受在语义标度表上打分。大量的测试结果再经过因素分析,便能产生较为精确的定量分析结论。

④ 问卷法

这种方法是让受试者在审慎编排的问卷上对环境质量进行评判,然后将大量的答案进行汇总和回归分析,并建立合适的数学表达式。

⑤ 时间支配报告

这是一种以口头或书面方式提出的,关于一个人在规定时间内所做事情的记录,通常为2小时,或其整倍数。记录要求精确详尽,受试者要有代表性,并尽可能多一些。一般以每

10～15分钟为最小时间单位,按顺序记录每项活动的性质、参与者、发生地点和起止时间等。时间支配报告可用访问、问卷、时间安排日记等方法来收集资料,然后以编码方式用卡片或磁带储存起来,最后用计算机作数据处理。

⑥ 行为场所观察法

这种方法一般通过对具体环境中人的行为及所耗时间的调查,来对特定的形体和社会环境的数量、位置、规模、建筑处理等进行评价。这种方法常辅之以摄影、录像等技术,以取得更好的效果。另外,还可以采取间接度量方式,即当受试者自己不在现场,通过检查遗留痕迹或档案记录进行统计。

以上这些方法获得的资料,大多要经过数理统计处理,然后才能引出相应的结论。

(4) 行为建筑学对建筑设计的影响和作用

行为建筑学对建筑的空间环境设计的影响十分深刻。它强调人的心理因素,并从定性分析发展为定量分析、能更深入地研究和预测人在环境中的行为,从而使空间环境设计在满足人的物质功能、精神功能等方面都大大前进了一步。它主张用现代科学手段对环境进行调查分析,这也为设计工作与实际结合找到了新途径。它还主张公众参与设计,打破了设计者单独设计的狭小圈子。在对现代城市的研究中,它分析了现代大城市的各种弊端,为更新城市规划理论和指导规划实践提供了依据。

下面举例说明行为建筑学在建筑设计中的应用。

【例1】 住宅楼梯坡度选择

楼梯坡度过陡使人多耗体能,年老体弱者上下困难。现选取正常体质男、女、老、中、青及幼共30名受试者,进行爬升楼梯疲劳实验,测定每个人的血压、脉搏和呼吸变化,记录疲劳感应,然后整理出楼梯坡度与心理疲劳感受图表、疲劳有感人数变化图表(图 1-21)。结果表明,住宅楼梯踏步采用155 mm ×290 mm 或 166 mm×280 mm 比较舒适,而175 mm×270 mm 则疲劳感较突出,4 层以上的住宅不宜采用。当然,设计中实际采取的数据还要

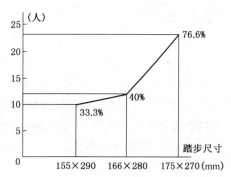

图 1-21 上楼梯疲劳有感人数变化图

考虑经济等因素。目前我国城市住宅楼梯坡度一般标准仍然是偏大的。

【例2】 医院护士站位置选择(图 1-22)

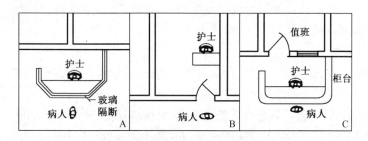

图 1-22 护士站位置选择图

布置 A、B、C 三个方案,对病人和护士都进行心理测试,结果是:A 方案能满足护士的要求,有屏蔽范围,便于管理,但病人与护士有隔离感;B 方案将护士站设在单独的房间中,

管理方便,病人可以进入房间与护士接触,但心理上感觉护士离病人远,有的病人徘徊在房门口而不敢进去;C方案考虑了护士和病人双方的行为特点,护士站前设有开敞的值班柜台,后面有与之连通的房间,病人可在柜台前与护士接触,护士又可进入房间工作,是一个考虑周到的方案。

1.5　建筑设计程序与设计阶段的划分

建造一幢房屋,大体要经过以下几个环节:
(1)建设项目的拟定,建设计划的编制与审批。
(2)基地的选定、勘察与征用。
(3)设计。
(4)施工。
(5)设备安装。
(6)交付使用与总结。

建筑师的工作包括参加建设项目的决策,编制各设计阶段的设计文件,配合施工并参与验收与总结等。其中最主要的工作是设计前期的准备与各阶段的具体设计。

1.5.1　设计前期的准备工作

1)接受任务,核实并熟悉设计任务的必要文件

(1)建设单位的立项报告,上级主管部门对建设项目的批准文件,包括建设项目的使用要求、建筑面积、单方造价和总投资等。

(2)城市建设部门同意设计的批复。批文必须明确指出用地范围(即在地形图上画出建筑红线),以及城市规划、周围环境对建筑设计的要求。

(3)工程勘察设计合同。

2)结合任务,学习有关方针政策和文件

这些政策文件,其中包括有关的定额指标、设计规范等,它们是树立正确的设计思想,掌握好设计原则和设计标准,提高设计质量的重要保证。

3)根据任务,做好收集资料和调查研究工作

(1)收集有关的原始数据和设计资料

① 自然条件与环境条件中的数据以及地形图、现状图、规划文件、地质勘探报告等。

② 同类建筑设计的论文、总结与设计手册等。

(2)调查研究

① 对建设单位及其主管部门的调查,包括使用要求、建设标准等。

② 对同类建筑的调查,包括设计的成败得失等。

③ 对材料供应商和施工企业的调查,包括材料供应情况、施工条件和施工水平等。

④ 对本地传统建筑经验与生活习俗的调查,这种调查也可以和行为建筑学的调查结合起来。

⑤ 现场踏勘,包括核对地形图与现状图,了解历史沿革与现状中存在的有利和不利因素,并可以初拟建筑物位置与总平面布局。

调查研究应注意去粗取精,去伪存真,进行分析归纳,找出设计中要解决的主要矛盾和

问题。

1.5.2 设计阶段划分及各阶段的设计成果

为了保证设计质量,避免发生差错和返工,建筑设计应循序渐进,逐步深入,分阶段进行。建筑设计通常分为初步设计、技术设计、施工图设计三个阶段。对规模较小、比较简单的工程,也可以把前两个阶段合并,采取初步设计和施工图设计两个阶段。

1) 初步设计

初步设计又称方案设计,工作侧重于建筑空间环境设计,设计成果包括总平面图、各层平面图、主要立面和剖面图、投资概算、设计说明等。为了提高表现力,重要工程需绘制彩色图、透视图或制作模型。

2) 技术设计

技术设计在已批准同意的建筑设计方案基础上进行。除建筑师外,建筑结构与建筑设备各工种设计人员也共同参加工作。建筑设计的成果包括总平面图、各层平面图、各立面图和剖面图、重要构造详图、投资概算与主要工料分析、设计说明等。在绘制的各个图样上,应有主要尺寸。建筑构造做法应作原则性规定。其他工种设计人员也应编制相应的设计文件,确定选型、布置、材料用量与投资概算等,重要的技术问题还应进行必要的计算。各工种与建筑设计之间的矛盾应由项目负责人(多由建筑师担任)统筹解决,避免在施工图阶段造成较大的返工。

3) 施工图设计

施工图在已批准同意的技术设计基础上进行。施工图是提供给施工单位作为施工的依据,所以必须正确和详尽。建筑设计绘制的图样包括总平面图、各层平面图、各立面图、各剖面图、屋顶平面图等基本图,还包括建筑的各种配件与节点的构造详图,它们都应有详尽的尺寸和施工说明。施工图的设计说明也应详尽具体,把图样中未能充分表达的内容交代清楚。建筑结构与建筑设备各工种设计成果也包括基本图、详图、设计说明等内容。此外,施工图阶段还应作出设计预算。

2 公共建筑空间组成

建筑空间是人为地使用各种物质材料和技术手段,由自然空间中分离出来,并围合而成。建筑空间是建筑设计的主角。

公共建筑是人们进行社会活动的场所,因此,人流集散的性质、容量、活动方式以及对建筑空间的要求,与其他建筑类型相比,具有很大的差别。

单一建筑空间是组成建筑空间的基本单元,即通常所说的房间。公共建筑空间的使用性质与组成类型虽然繁多,但按其在建筑中的作用与地位,其空间可分为主要使用空间、辅助使用空间和交通联系空间三种。这三种空间相互独立,又相互联系,并具有一定的兼容性。交通联系空间将主要使用空间和辅助使用空间联系成为有机的建筑整体空间。

2.1 主要使用空间

主要使用空间是指最能反映建筑物功能特征的房间,公共建筑的主要使用空间如中小学校的教室、实验室、办公室,影剧院的观众厅,百货商店的营业厅等(图 2-1、图 2-2)。

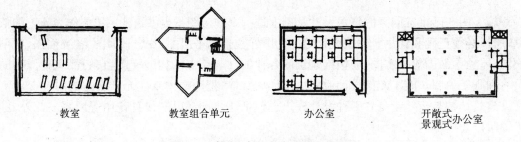

教室   教室组合单元   办公室   开敞式景观式办公室

图 2-1 教室、办公室主要使用空间

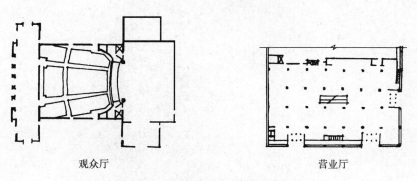

观众厅   营业厅

图 2-2 观众厅、营业厅主要使用空间

2.1.1 主要使用空间设计的影响因素

很多因素对建筑空间的设计具有一定的规定性,其中有"量"的规定性,如空间的大小;有"形"的规定性,如空间的形状和比例;有"质"的规定性,如采光、通风、疏散以及经济合理性、艺术性等。

1）功能要求的影响

不同使用性质的房间，往往有不同的空间形式。同类性质的房间，由于使用特点不同，也会产生差异（图 2-3）。

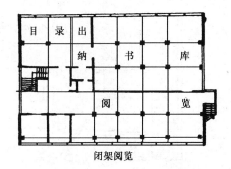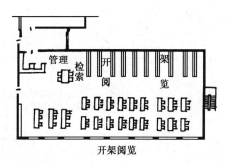

闭架阅览　　　　　　　　　　　　开架阅览

图 2-3　功能性质对空间布置的影响

采用闭架阅览，阅览室无书架。读者可自由出入，但需设目录厅、出纳台、书库。采用开架阅览，阅览室内设书架，室内有专人管理，房间组成较简单。

2）人体尺寸与家具布置的影响

室内空间形状和尺寸应与人体尺度相适应。当人站立或静坐时形成尺寸的静态配合（图 2-4）。当人行走或使用家具设备时将产生功能尺寸，它的配合是动态的。家具、设备的布置方式、数量、位置及个体尺寸对室内空间尺度、空间利用具有直接影响。家具是室内空间和人之间的一种媒介，它通过形式和尺度在室内空间和人之间形成一种过渡（图 2-5）。

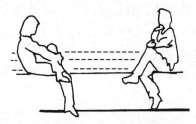

（a）独处空间的静态配合　　（b）个人间距离所形成的静态配合　　（c）社交距离所形成的静态配合

图 2-4　尺寸的静态配合

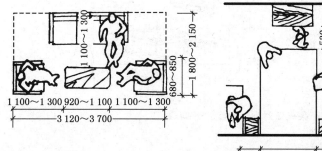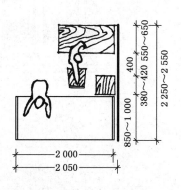

图 2-5　家具——室内空间与人之间的媒介（mm）

室内空间除满足家具尺寸及有多种布置可能性外，尚应满足人体活动及使用家具的需要，这就形成了人体与家具的组合尺寸。

3) 人流活动路线和安全疏散的影响

室内人流活动路线与家具、设备的布置及使用这些家具、设备所需的功能尺寸有关,一般要求流线明确,避免交叉和斜穿,以节约交通面积,提高面积使用率。人流路线还应与人的行为模式相适应(图 2-6)。

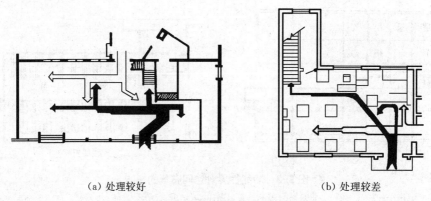

(a) 处理较好　　　　　　　　　　(b) 处理较差

图 2-6　两个不同的餐厅人流组织分析

就餐流线与供应流线应减少交叉,内外流线清晰,楼梯宜设在入口附近。流线划分应有利于室内
形成相对独立、完整的使用空间。

对外安全疏散在公共活动空间设计中占有突出地位。疏散口的数量、位置、宽度、疏散距离、房间面积大小、使用人数以及对疏散通道的要求,均应符合规范要求,要做到导向明确,人流畅通,安全迅速。

4) 天然采光与通风的影响

我国大多数房间的设计仍采用天然采光和自然通风。为了使室内达到一定的采光标准,应具有一定的采光面。为了通风需要,应合理组织空气气流。不同性质的房间和不同自然气候条件下,采光和通风的要求不同。此外,窗口的大小、位置和形式还决定着室内空间与室外环境的隔离程度,并在一定程度上影响室内空间的尺度感(图 2-7)。

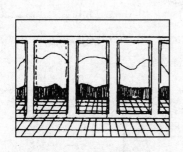

(a) 采用落地大窗,弱化了室内外　　　(b) 墙面上开小窗,强调了室内空间
　　 隔离程度,并引入了室外景观　　　　　 和室外环境的隔离

图 2-7　采光口对室内空间的影响

5) 室内环境系统的影响

室内环境系统是为改善室内环境质量所提供的保证,包括采暖与空调系统、给水与卫生排污系统、电气与照明系统、声学与噪声控制系统等。所采用的设备必然要占有一定的空间。各种管线,明敷或暗敷,占用空间的方式是不同的。

6）建筑结构的影响

房间的设计应同时考虑采用经济合理的结构形式，并考虑这些构件对空间的占有。新材料、新结构的采用，为我们设计大跨度和灵活多变的空间提供了可能。

7）建筑艺术要求的影响

在满足功能的前提下，房间还应具有美的形式，以满足人们的审美要求。体量、形状、尺度、比例、光照及装修处理等都是使室内空间具有美的形式的基本要素。不同使用要求的房间应采用不同的艺术处理手法。

2.1.2　主要使用空间设计

由于使用功能不同，主要使用空间的设计千差万别。这种差异，最主要表现在房间的面积、平面形状、平面尺寸以及门窗设置四个方面。

1）房间的面积

房间的面积取决于功能。不同使用特点的房间面积差异很大（图 2-8）。

房间面积的确定一般采取下列三种方式。

（1）根据使用特点、人数和家具设备的布置确定房间面积（图 2-9）。

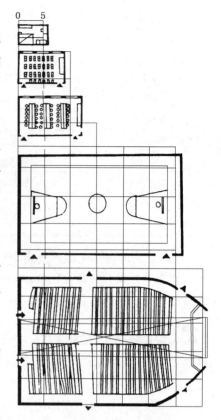

图 2-8　使用特点与面积的关系

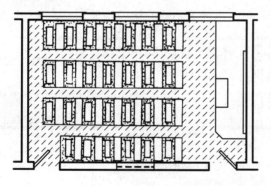

图 2-9　教室面积的确定

人体使用家具所占面积

家具占用面积

交通活动面积

　　教室的设计首先必须确定容纳人数，根据人数和教学要求安排桌椅及其他设备，从而推算出所需的基本面积，再根据视距、视角等要求作调整。

（2）根据国家颁发的面积定额指标确定房间面积。

面积定额是根据房间使用特点和长期实践经验总结而制定的每人所占使用面积或建筑面积的限制。根据使用人数和面积定额指标即可推算出房间的面积。在实际工作中，还应根据国家有关技术政策、法规以及建筑标准加以调整。表 2-1 为部分公共建筑房间的面积定额指标。在专项设计规范中，房间面积也有控制性指标，如《住宅设计规范》（GB 50096—2011）规定，双人卧室不小于 10 m^2，兼起居室的卧室不小于 12 m^2；在办公建筑设计规范中规定，单人办公室不小于 10 m^2。

表 2-1　部分公共建筑房间面积定额指标

项　目 建筑类型	房 间 名 称	使用面积定额（m²/人）	备　注
中小学	普通教室	1.1～1.12	小学取下限
电影院	门厅、休息厅	甲等 0.5；乙等 0.3；丙等 0.1	门厅、休息厅合计
汽车旅客站	候车厅	1.1	
铁路旅客站	候车厅	1.1～1.3	
图书馆	普通阅览室	2.3	
办公楼	一般办公室	3.0	
	会议室	0.8	无会议桌
		1.8	有会议桌

（3）当房间使用人数不确定，又无明确的面积定额指标可供选择时，如展厅、营业厅等，则需根据委托设计任务书的要求，并通过对建筑标准和规模大体相同的同类建筑进行调查，然后进行技术经济分析比较，最后再予确定。

2）房间的平面形状

确定房间面积后，可选择的平面形状很多，如方形、矩形、三角形、多边形及圆形等，而最终需要综合考虑房间的使用要求、结构与构造的形式、艺术效果等因素来确定。

（1）使用性质对房间平面形状的影响

一般生活、工作、学习用房常采用矩形平面。这种平面有利于家具设备布置，功能适应性强。此外，矩形平面可以采取较统一的开间、进深尺寸，便于平面组合，结构简单，施工方便。如图 2-10 所示，三种不同用途房间都采用了矩形平面，所以，采用矩形平面时，只要对平面中长、宽尺寸比例作出适当调整，就可以满足不同的使用要求。

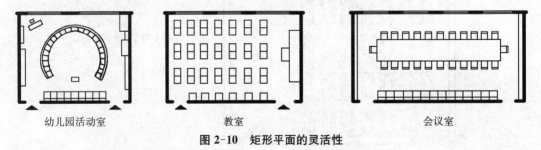

幼儿园活动室　　　　　　　　教室　　　　　　　　会议室
图 2-10　矩形平面的灵活性

然而，矩形不是唯一的选择。图 2-11 是几种不同平面形状的教室。只要处理得当，完全可以做到适用而新颖。

某种功能要求特别突出的房间，平面形状要受到这种功能要求的制约。例如，影剧院的观众厅要满足视听要求，所以常采取图 2-12 中的几种平面形状。

（2）日照和基地条件对平面形状的影响

为使主要使用空间获得良好的日照条件，朝向至关重要。我国处于北半球，房间的采光面以朝南或略偏南为宜。但是，在建筑平面空间组合时受诸多因素制约而很难避免出现朝东、朝西的房间。为减少东、西晒，除采取遮阳措施外，也可以改变房间的平面形状（图 2-13）。

基地条件，包括大小、宽窄、起伏、形状等，对房间平面也有一定制约性。图 2-14 为华盛顿美国国家艺术博物馆东馆，其结合特殊的地形形状，采用独特的构图形式，设计取得了成功。

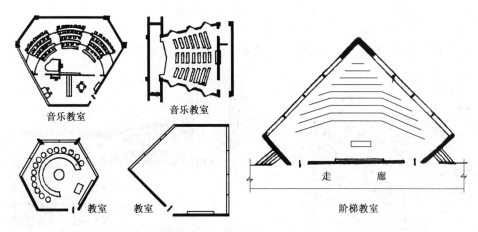

图 2-11 空间处理与平面形状

在取得良好视距和视角上,六边形、五边形平面是对传统教室空间模式的一种突破。扇形、菱形平面使音乐教室更具艺术特色。三角形平面改善了阶梯教室的视觉条件和采光效果。

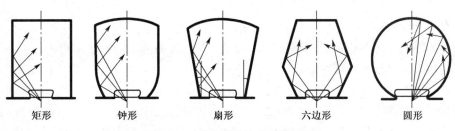

图 2-12 观众厅的几种平面形状

(a) 矩形观众厅:当跨度大时,前部易产生回声,只适用于小型观众厅;(b) 六边形、扇形、钟形观众厅:能满足声学要求,但结构稍复杂,适用于大、中型观众厅;(c) 圆形观众厅:声能分布不均匀,易产生声焦聚,视线也稍差,较少采用。

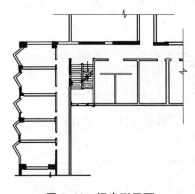

图 2-13 锯齿形平面

为了减少东、西晒影响,将朝西的房间设计为锯齿形,同时使建筑的外形变得更丰富。

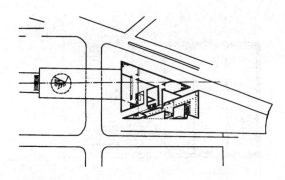

图 2-14 华盛顿美国国家艺术博物馆东馆

该馆位于华盛顿林荫广场中间一块三角形地块内。设计平面由一个等腰三角的展示厅和一个直角三角形的研究中心所构成。限制条件转换为建筑师创作的机遇。

(3) 结构选型对平面形状的影响

新材料、新技术、新结构对创造丰富的空间形态提供了物质保证。例如,采用钢筋混凝土框架、折板、壁板等结构体系,作为室内空间界面的墙体不一定要承重,内部空间划分则可以自由灵活,房间的平面形状也可以多种多样(图 2-15)。

(4) 建筑艺术处理对平面形状的影响

为了取得一种新的建筑造型,房间的平面形状也可能改变(图 2-16)。

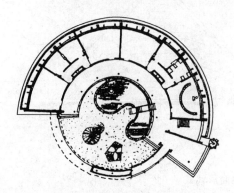

图 2-15　四川省实验婴儿院

该建筑屋顶结构为放射形的钢筋混凝土
折板。建筑平面为扇形,主要房间也为扇形。

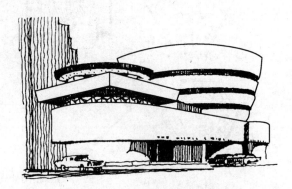

图 2-16　美国古根海姆美术馆

3) 房间的平面尺寸

房间的平面尺寸与面积、形状是一起考虑的,它们遵循的原则也基本相同。

(1) 结构类型与平面尺寸

结构类型对平面尺寸有很大制约性。采用砖混结构时,房间平面尺寸由开间和进深两个向度构成。如选用单一开间、横墙承重方案,房间开间尺寸不宜大于 4.2 m(图 2-17)。当使用上要求空间面积较大时,可选用多开间形式(图 2-18)。此时需设楼面梁,梁的跨度一般小于 9 m。砖混结构由于墙体要承重,内部空间的划分灵活性较小。当采用框架结构时,建筑平面形成整齐的柱网,平面尺寸由柱距和跨度两个向度构成,柱网尺寸一般等于 6 m 或大于 6 m。由于墙不承重,房间的划分有很大灵活性(图 2-19)。当使用空间具有较大跨度时,屋顶结构的造型便变得很突出,常采用的结构形式有桁架、网架、悬索、刚架、折板、薄壳等(图 2-20、图 2-21)。

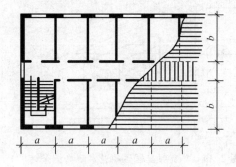

**图 2-17　单一开间、横墙承重方案的
开间和进深**

墙既是分隔构件和围护构件,又是承重构件,所以房间的划分灵活性小,开窗也要受到一定限制。图中 a 为开间,b 为进深。

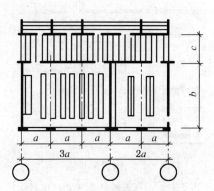

**图 2-18　多开间、梁板结构方案的
开间和进深**

房间分别占有 2 个和 3 个开间。梁的跨度相当于进深 b,预制楼板跨度分别为 a 和 c。

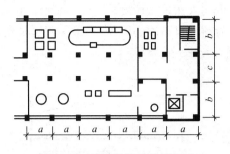

图 2-19　框架结构的柱网尺寸

a 为柱距，*b* 和 *c* 为跨度。确定柱网排列形式与尺寸的依据是功能要求和结构的合理性。

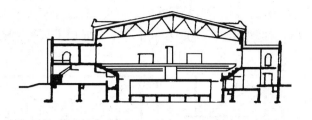

图 2-20　大跨度空间的结构选择——桁架

一种结构体系的建立必同时伴随它所包含的室内空间形式的产生。图示为某游泳馆剖面图，采用钢桁架，跨度近 40 m。

图 2-21　大跨度、大空间的结构选择——悬索屋盖

这个比赛大厅平面为圆形，直径 94 m。屋顶采用轮辐式双层悬索结构。

　　为了提高建筑工业化水平，应尽量使结构构件标准化，所以房间平面尺寸还应满足建筑模数协调统一标准的要求（详见《建筑构造》有关内容）。

　　（2）家具布置与平面尺寸

　　家具尺寸、布置方式及数量对房间面积、平面形状和尺寸的确定有直接影响。当家具种类很多，在确定房间平面尺寸时，应以主要家具、尺寸较大的家具为依据。例如，主卧室应首先考虑床的布置，并使其具有灵活性，以适应不同住户的要求。当床长边平行开间布置时，床长 2 m，床头板厚约 0.05 m，门宽 0.9 m，床距门洞 0.12 m，所需净尺寸应为 2＋0.05＋0.9＋0.12＝3.07 m，考虑模数协调的要求和墙体的厚度，所以开间尺寸不宜小于 3.3 m。房间进深尺寸考虑房间有沿进深方向纵向布置两个床的可能，也不宜小于 4.5 m（图 2-22）。

　　（3）房间比例与平面尺寸

　　为了满足人们的审美要求，房间各部分尺寸应有良好的比例。各种形状的比例关系不同，矩形平面的房间，长与宽之比一般不应大于 2。过大则显得狭长，也会带来使用上的很多缺憾。

　　（4）日照、采光与平面尺寸

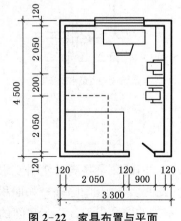

图 2-22　家具布置与平面尺寸的关系
（mm）

为了保证冬季阳光有足够的日照深度,并使房间内的天然采光照度较均匀,房间深度一般不宜过大。当单侧采光时,房间进深尺寸不大于采光窗上口高度的两倍;当采用双侧采光时,房间进深(或跨度)尺寸不大于采光窗上口高度的4倍(图2-23)。

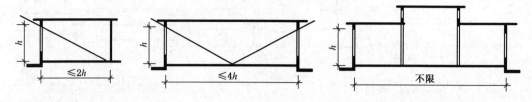

图 2-23 日照、采光对房间进深(跨度)尺寸的影响

4) 门窗设置

门的功能是解决室内外交通联系,有时也兼有采光、通风的作用。窗的功能是满足采光、通风要求。门窗的大小、数量、位置、形状与开启方式对采光通风质量、室内面积的有效利用,以至室内美观都有直接影响。

(1) 门的宽度

门的宽度主要取决于人的通行量及进出家具设备的最大尺寸。一般单股人流最小宽度为 0.55 m,加上人行走时身体的摆幅 0~0.15 m,以及携带物品等因素,因此门的最小宽度为 0.7 m。在医院住院部的病房设计中,考虑病床车和其他医疗设备的出入,门的宽度 ≥1.11 m。对于短时间内有大量人流集散的房间(如观众厅),还要通过疏散计算来确定疏散口的总宽度。一般门扇的宽度小于 1 m,较宽的门可采取双扇或多扇(图2-24)。

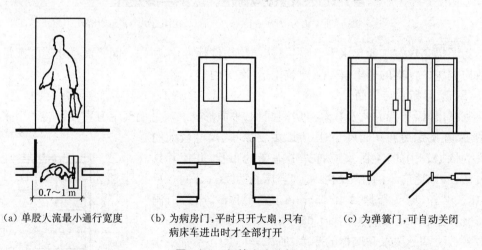

(a) 单股人流最小通行宽度　　(b) 为病房门,平时只开大扇,只有　　(c) 为弹簧门,可自动关闭
　　　　　　　　　　　　　　病床车进出时才全部打开

图 2-24 门的宽度分析

(2) 门的数量

门的数量除满足使用要求外,还应符合防火设计的要求。规范规定,单层公共建筑(托儿所、幼儿园除外),如面积不超过 200 m²、使用人数不超过 50 人时,可设一个直接通室外的安全出口。一个房间的面积不超过 60 m²,且使用人数不超过 50 人时,可设一扇门。位于走道尽端的房间(托儿所、幼儿园除外)内由最远一点到房门口的直线距离不超过 14 m,且人数不超过 80 人时,也可设一个向外开启的门,但门的净宽不应小于 1.40 m(图2-25、图2-26)。

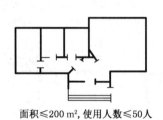

面积≤200 m², 使用人数≤50人

图 2-25 单层公共建筑可设一个外门的条件

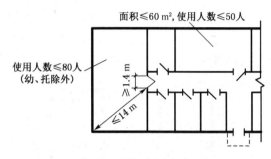

面积≤60 m², 使用人数≤50人

使用人数≤80人（幼、托除外）

≥1.4 m

≤14 m

图 2-26 房间可设一扇门的条件

短时间有大量人流集散的房间,如观众厅、体育场,安全出入口不少于 2 个,且每个安全出入口的平均疏散人数不应超过 250 人;容纳人数超过 2 000 人时,其超过部分按每安全出入口的平均疏散人数不超过 400 人计(图 2-27)。

例如,观众厅人数为 2 600 人时,所需安全出入口计算如下:

2 000 人÷250 人＋600 人÷400 人＝8＋1.5＝9.5(个)。

所以应设 10 个安全出入口。另外,有连场演出要求的观众厅,进场入口不得作安全出入口考虑。

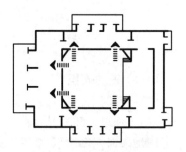

图 2-27 观众厅安全出入口

(3) 门的位置

面积大、人流量大的房间如观众厅,门应均匀布置,满足安全疏散的要求。面积小、人流量小的房间,应使门的布置有利于家具的布局和提高房间的面积利用率(图 2-28、图 2-29)。

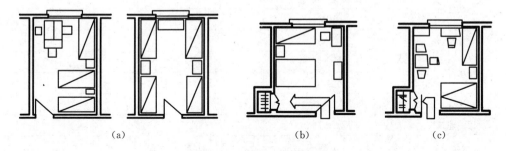

(a) (b) (c)

图 2-28 门在房间中的位置

(a)为集体宿舍,由于床位布置不同采取了不同的门位;(b)和(c)为同一房间,由于门的位置不同,(c)比(b)交通路线短,家具布置也较灵活。

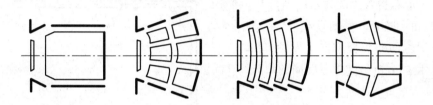

图 2-29 观众厅门的布置

(4) 门的开启方向与方式

当相邻墙面都有门时,应注意门的开启方向,防止门开启时发生碰撞或影响人流通行

（图 2-30）。房间门一般内开，以免妨碍走道交通；但人流大，疏散安全要求高的房间门应向外开启。采用推拉门的，推拉时应不影响其他物品的设置。采用双向弹簧门的，应在视线高度范围内的门扇上装玻璃。

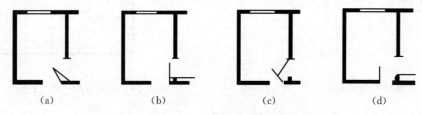

图 2-30　门的开启方向

(a)、(b)、(c)三个方案，门开启时都会发生碰撞，交通也不顺畅，所以只有在进出第二扇门的人很少时才采用。(d)方案较好，但第一扇门宜与家具布置配合，避免门开启贴墙，占用空间过大。

（5）窗的面积

窗的面积主要取决于采光通风要求，尤以采光更突出。不同使用要求的房间照度要求不同，可通过天然采光计算所需采光口大小。一般民用建筑常用窗地面积比（窗洞口面积与室内地面面积之比）来估算窗面积大小，然后再结合美观、模数等要求加以调整。表 2-2 是现行设计规范中有关窗地面积比的规定。

表 2-2　不同使用要求房间的窗地面积比

建筑名称	房间名称	窗地面积比	备　注
住　宅	起居室、卧室	1/7	
托幼建筑	活动室、音体室	1/5	
	寝室	1/6	
学校建筑	教室	1/6	
办公楼	办公室	≥1/6	
	绘图室	≥1/5	
医院建筑	诊室、检验室	1/6	
	病房	1/7	
	浴厕	1/8	
汽车旅客站	候车厅	1/7	

（6）窗的平面布置

窗的平面布置首先应使室内照度尽可能均匀，避免暗角和眩光。例如教室采用一侧采光，窗应位于学生面向黑板方向的左侧；窗间墙宽度不宜大于 1 m；窗与挂黑板墙面的距离约 1 m（图 2-31）。

此外，门、窗的位置还决定了室内气流走向，并影响到室内自然通风的范围。所以，为了夏季室内有良好的自然通风，门、窗的布置应尽可能加大室内通风范围，形成穿堂风，避免产生

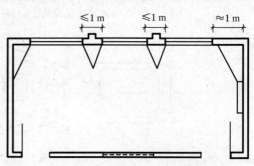

图 2-31　教室侧窗的平面布置

采光对窗的布置要求。设计工作中，窗间墙宽度要结合建筑结构类型、抗震及美观要求等综合确定。

涡流区(图2-32)。

良好　　　良好　　　较差　　　较差　　　差

(a) 表明对流通风效果最好,交角通风次之,处理不好则较差

差　　　　　高窗　　良好

(b) 表明在教室靠走道墙上设高窗的必要性

图2-32　门窗位置与自然通风

2.2　辅助使用空间

公共建筑中的辅助使用空间是指厕所、盥洗室、浴室、通风机房、水泵房、配电间、储藏间等,其中,厕所、盥洗室、浴室更为多见。下面重点介绍这几种房间的设计。

2.2.1　厕所、盥洗室、浴室设计的一般规定

(1) 上述用房不宜布置在餐厅、食品加工、食品储存、配电及变电等有严格卫生要求或防潮要求用房的直接上层。

(2) 各类建筑卫生设备的数量应符合单项建筑设计规范的规定。表2-3为部分民用建筑厕所设备个数的参考指标。

表2-3　部分民用建筑厕所设备个数参考指标

建筑类型	男小便器 (人/个)	男大便器 (人/个)	女大便器 (人/个)	洗手盆或龙头 (人/个)	男 女 比 例	备　　注
旅　馆	12~15	12~15	10~12	8~10		男女比例按统计
宿　舍	20	20	15	15		男女比例按实际
中小学	40	小学40 中学50	小学20~25 中学25	90	1:1	
办公楼	30	40	20	40		
电影院	50	150	50		1:1	
门诊部	60	120	75		1:1	
疗养院	15	15	12	6~8		

注:一个小便器折合0.6 m长小便槽。一个洗手盆折合0.7 m长盥洗槽。

(3) 上述用房宜有天然采光和不向邻室对流的直接自然通风,严寒及寒冷地区宜设自然通风道;当自然通风不能满足通风、换气要求时,应采用机械通风。

（4）楼地面和墙面应严密防水、防渗漏。小便槽表面应采用不吸水、不吸污、耐腐蚀、易清洗的材料。

（5）厕所应设洗手盆，并应设前室或有遮挡措施。盥洗室宜设搁板、镜子、衣钩等设施。浴室应设洗脸盆与衣钩。浴室不与厕所毗邻时，应设便器。浴位较多时，应设集中更衣室及存衣柜。

2.2.2 厕所的设计

1）厕所卫生设备

厕所卫生设备主要有大便器、小便器、洗手盆（或洗手台）和拖布池等（图2-33）。大便器有蹲式、坐式、定时冲洗式三种。小便器有小便槽、小便斗两种。设计时根据建筑标准和使用性质进行选择。一般标准，室内公共厕所常采用蹲式大便器，定时冲洗式大便槽、小便槽等。标准较高的建筑或老年人公寓可采用坐式大便器和小便斗。

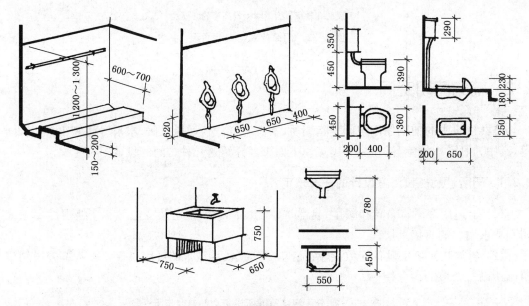

图2-33 厕所卫生设备(mm)

2）使用单个设备的基本尺寸要求

厕所设计应保证使用设备时人活动所需要的基本尺寸，并据此确定设备的布置方式及房间的面积。图2-34为一个人使用蹲式大便器、坐式大便器、洗脸盆所需要的基本尺寸，并据此确定了单个厕所隔间的基本尺寸。隔间的高度为1.5～1.8 m。

3）卫生设备的组合

公共厕所大便隔间与小便槽组合的基本尺寸要求见图2-35、图2-36。

4）厕所的布置形式

厕所一般布置在人流活动的交通路线上，如靠近建筑出入口处、楼梯间附近、建筑的转角或走廊尽端处等。男、女厕所常采用并排布置形式，以节省管道（图2-37）。为了分散人流，有时也采用男女厕所分开布置的方式。盥洗室可以和厕所组合，并成为厕所的前室。厕所的前室进深尺寸不小于1.5～2 m。

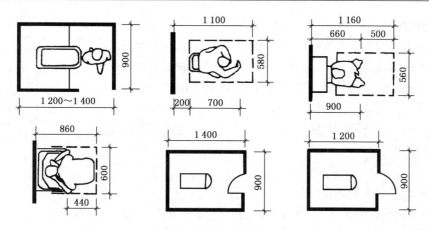

图 2-34 使用单个设备时的基本尺寸要求(mm)

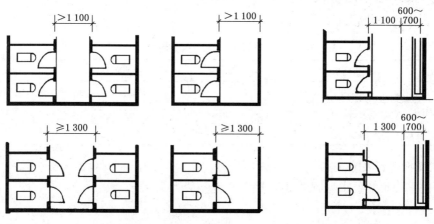

图 2-35 厕所隔间之间或与墙面间的
          净距(mm)

图 2-36 厕所隔间与小便槽之间的
          净距(mm)

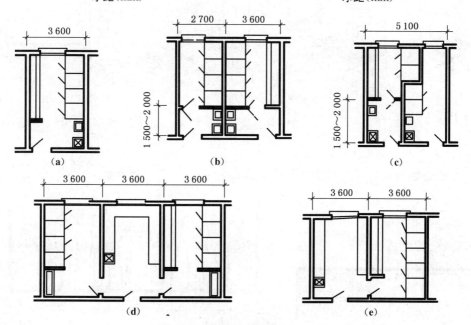

图 2-37 厕所布置形式(mm)

5) 残疾人厕所设计

公共厕所宜设残疾人厕位,并安装坐式大便器,与其他部分之间要适当分隔。厕所内应留有 1.5 m×1.5 m 轮椅回转面积。厕所隔间门向外开时,隔间内轮椅面积大于或等于 1.2 m×0.8 m(图 2-38)。墙壁上应安装能承受身体重量的安全抓杆。抓杆直径 30~40 mm。厕所隔间门向内开时,应留有大于或等于 1.5 m×1.5 m 的轮椅回转面积。

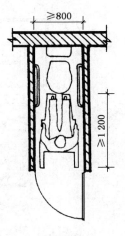

图 2-38 残疾人厕位(mm)

2.2.3 浴室、盥洗室

1) 浴室、盥洗室的设备

浴室的设备有淋浴喷头、浴盆、洗脸盆等,还需考虑一定数量的存衣、更衣设施。盥洗室的卫生设备有洗脸盆、洗脸台及污水池等。浴室、盥洗室设备个数应根据单项建筑设计规范确定。

表 2-4 为几种公共建筑设备个数的参考指标。

表 2-4 浴室、盥洗室设备个数参考指标

建筑类型	男浴器	女浴器	洗脸盆或龙头	备 注
旅 馆(人/个)	40	8	15	
疗养院(人/个)	炎热地区 8~10,寒冷地区 15~20		6~8	
幼托建筑(个/班)	2		6~8	

2) 浴室隔间平面尺寸

浴室隔间平面尺寸要求见图 2-39。隔间高度一般为 1.8 m。

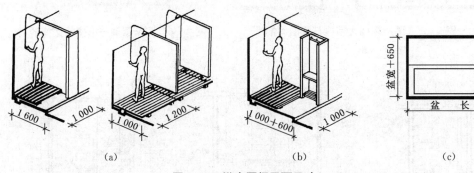

(a) (b) (c)

图 2-39 浴室隔间平面尺寸(mm)

3) 卫生设备组合尺寸

卫生设备组合及与墙面的净距等尺寸要求见图 2-40。

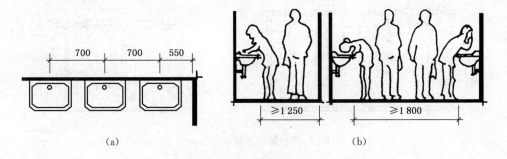

(a) (b)

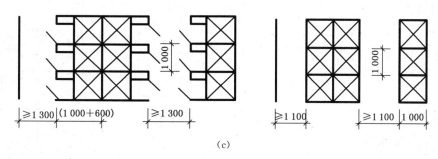

(c)

图 2-40 浴室卫生设备组合尺寸(mm)

4）公共卫生间布置

公共卫生间的组成包括淋浴间、更衣设施、盥洗室、厕所间等。不同使用要求的公共卫生间设置不同的卫生设备。图 2-41 为常见的布置方式。

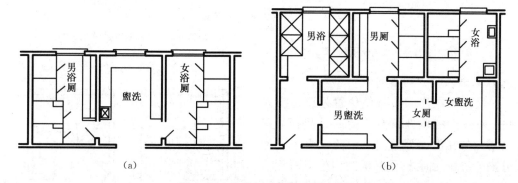

图 2-41 公共卫生间的布置方式

5）专用卫生间设计

住宅、旅馆客房、疗养院病房以及高级办公室所设置的单独使用卫生间，称为专用卫生间。专用卫生间一般设浴盆、坐式便器、洗脸盆等卫生设备。浴盆上方可另加淋浴喷头。洗脸盆可做成梳妆台形式。此外，尚有浴巾架、脸巾架、肥皂缸、纸巾筒、镜箱、抓杆、浴帘杆等附属配件。高级旅馆的卫生间还设置红外线取暖灯、紧急呼唤器、电话等装置。专用卫生间的面积取决于设备数量、规格、布置方式以及使用要求。图 2-42 为各卫生设备组合的最小尺寸要求。专用卫生间允许采取人工照明、管道通风或机械拔风。图 2-43 是几种常见的专用卫生间的布置。

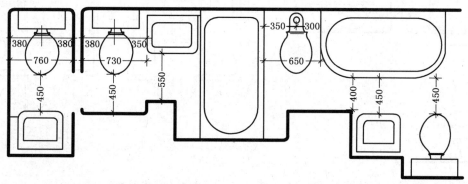

图 2-42 各卫生设备组合的最小尺寸要求(mm)

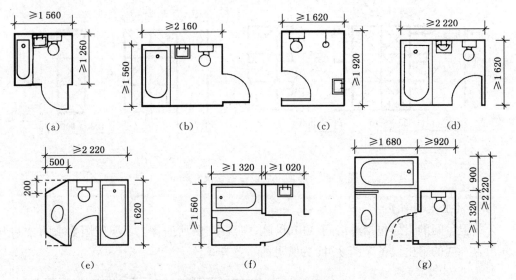

图 2-43　专用卫生间布置方式(mm)

(a)、(b)、(c)为住宅中常见的布置方式。(d)、(e)为旅馆客房常见的布置方式。(f)、(g)
是将洗脸盆或厕间单独分开的布置方式。

6) 残疾人使用的浴间

公共浴室在出入口方便位置处设残疾人浴位。在靠近浴位处留有轮椅回转面积。残疾人浴位与其他部分之间采用活动帘子或加以分隔。浴间门向外开时,浴间内轮椅面积不小于 1.2 m×0.8 m。在浴盆的一端宜设宽 0.3 m 的洗浴坐台;在喷头下方,应设可移动或墙挂折叠式的安全坐椅(图 2-44)。淋浴宜采用冷热水混合器。在浴盆及淋浴喷头临近的墙壁上,应安装安全抓杆(图 2-45)。图 2-46 是残疾人使用的专用卫生间。

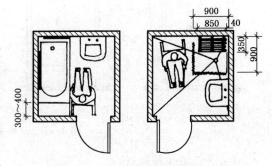

图 2-44　残疾人使用的浴间(mm)

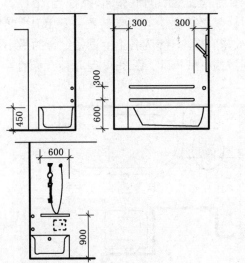

图 2-45　浴间的安全抓杆(mm)

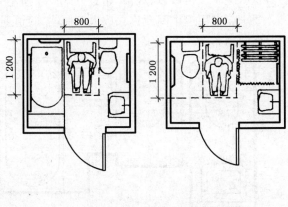

图 2-46　残疾人使用的专用卫间(mm)

2.3 交通联系空间

交通联系空间不仅是建筑总体空间的一个重要组成部分,而且是将主要使用空间、辅助使用空间组合起来的重要手段。

交通联系空间设计应遵守以下原则:

(1) 交通流线组织符合建筑功能特点,有利于形成良好的空间组合形式。

(2) 交通路线简捷明确,具有导向性。

(3) 满足采光、通风及照明要求。

(4) 适当的空间尺度,完美的空间形象。

(5) 节约交通面积,提高面积利用率。

(6) 严格遵守防火规范要求,能保证紧急疏散时的安全。

交通联系空间由水平交通空间、垂直交通空间和交通枢纽空间组成。

2.3.1 水平交通空间

水平交通空间指走道(走廊)、连廊等,是专供水平交通联系的狭长空间(图2-47)。有的水平交通空间也可能兼有其他用途,如教学楼走道兼作学生课间休息场所,门诊部走道兼候诊等(图2-48)。商场、陈列馆等建筑,由于空间多采取串联式组合,也可能没有明显的走道(图2-49)。

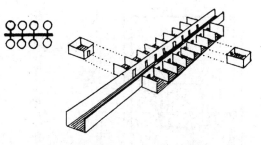

图 2-47　供水平交通联系的走道

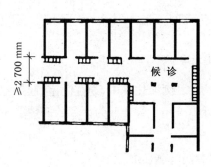

图 2-48　门诊部兼作候诊的走道

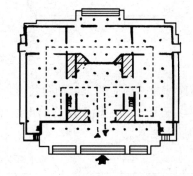

图 2-49　没有明显走道的建筑空间组合

1) 走道的宽度

走道宽度应根据功能性质、通行能力、建筑标准、安全疏散等要求来确定。单股人流宽度为 0.55～0.7 m,双股人流通行宽度为 1.1～1.4 m。根据可能产生的人流股数,便可推算出走道的最小净宽。如果房间门向走道开启,此宽度考虑门扇开启占用的空间应予调整。当走道兼有其他用途时,尚应增加这些用途所需的宽度。例如,门诊部兼作候诊的走道,单侧放候诊椅,走道宽大于或等于 2.1 m;双侧放候诊椅,走道宽大于或等于 2.7 m(图2-50、图2-51)。

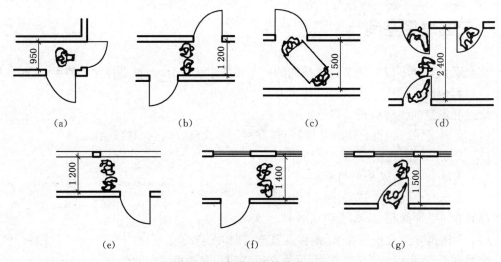

图 2-50　走道宽度的确定（mm）

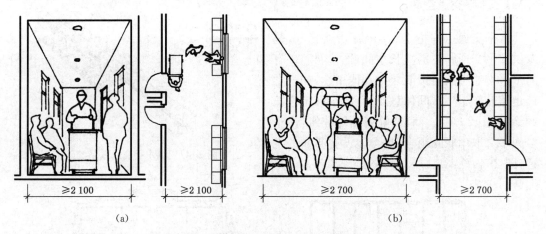

图 2-51　门诊部兼作候诊的走道宽度（mm）

　　走道净宽尺寸尚应符合单项建筑设计规范的规定。例如住宅中，通往卧室、起居室的走道净宽不小于 1 m，通往辅助用房的走道净宽不小于 0.9 m。表 2-5 为部分公共建筑走道净宽尺寸的最小要求。

表 2-5　部分公共建筑走道最小净宽（m）

建筑类型	走道形式	走道两侧布房	走道单侧布房或外廊	备　注
托幼建筑	生活用房	1.8	1.5	
	服务供应	1.5	1.3	
教育建筑	教学用房	≥2.1	≥1.8	
	行政办公用房	≥1.5	≥1.5	
文化馆建筑	群众活动用房	2.1	1.8	
	学习辅导用房	1.8	1.5	
	专业工作用房	1.5	1.2	

建筑类型 \ 走道形式		走道两侧布房	走道单侧布房或外廊	备　注
办公建筑	走道长≤40	1.4	1.3	
	走道长>40	1.8	1.5	
营业厅通道		≥2.2		通道在柜台和墙面或陈列橱之间

学校、商店、办公楼、候车室等民用建筑各层疏散外楼梯、门、走道的各自总宽度,应通过计算确定,疏散宽度指标不小于表 2-6 的规定。

表 2-6　楼梯、门和走道的宽度指标(m/百人)

层数 \ 耐火等级	一、二级	三　级	四　级
1~2 层	0.65	0.75	1.00
3 层	0.75	1.00	—
≥4 层	1.00	1.25	—

注:每层疏散门和走道的总宽度,以及每层疏散楼梯的总宽度均按本表计算。每层人数不等时,可分层计算,下层楼梯总宽度按上层人数最多一层的人数计算。底层外门的总宽度按该层或该层以上人数最多一层人数计算。不供楼上人员疏散的外门,可按本层人数计算。疏散走道和楼梯最小宽度不应小于 1.1 m。

影剧院、礼堂、体育馆等人员密集的公共场所,走道宽度还另有规定,将在后面介绍。在考虑无障碍设计时,走道所需净宽见图 2-52 所示。

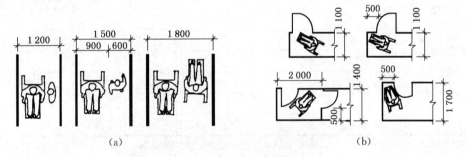

图 2-52　通行轮椅的走道宽度(mm)

注:走道两侧不得设置突出墙面,影响通行的障碍物。

2) 走道的长度

走道的长度在满足使用要求的前提下,还应尽可能缩短,以减少交通面积(图 2-53)。

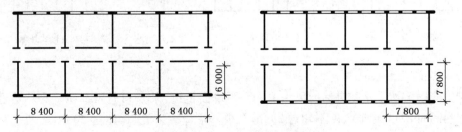

图 2-53　房屋进深与走道长度的关系(mm)

图示的两个小学教室,面宽小、进深大的走道短,交通面积较省。

　　走道长度除满足使用要求外,还必须遵守建筑设计防火规范中的有关规定。表2-7汇总了这些规定。表2-7中,L_1表示位于两个外部出口或楼梯间之间房间的最大安全疏散距离;L_2表示位于袋形走道两侧或尽端的房间最大安全疏散距离。本表适用于建筑高度不超过24 m的其他民用建筑,以及建筑高度超过24 m的单层公共建筑。

表2-7　走道安全疏散距离

建筑名称		房门至外部出口或封闭楼梯间的最大距离(m)					
		位于两个外部出口或楼梯间之间的房间 L_1			位于袋形走道两侧尽端的房间 L_2		
		耐火等级			耐火等级		
		一、二级	三级	四级	一、二级	三级	四级
封闭楼梯间	托儿所、幼儿园	25	20	—	20	15	—
	医院、疗养院	35	30	—	20	15	—
	学校	35	30	—	22	20	—
	其他民用建筑	40	35	25	22	20	15
非封闭楼梯间	托儿所、幼儿园	20	15	—	18	13	—
	医院、疗养院	30	25	—	18	13	—
	学校	30	25	—	20	18	—
	其他民用建筑	35	30	20	20	18	13
自动喷淋	托儿所、幼儿园	31.25	25	—	25	18.75	—
	医院、疗养院	43.75	37.5	—	25	18.75	—
	学校	43.75	37.5	—	27.5	25	—
	其他民用建筑	50	43.75	31.25	27.5	25	18.75
开敞式外廊	托儿所、幼儿园	30	25	—	25	20	—
	医院、疗养院	40	35	—	25	20	—
	学校	40	35	—	27	25	—
	其他民用建筑	45	40	30	27	25	20

　　注:封闭楼梯间、非封闭楼梯间、开敞式外廊、自动喷淋的图示形式分别如图:

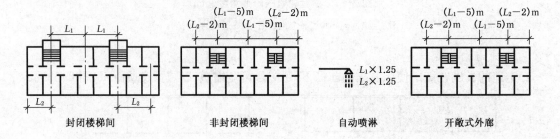

　　3)走道的天然采光与通风

　　走道应以天然采光和自然通风为主。采用单面走道,采光和通风都易解决。走道双面都布置房间时,如内走道长度不超过20 m,至少一端应设采光口;超过20 m,应两端都设采光口;超过40 m,中间还应增加采光口,否则就要采用人工照明(图2-54)。走道中间的采光口可与开敞式或用玻璃隔断分割的辅助使用空间、交通联系空间结合起来(图2-55)。此外,还可将内、外走道结合,穿插处理,也可获得良好的采光通风效果(图 2-56)。

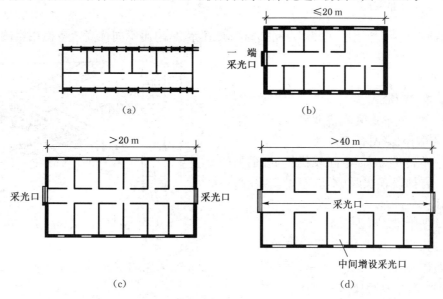

图 2-54 走道长度与采光口的关系

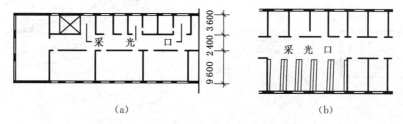

图 2-55 走道中间的采光口(mm)

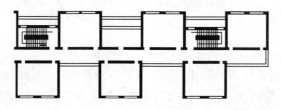

图 2-56 内、外走道结合

4)连廊

将在空间上有一定距离且相互独立的两个或多个使用空间,用一条狭长的空间联系起来,组成建筑的总体空间,这个狭长空间就是连廊。连廊可以是开敞的,也可以是封闭的(如暖廊)。当连廊结合地形起伏设置时,连廊内还可以设台阶(图 2-57)。

图 2-57 为南京市中山植物园连廊。入口敞廊与陈列厅相连。陈列厅与接待室、学术厅之间有近 3 m 的高差,用爬山廊相连,形成富于生机的庭院空间。

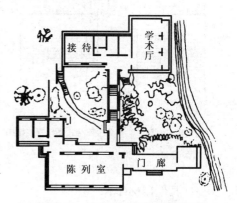

图 2-57 南京市中山植物园连廊

2.3.2　垂直交通空间

垂直交通空间指楼梯、电梯、自动扶梯和坡道等,是沟通不同标高上各使用空间的空间形式。

1) 楼梯

(1) 楼梯的形式

楼梯的空间形式很多,常见的有以下几种:

① 直跑楼梯(图 2-58)

梯段不转换方向,空间较狭长,有很强的导向感。在梯段很长时(不应超过 18 步),中间应设休息平台。

② 双跑楼梯(图 2-59)

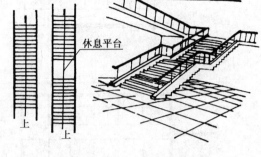

图 2-58　直跑楼梯

可分为平行双跑楼梯和转角双跑楼梯。平行双跑楼梯占地面积省,使用方便,结构简单,是最常采用的楼梯形式,此种楼梯也有作开敞处理的。转角双跑楼梯又称折线形楼梯。

平行双跑楼梯　　　　转角双跑楼梯　　　　　　开敞式梯间

图 2-59　双跑楼梯

③ 三跑楼梯(图 2-60)

可分为曲尺形三跑楼梯、平行三跑楼梯、转角三跑楼梯。平行三跑楼梯又分为合上双分式和分上双合式两种,常用在中轴对称的门厅中。曲尺形三跑楼梯有较宽的梯井,常采用在平面接近正方形的楼梯间中。

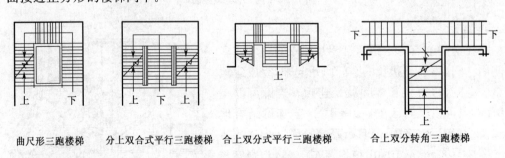

曲尺形三跑楼梯　　分上双合式平行三跑楼梯　合上双分式平行三跑楼梯　　　合上双分转角三跑楼梯

图 2-60　三跑楼梯

④ 其他楼梯(图 2-61)

为了造型需要或组织人流的需要,也可采取其他楼梯形式,如螺旋楼梯、剪刀式楼梯、弧形楼梯、交叉式楼梯等。

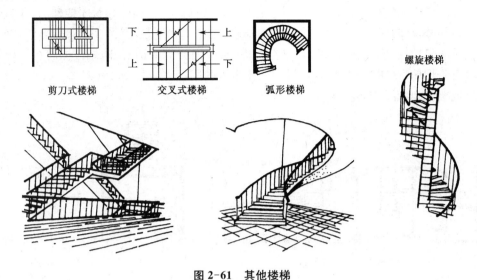

剪刀式楼梯　　　交叉式楼梯　　　弧形楼梯　　　螺旋楼梯

图 2-61　其他楼梯

（2）楼梯的功能分类

① 主楼梯

是联系建筑的主要使用空间，供主要人流疏散使用的楼梯，常设在出入口附近或直接放在门厅内（图 2-62(a)、(b)、(c)）。

② 辅助楼梯

考虑次要用途或疏散要求设置的楼梯，常设在建筑次要出入口处或建筑转角处（图 2-62(d)、(e)）。

③ 消防楼梯

为紧急疏散设置的楼梯，一般设在建筑端部（图 2-62(f)）。

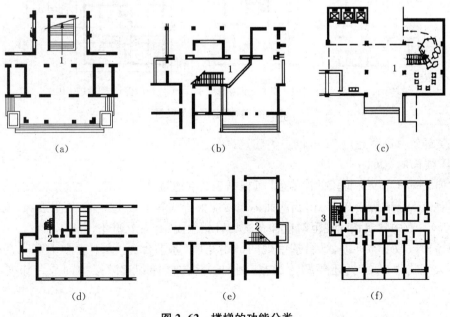

（a）　　　　　　　　（b）　　　　　　　　（c）

（d）　　　　　　　　（e）　　　　　　　　（f）

图 2-62　楼梯的功能分类

　　（3）楼梯间的形式

　　楼梯间是容纳楼梯，并有墙或柱限定的空间。楼梯间的形式分为封闭楼梯间、非封闭楼梯间和防烟楼梯间几种。非封闭楼梯间通向走廊的出口是开敞的（图 2-63(a)）。封闭楼梯间则设有能阻挡烟气的双向弹簧门（或乙级防火门）（图 2-63(b)）。防烟楼梯间在楼梯间入口处设有防烟前室（图 2-63(c)），或设专供排烟用的阳台、凹廊（图 2-63(d)、(e)、(f)），通向前室或楼梯间的门均为乙级防火门。

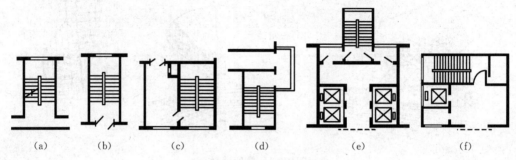

| (a) | (b) | (c) | (d) | (e) | (f) |

图 2-63　楼梯间的几种形式

　　非封闭楼梯间适用于 5 层及 5 层以下的公共建筑的疏散楼梯间（医院、疗养院的病房楼除外）。

　　医院、疗养院的病房楼，设有空气调节系统的多层旅馆和超过 5 层的其他公共建筑的室内疏散楼梯，均应采取封闭式楼梯间（图 2-64(a)）。楼梯间底层紧接主要出入口时，可将走道、门厅包括在楼梯间内，形成扩大的封闭楼梯间，但应用乙级防火门与其他部分隔开（图 2-64(b)）。超过 6 层的塔式住宅应设封闭楼梯间，但分户门均为乙级防火门时也可不设（图 2-64(c)）。

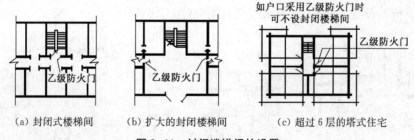

| (a) 封闭式楼梯间 | (b) 扩大的封闭楼梯间 | (c) 超过 6 层的塔式住宅 |

图 2-64　封闭楼梯间的设置

　　一类建筑和高度超过 32 m 的二类建筑，应设置防烟楼梯间。

　　（4）楼梯的宽度

　　楼梯的宽度主要指梯段的净宽度，可根据表 2-6 通过计算确定。住宅户内楼梯梯段，一面临空时应大于或等于 0.75 m，当两面为墙时应大于或等于 0.9 m。人流量愈大，宽度愈大（图 2-65）。有关建筑设计规范对楼梯宽度均有相应规定，应予遵守。

　　楼梯梯段改变方向时，平台扶手处的最小宽度（即平台深度）不应小于梯段宽度。当有搬运大型物件需要时，还要酌情加宽，例如医院主楼梯和疏散楼梯的平台深度不宜小于 2 m。

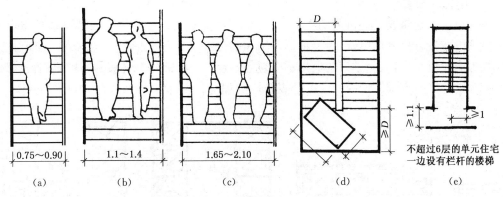

图 2-65　楼梯梯段和平台的宽度(m)

(5) 楼梯数量

为了保证防火疏散安全,一般公共建筑至少设两部楼梯,并使之符合表 2-7 中的规定。对于 2~3 层的建筑(医院、疗养院、托儿所、幼儿园除外),只要符合表 2-8 的要求,可设一个疏散楼梯。

表 2-8　设置一个疏散楼梯的条件

耐火等级	层　数	每层最大建筑面积(m²)	人　数
一、二级	2~3 层	400	第 2 层和第 3 层人数之和不超过 100 人
三级	2~3 层	200	第 2 层和第 3 层人数之和不超过 50 人
四级	2 层	200	第 2 层人数不超过 30 人

为了安全和疏散要求,楼梯间底层处应设置直接对外的出入口。当层数不超过 4 层,可将对外出入口布置在距离楼梯间不超过 14 m 处。不论采用何种形式楼梯间,房间内最远一点到房门的距离不应超过表 2-7 中规定的袋形走道两侧尽端的房间,从房门到外部出口或楼梯间的最大距离(图 2-66)。

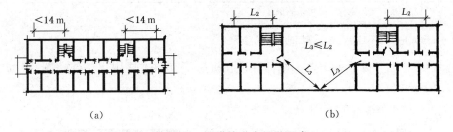

图 2-66　楼梯的安全疏散要求

注:图中 L_2、L_3 数值均详见表 2-7。

2) 电梯

电梯作为垂直交通工具已愈来愈多地受到采用。在高层建筑中,电梯更是主要的垂直交通工具。

(1) 电梯的类型

电梯按使用性质分为乘客电梯、载货电梯、客货两用电梯、病床电梯、小型货梯等。按在防火疏散中的作用,电梯分普通电梯和消防电梯。

（2）电梯的布置

电梯应位于建筑物交通负荷的中心，如门厅、中庭、主要出入口附近、楼层居中位置等。

电梯的布置方式分为单台、多台单侧排列和多台双侧排列等形式（图 2-67）。单侧排列的电梯不应超过 4 台，双侧排列的电梯不应超过 8 台。电梯前应有足够的等候面积，这部分空间称为电梯厅。电梯厅的深度应符合表 2-9 的规定。

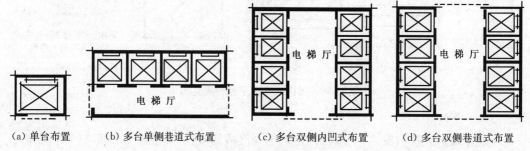

图 2-67　电梯的布置形式

（a）单台布置　（b）多台单侧巷道式布置　（c）多台双侧内凹式布置　（d）多台双侧巷道式布置

表 2-9　电梯厅的深度

电梯类别	布 置 方 式	电梯厅深度
住宅电梯	单 台	$\geqslant B$
	多台单侧排列	$\geqslant B^*$
乘客电梯	单 台	$\geqslant 1.5B$
	多台单侧排列	$\geqslant 1.5B^*$
		当电梯为 4 台时应$\geqslant 2.4$ m
	多台双侧排列	$\geqslant$相对电梯 B 之和并$\geqslant 4.5$ m
病床电梯	单 台	$\geqslant 1.5B$
	多台单侧排列	$\geqslant 1.5B^*$
	多台双侧排列	$\geqslant$相对电梯 B 之和

注：（1）B 为轿厢深度，B^* 为电梯中最大轿厢深度。
　　（2）供轮椅使用的电梯厅深度不小于 1.5 m。
　　（3）本表规定的深度不包括穿越电梯厅的走道的宽度。

电梯不应在转角处紧邻布置。电梯井道和机房不宜与主要用房贴邻布置，否则应采取隔振、隔声等措施。

图 2-68 为电梯布置的实例。

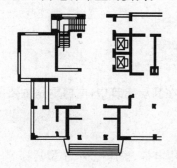
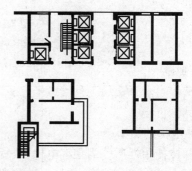

图 2-68　电梯布置实例

（3）电梯的设置条件与数量

7 层及 7 层以上的住宅或最高住户入口层楼面距底层室内地面的高度在 16 m 以上的住宅应设置电梯；12 层及 12 层以上的高层住宅，每幢楼设置电梯不少于 2 台；在以电梯为主要垂直交通工具的建筑物内或每个服务区内，乘客电梯不少于 2 台。

（4）消防电梯的设置

根据高层民用建筑防火设计规范规定，一类公共建筑，高度超过 32 m 的其他二类公共建筑，塔式住宅，12 层及 12 层以上的单元式住宅和通廊式住宅，均应设消防电梯。消防电梯的数量根据每层建筑面积确定。消防电梯应设前室。前室的面积，居住建筑不少于 4.5 m²，公共建筑不少于 6 m²。当与防烟楼梯间合用前室时，其面积居住建筑不少于 6 m²，公共建筑不少于 10 m²。

由于电梯不计作安全出口，所以设置电梯的建筑物尚应根据防火规范设置疏散楼梯。

3）自动扶梯

自动扶梯由电动机械驱动，使梯级踏步连同扶手同步运行，既可上升也可下降，具有连续不断输送大量人流的特点。自动扶梯运载量大，如梯段净宽为 600 mm 和 1 000 mm 的自动扶梯，每小时输送能力分别为 5 000 人和 8 000 人，故多用在交通频繁、人流众多的公共建筑中，如百货商厦、购物中心、地铁站、火车站候车厅、航空港等。自动扶梯可供人流随时上下，省时省力，在发生故障时仍可按一般楼梯使用。

自动扶梯常设在广厅中及相邻位置，既有利于人流集散，又丰富了大厅的空间效果（图 2-69）。

自动扶梯可单独布置，也可成组并列布置，在竖向上则有单向平行布置、转向交叉布置、连续排列布置和集中交叉布置等形式（图 2-70）。自动扶梯的基本尺寸见图 2-71。

图 2-69　广厅中的自动扶梯

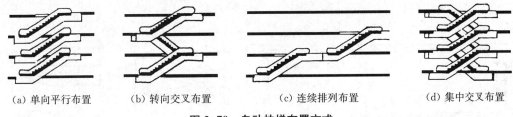

（a）单向平行布置　　　（b）转向交叉布置　　　（c）连续排列布置　　　（d）集中交叉布置

图 2-70　自动扶梯布置方式

自动扶梯不计作安全出口，所以设有自动扶梯的建筑仍应按规定设疏散楼梯。自动扶梯使上下空间连通，被连通的空间应列为一个防火分区，并符合防火设计规范的要求。如果多层建筑中的共享大厅与周围空间之间设有防火门、窗，并装有水幕，以及封闭屋盖安装有自动排烟设施时，共享大厅则为一独立的防火分区（图 2-72）。

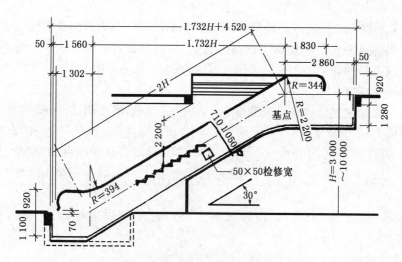

图 2-71　自动扶梯的基本尺寸(mm)

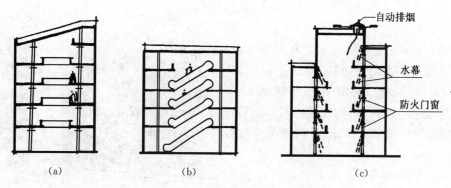

图 2-72　自动扶梯开口部分的防火要求

4) 坡道

坡道分为室内坡道和室外坡道。室内坡道由于占地面积大,采用较少,主要用于多层车库、医院建筑等(图 2-73)。美国古根海姆美术馆是以室内坡道为主要垂直交通空间的实例(图 2-74)。室外坡道一般设在公共建筑的出入口处,其主要用途是供车辆到达出入口,另外,也可满足无障碍设计的要求(图 2-75)。

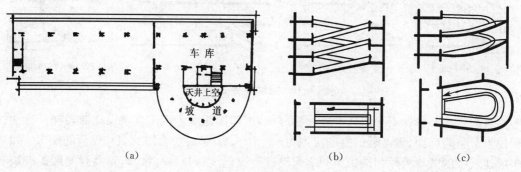

图 2-73　室内坡道

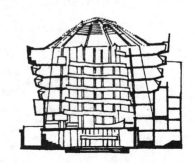

图 2-74　室内坡道应用实例

螺旋形坡道形成参观路线,并将各展段连接起来,适应了展览馆的功能要求。低矮的展出空间与围绕的中厅形成强烈的对比,取得良好的视觉效果。

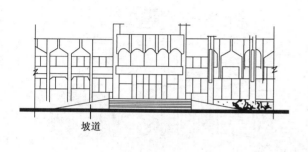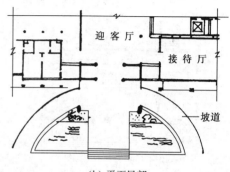

（a）立面局部　　　　　　　　　　　　　　　（b）平面局部

图 2-75　建筑出入口处的坡道

坡道平面形状很多,除半圆形外,还有一字形、八字形、弧形等,应结合建筑造型与出入口设计综合考虑。

室内坡道的坡度不宜大于 1:8。室外坡道的坡度不宜大于 1:10。室内坡道投影长度超过 15 m 时宜设休息平台。供残疾人使用的坡道的坡度不宜大于 1:12;每段坡道允许水平投影长度不大于 9 m,否则应设休息平台,平台深度不小于 1.2 m;在坡道转弯处设休息平台时,平台深度不小于 1.5 m;坡道两侧凌空时,应设栏杆和安全挡台(图 2-76)。

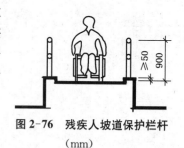

图 2-76　残疾人坡道保护栏杆

（mm）

2.3.3　交通枢纽空间

交通枢纽空间主要指门厅、过厅、中庭、出入口等,是人流集散、方向转换、空间过渡与衔接的场所,因而在建筑空间组合中占有重要地位。

1) 门厅

门厅位于建筑主要出入口处,具有接纳人流和分散人流的作用,也是内外空间的过渡。主要楼梯与电梯常组合在门厅中或门厅附近。门厅往往还兼有其他用途,如旅馆中的总服务台、休息厅、问询处,医院门诊部中的挂号、收费、取药等。门厅的设计应解决好以下问题:

（1）布局合理、形式多样

门厅的布局分对称式和非对称式两类。对称式布局有明显的中轴线，空间形态严整，导向性好（图 2-77）。非对称式门厅没有明显中轴线，空间形态较灵活，有利于各不同使用要求空间的灵活组合，并使空间形态富于变化，在非对称的建筑中采用较多（图 2-78）。

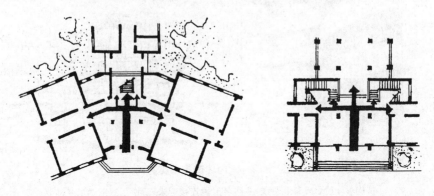

图 2-77　对称式门厅

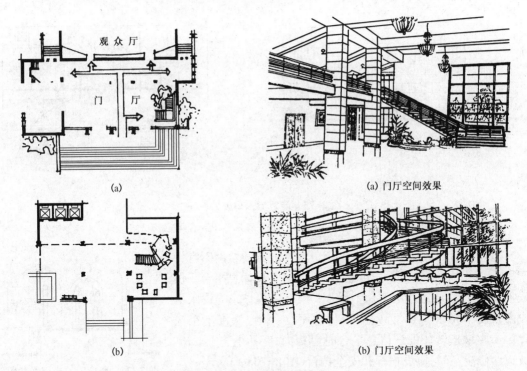

(a)

(a) 门厅空间效果

(b)

(b) 门厅空间效果

图 2-78　非对称式门厅

（2）流线简捷，导向明确

门厅内交通路线的组织应简单明确，符合使用顺序要求，避免或减少交叉堵塞，并为各使用部分留出相对独立的活动空间。

图 2-79，北京和平宾馆门厅，门厅面积不大，但布置得当，流线清晰。楼梯口设置台阶与花池，强调了行进方向。休息区相对独立，避免了干扰，具有亲切气氛。

（3）空间完美，环境协调

不同的门厅有不同的艺术处理要求，或高敞宏伟，或富丽堂皇，或亲切宜人，都应与建筑的功能和建筑标准相适应。空间氛围的形成,除门厅的尺度与平面形状外,还包括门厅的空间组织与装修做法等。门厅有单层的,也有贯穿两层或两层以上的(图2-80~图2-82)。

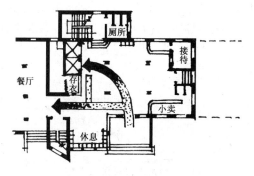

图 2-79　北京和平宾馆门厅

图 2-80　门厅的空间组织(一)

图2-80,门厅的空间组织(一),门厅为一层,层高不高,面积不宜过大,布置宜紧凑,适应于中小型建筑。

图2-81,门厅的空间组织(二),门厅层高较其他房间为大,局部设夹层,增加了空间的形态变化,夹层中还可以安排辅助使用空间。

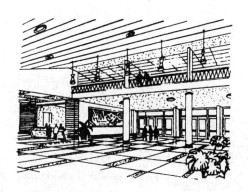

图 2-81　门厅的空间组织(二)

图 2-82　门厅的空间组织(三)

图2-82,门厅的空间组织(三),门厅占有两层高的空间,二层出现回马廊或临空走道,空间壮观丰富。

(4) 面积适宜,疏散安全

门厅面积根据建筑类型、规模、质量标准和门厅的功能组成等因素确定,也可根据有关面积定额指标确定(表2-10)。

表 2-10　部分公共建筑门厅面积设计参考指标

建筑名称	面积定额	备　注
中、小学校(m²/座)	0.06~0.08	
食　堂(m²/座)	0.08~0.18	包括洗手间、小卖部
综合医院(m²/(日·百人次))	11	包括衣帽间、询问处
旅　馆(m²/床)	0.2~0.5	
电影院(m²/观众)	甲等 0.5 乙等 0.3 丙等 0.1	门厅、休息厅合计

为保证疏散安全、与门厅相接的出入口宽度指标应不小于表2-6的规定,并按该层或该层以上人数最多一层的人数计算。

2) 过厅

过厅是人流再次分配的缓冲空间,起到空间转换与空间过渡的作用;过厅有时也兼有其他用途,如作为休息场所等。过厅的设计方法与门厅相似,但质量标准稍低(图2-83~图2-85)。

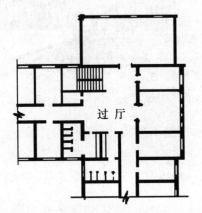 

(a) 过厅在走道转向、房屋转角处,起人流再次分配作用　(b) 过厅设有服务台,增加了使用功能

图 2-83　位于人流交汇处的过厅

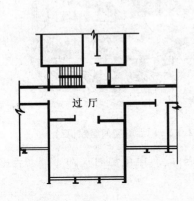 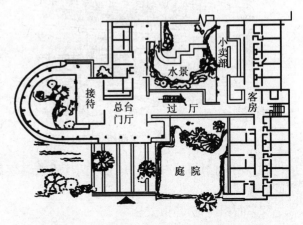

图 2-84　位于大空间与走道联系处的过厅

这种过厅有利于疏散大空间中的人流,避免在走道上造成拥挤阻滞。

图 2-85　位于两个使用空间之间的过厅

这个过厅将门厅与客房部分联系起来,并兼有楼梯间、休息廊的作用。过厅与庭院结合得也较好。

3) 中庭

在质量标准高的建筑中,有时也会采用中庭。中庭是供人们休息、观赏、交往、小酌的多功能共享大厅。在中庭内或在其附近设楼梯、观景电梯或自动扶梯时,中庭又具有交通枢纽作用(图2-86)。围绕中庭,往往布置公共活动用房,如餐厅、商店、酒吧、咖啡茶座等。为获得良好的天然采光条件,可在外墙上开窗,或者设置采光顶棚(图2-87)。中庭在建筑空间系列中常作为高潮来处理,所以应注意提高其艺术品位(图2-88)。

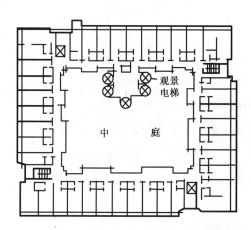

图 2-86　美国亚特兰大市海特摄政旅馆中庭

这个中庭由波特曼设计,平面近 31 m 见方,高 22 层。

图 2-87　罗浮宫扩建工程中庭

该中庭处于地下,屋顶为玻璃采光顶棚,成金字塔形。大厅气氛热烈奔放。

(a) 美国亚特兰高级美术馆坡道及共享大厅

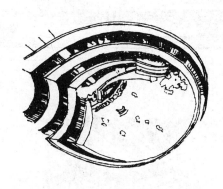

(b) 美国古根海姆美术馆坡道及共享大厅

图 2-88　中庭示例

注意空间变化,造成动与静的结合,追求独特的艺术效果。

4) 出入口

建筑的出入口常以门廊、雨篷等形式出现,并与室外平台、台阶、坡道、建筑小品及绿化结合。它既是内外交通的要冲,在美化建筑造型上也有重要作用。建筑的主要出入口处于内外人流的负荷中心,也常是建筑立面构图的中心(图 2-75、图 2-77、图 2-78)。建筑物出入口数量与位置应根据建筑的性质与流线组织来确定,并符合防火疏散的有关要求。例如,医院门诊部为避免交叉感染,急诊科、儿科、传染科都应单独设出入口(图 2-89)。在寒冷地区,门廊可改为挡风间或双门道,其深度应不小于两个门扇的宽度加上 0.55 m,或不小于 2.1 m。图 2-90 为出入口立面处理示例。

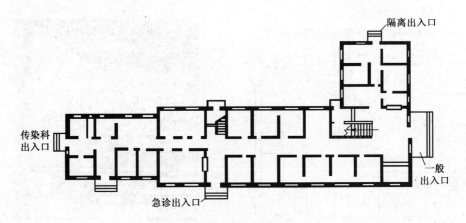

图 2-89 门诊部的出入口

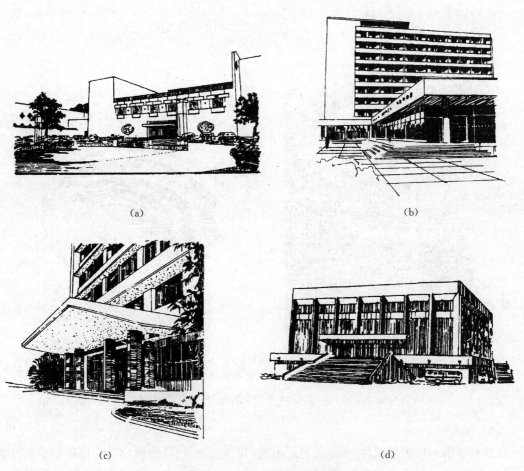

(a)

(b)

(c)

(d)

图 2-90 出入口立面处理示例

(a)、(b)、(c) 为旅馆建筑的出入口;(d) 为某体育馆的出入口

3 公共建筑内部空间组合设计

一幢建筑是由许多空间组合而成的。这些空间相互联系,相互影响,关系密切。因此,公共建筑设计不仅要对组成建筑的基本单元——每个空间进行精心设计,而且还必须根据各个空间相互之间的关系,将所有空间都安排在适当的位置,有机地组合在一起,才能形成一幢完整的建筑。这项工作称为建筑空间组合设计。

公共建筑空间组合设计的任务是:根据功能分区、人流疏散、空间组成以及与室外环境的联系,将各使用空间和交通联系空间加以适当组织与安排,形成完整的建筑。在进行内部空间组合时,还要综合考虑建筑空间的大小、形状、朝向、供热、通风、日照、采光、照明等方面的因素,必要时,还应对单个空间的设计做出修改与调整。

3.1 空间组合设计原则

公共建筑空间组合是公共建筑设计的一个重要环节,必须遵循一定的原则。

3.1.1 功能分区明确

为实现某一功能而需组合在一起的若干空间形成了一个功能区。一幢建筑往往有若干个功能区。例如,集中式医院主体建筑可分为门诊、医技、住院三个功能区。各功能区由若干个空间组成。公共建筑空间组合设计应使功能分区明确,各空间不混杂,以减少干扰,方便使用,并进一步使各个空间的使用要求都得到满足。

3.1.2 流线组织简捷

建筑功能的实现,与交通流线组织关系很大。与其他建筑一样,公共建筑交通流线的布置方式,在很大程度上决定了建筑的空间布局和基本体形。所以交通流线组织是公共建筑空间组合中十分重要的内容。交通流线组织要解决好以下问题:

1) 各种交通流线分工要明确

建筑中的交通流线可分为:①公共的或主要的交通流线;②内部的交通流线;③辅助供应的或次要的交通流线。各种流线应相对独立。内部的及辅助的交通流线与主要交通流线只需保持必要联系,方便管理即可,不要造成过多干扰。

2) 交通流线布置要合理

交通流线应简捷、明确、方便,顺畅而不阻滞。所谓简捷,就是距离短,转折少。不仅使用效果好,而且可节省交通面积。所谓明确,就是使不同的使用人员能很快辨别并进入各自的交通路线,避免人流混杂。不同的流线可以从平面上分开,也可以从时间和空间上分开。所谓方便,就是使建筑内的交通形成完整的系统,除要求隔离的部位外,交通流线应贯穿各处,保证建筑功能的有效实现。

3) 各种交通联系衔接要正确

一幢建筑往往有几种不同性质、不同方向的流线,要解决好它们的衔接关系。为了适应交通量的不均匀性和提高疏散的安全性,要处理好交通枢纽和交通缓冲区,如门厅、过厅等。

3.1.3 空间布局紧凑

在满足使用要求的前提下,建筑空间组合应妥善安排辅助面积,减少交通面积,使空间布局紧凑,以提高建筑的经济合理性。

1)加大建筑物的进深

加大建筑物的进深,可以缩短走道长度、压缩交通面积、节省通行时间;另外,还减少了外墙面积,节约了造价,提高了建筑的热稳定性(图 3-1)。

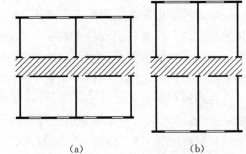

（a）　　　　　　（b）

图 3-1　进深不同的两个平面组合

四个房间面积都相同,方案(a)进深小,方案(b)进深大。前者走道长度、外墙长度都大于后者。

2)增加层数

适当增加层数,既可节约用地,又可减少交通面积,节省设备管线,使空间布局紧凑。

3)适当降低层高

在满足要求的前提下,适当降低层高不但可以减少楼梯踏步数,进而减小楼梯间进深,减少上下交通距离和人的疲劳感,而且还可以使整个建筑的空间体积减小,使空间利用更充分,节省了建设投资。

4)大空间布置在建筑尽端

大空间周边尺寸大,布置在建筑尽端,可以避免设置过长的走道。

3.1.4 结构选型合理

结构是建筑的骨架。建筑空间要依赖结构而存在。优秀的建筑,建筑空间和结构是融为一体的。结构选型应经济合理,同时又能为建筑空间的形成和建筑造型的完美提供有利条件。所以建筑设计也要进行结构构思,必要时还要与结构工程师配合对结构方案进行推敲。

3.1.5 设备布置恰当

建筑设备包括给水、排水、采暖、通风、电气、通讯、燃气等。各种设备是为创造良好的建筑环境服务的,但它们也各有自身的技术要求。建筑设计应统筹安排各种设备用房,考虑各种管线布置的要求及与建筑的关系,必要时应与有关设备工程师共同协商以完善设计。

3.1.6 体形简洁、构图完整

建筑空间组合是建筑体形塑造最基本的手段。一般来说,建筑体形以简洁为宜,构图以完整为宜。这样处理使结构简单,施工方便,布局紧凑,有利于抗震和降低造价,同时建筑造型整体感也强。

3.1.7 日照、天然采光和自然通风良好

为了提高建筑的环境质量,建筑设计应保证一定数量的空间获得日照,但又不能过度。

在建筑空间组合时,应根据性质和使用要求妥善安排各空间位置,争取使尽可能多的主要使用空间有较好的朝向。为了减少东、西晒的不利影响,在东西向房间的设计中,除采用各种遮阳措施外,还可以通过调整空间组合形式的方法来解决(图 3-2)。

主要使用空间一般都要求有天然采光,并对照度、均匀度和投射方向有不同程度的要求。天然采光的方式有侧面采光(利用侧窗采光)、顶部采光(利用天窗采光)、综合采光(利用侧窗和天窗共同采光)。建筑空间组合的任务之一就是为满足这些采光要求和采光方式创造条件。例如:要求光线柔和均匀、无眩光的房间宜放在北面;需设置顶部采光的房间应放在顶层。

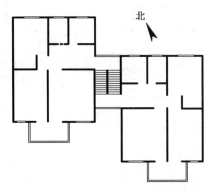

图 3-2 防止西晒的建筑空间组合

该建筑朝西。为防止东、西晒,平面组合采取锯齿形,这就将朝东、西的房间调整为南偏东、偏西,改善了这些房间的环境条件。

针对我国的气候条件,大多数民用建筑的自然通风设计主要是解决在夏季形成穿堂风的问题。所以建筑的朝向除考虑日照因素外,还应使建筑的主立面尽可能垂直于当地的夏季主导风向。建筑平面组合采取外廊式是有利于自然通风的;当采用内廊式组合时,则应尽可能将走道两侧房间的门、窗前后对齐。要研究气流的方向和影响范围,减少阻挡,使主要使用空间都能有良好的通风条件(图 3-3)。大进深的建筑平面组合,可以在中间设天井,利用天井的拔风作用来改善通风条件。

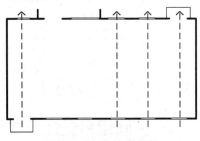

图 3-3 房屋的穿堂风

门窗前后对齐,并使建筑主立面垂直于夏季主导风向,对形成房间内的穿堂风是有利的。

3.1.8 与基地环境和谐协调

建筑总是建造在一定的基地上的。建筑必须与基地环境有机统一,和谐协调。基地的面积大小与形状、地形地貌、周围原有建筑、道路、绿化、公共设施等环境条件对建筑空间组合起制约作用。同样功能、同样规模的建筑,由于所处基地环境不同,常常会出现不同的空间组合。设计者要认真研究建筑所处环境的自然条件和人文条件,充分利用有利因素,克服不利因素,寻求最佳的建筑空间组合。

3.1.9 保证消防安全

前面有关章节已介绍了有关楼梯、门和走道宽度、走道安全疏散距离、出入口与楼梯数量等规定,建筑空间组合时都应遵守。除了这些以外,建筑空间组合时还应遵守有关层数和防火分区方面的规定。9 层及 9 层以下的住宅(含商住楼)和建筑高度不超过 24 m 的其他民用建筑以及建筑高度超过 24 m 的单层公共建筑,应符合表 3-1 的要求。

建筑物的地下室、半地下室应采用防火墙分隔成面积不超过 500 m^2 的防火分区。防火墙两端的其他墙体上如开窗,应留出不少于 2 m 的间隔。在转角的凹角处,门、窗间距应大于 4 m。另外,在建筑空间组合时,还应将易燃、易爆的房间相对集中,处于下风向,远离主要人流疏散口,并作好阻燃、防爆处理。

表 3-1　民用建筑的耐火等级、层数、长度和面积

耐火等级	最多允许层数	防火分区间		备　　注
		最大允许长度(m)	每层最大允许建筑面积(m²)	
一、二级	不限	150	2 500	1. 体育馆、剧院等的长度和面积可以放宽 2. 托儿所、幼儿园的儿童用房不应设在 4 层及 4 层以上
三级	5 层	100	1 200	1. 托儿所、幼儿园的儿童用房不应设在 3 层及 3 层以上 2. 电影院、剧院、礼堂、食堂不应超过 2 层 3. 医院、疗养院不应超过 3 层
四级	2 层	60	600	学校、食堂、菜市场、托儿所、幼儿园、医院等不应超过 1 层

注：(1) 重要的公共建筑应采用一、二级耐火等级。商店、学校、食堂、菜市场如采用一、二级耐火等级有困难，可采用三级耐火等级。
　　(2) 建筑物的长度，系指建筑物分段中线长度的总和。如遇有不规则的平面而有各种不同量法时，应采用较大者。
　　(3) 建筑内设有自动灭火设备时，每层最大允许建筑面积可增加一倍。局部设置时，增加面积可按该局部面积一倍计算。
　　(4) 防火分区间应采用防火墙分隔，如有困难时，可采用防火卷帘和水幕分隔。

3.1.10　提高建筑的经济性

建筑空间组合应从占地、面积、体积、造价、使用中的运行费用等多方面综合考虑，使建筑取得良好的技术经济指标。

3.2　空间组合设计方式

公共建筑空间组合包括平面组合和竖向组合，它们相互影响，设计时应统一考虑。

3.2.1　平面组合的基本方式

1）走廊式

各使用空间用墙隔开，独立设置，并以走廊相连，组成一幢完整的建筑，这种组合方式称为走廊式，又称走道式。走廊式是一种被广泛采用的空间组合方式。它特别适合于学校、办公楼、医院、疗养院、集体宿舍等建筑。这些建筑房间数量多，每个房间面积不大，相互间需适当隔离，又要保持必要的联系。

走廊式组合又可分为内廊式、外廊式、连廊式三种。

（1）内廊式（图 3-4）

内廊式组合的优点是房屋进深大，交通面积省，外墙长度短，建筑热稳定性好，比较经济。内廊式组合的缺点是部分房间朝向差，通风、采光条件也较差，相对布置的房间还存在一定程度的干扰。

（2）外廊式（图 3-5）

外廊式组合的优点是可以使大多数房间取得良好朝向，采光、通风条件较好，房间之间很少相互干扰。外廊式组合的缺点是房屋进深小，交通面积多，外墙长度长，建筑热稳定性稍差，经济性较差。外廊式组合在炎热地区采用较多。

（3）连廊式（图 3-6）

连廊式组合的走廊两侧无房间。连廊把两端的使用空间联系起来，同时有隔离作用。连廊在适应地形变化，丰富庭院景观方面也有一定作用，但造价较高。

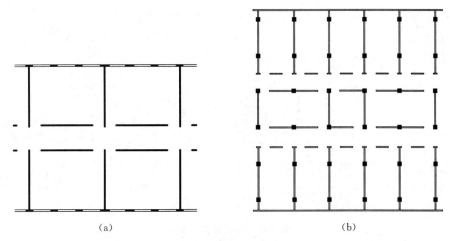

图 3-4 内廊式组合

(a) 为单内廊组合；(b) 为双内廊组合，由于两条走廊间的房间不能直接采光、通风，所以需人工照明和空气调节。双内廊组合只在少数建筑中采用，如医院病房大楼。

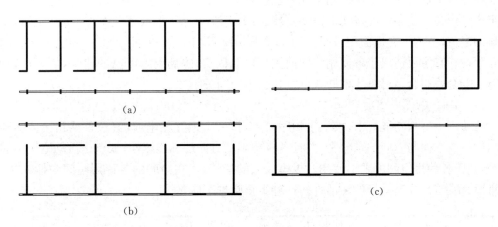

图 3-5 外廊式组合

(a) 为南廊式。南廊夏季可起遮阳作用，冬季则成为阳光充足的活动空间。(b) 为北廊式。采用北廊式，房间位于南向，有利于冬季争取日照。为了减少冬季雨、雪、冰冻影响，北廊可以加上玻璃窗等围护结构。(c) 为混合型外廊式，具有灵活多变的特点。此外，还可将走廊布置在西面和东面，它们也具有遮阳的作用。

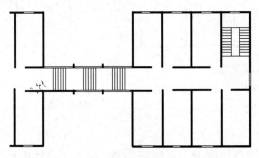

图 3-6 连廊式组合

连廊避免了走廊内的活动对室内的干扰。连廊可长可短，可设台阶，可转折弯曲，所以能较好地适应基地形状和地形的变化。连廊也可以作为休息廊。连廊两侧无房间，便于观赏室外或庭院景观。

在许多建筑中,根据功能要求、环境条件等具体情况,建筑的不同部分可分别采用内廊、外廊或连廊,相互衔接处则以门厅、过厅、楼梯间等作过渡。走廊除作交通联系用外,也可以兼有其他用途。走廊的形状可以是平直的,也可设计成折线形或弧形(图 3-7)。

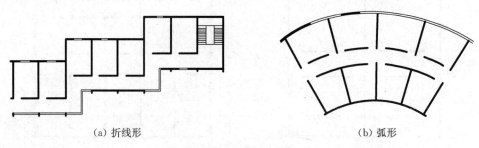

(a) 折线形　　　　　　　　　　　　　　　(b) 弧形

图 3-7　走廊形式的变化

它们有利于建筑造型的变化,但结构与施工较复杂。

2) 穿套式

在建筑中需先穿过一个使用空间才能进入另一个使用空间的现象称为穿套。穿套式空间组合是把各个使用空间按功能需要直接连通,串在一起而形成建筑整体。这种组合没有明显的走道,节约了交通面积,提高了面积的使用效率;但另一方面,容易产生各使用空间的相互干扰。它主要适应于各使用空间使用顺序较固定,隔离要求不高的建筑,如展览馆、商场等。穿套式组合又可分为串联式、放射式、大空间分隔式三种。

(1) 串联式(图 3-8)

各使用空间依功能要求,按一定顺序,一个接一个地互相串通,甚至首尾相接。这种组合的优点是空间与空间关系紧密,并且具有明确的方向性和连续性;缺点是活动路线不够灵活,不利于各使用空间的独立使用。规模较大的建筑,可在串联的各使用空间中插入过厅、休息厅、楼梯,以提高使用的灵活性。这种组合常见于展览馆。

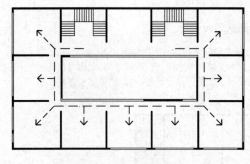

图 3-8　串联式组合

串联式组合给使用者提供了明确的流线,但选择性和灵活性变小了。

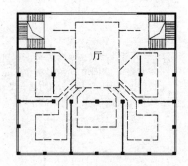

图 3-9　放射式组合

由于设置了大厅,周边的各使用空间相对独立性提高了。

(2) 放射式(图 3-9)

将一系列使用空间围绕大厅或交通枢纽布置,人从一个使用空间到另一个使用空间必须从大厅或交通枢纽中穿过,这种方式称为放射式空间组合。它的优点是流线紧凑,使用灵活,各使用空间的独立性优于串联式;缺点是大厅中流线不明确,易产生拥挤。这种组合常见于展览馆、商场。

（3）大空间分隔式（图 3-10、图 3-11）

这种组合的特点是将一个大空间采取灵活的隔断，分割成若干不同形状、不同大小的空间，它们相互穿插贯通，彼此间没有明确肯定的界限，失去了独立性。这种组合，布局紧凑，使用空间的划分机动灵活，流动感强。由于空间大，难以获得足够的天然采光和自然通风，所以常需人工照明和机械通风。这种布置常见于大型展览馆、商场。

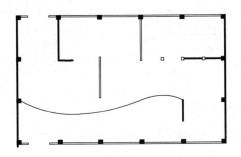 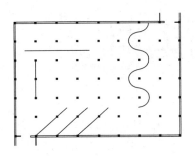

图 3-10 内部不设柱子的大空间分隔

由于没有柱，空间的划分很灵活。隔墙或隔断采用各种轻质材料，或曲或直，纵横交错，形成若干个子空间，但隔而不断。由于柱子少，梁的跨度大，结构上较复杂。

图 3-11 内部有柱子的大空间分隔

梁的跨度变小，结构简单，造价经济。隔墙可放在框架梁上。但采用轻质隔断时，也可以不受梁的限制。

3）单元式

将关系密切的若干使用空间先组合成独立的单元，然后再将这些单元组合成一幢建筑，这种方法称为单元式空间组合。这种组合，使各单元内部的各使用空间联系紧密，并减少了外界的干扰。这种组合常采用在城市住宅和幼儿园设计中（图 3-12）。

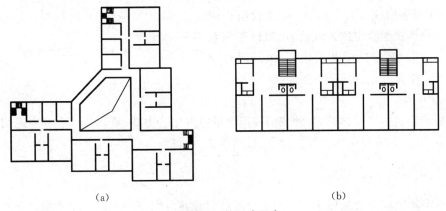

（a）   （b）

图 3-12 单元式组合

（a）为某幼儿园平面。活动室、卧室、卫生间、储藏室组成一个班的生活单元。若干单元用走廊连接，再加上其他用房，便构成整幢建筑。（b）为某城市住宅平面。几间卧室、客厅、卫生间、厨房等组成一个家庭的生活单元。2～3 个生活单元与共用的楼梯间组成一个建筑单元。将这些建筑单元进行组合便构成整幢建筑。

4）大厅式

以某一大空间为中心，其他使用空间围绕它进行布置，这种方式称为大厅式组合。采用这种组合时，有明显的主体空间。这种空间组合常用于影剧院、会堂、交通建筑以及某些文化娱乐建筑中（图 3-13）。

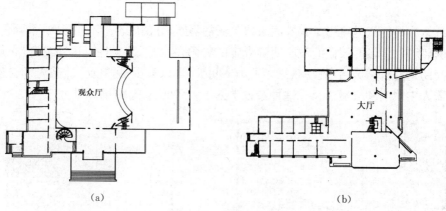

图 3-13　大厅式组合

(a)为某影剧院。观众厅是建筑的功能中心,也是空间组合的中心。(b)为某图书馆。空间组
合的中心是大厅,它具有多种功能,又是交通枢纽。

5)庭院式

以庭院为中心,围绕庭院布置使用空间,这种方式称为庭院式组合。庭院三面布置使用空间,称为三合院,第四面常为围墙或连廊。庭院四面布置使用空间,称四合院。大的建筑也可能设两个或多个庭院。庭院可大可小,面积小的也可称天井。庭院可作绿化用地、活动用地,也可作交通场地。如果庭院上方加上透明顶盖,则成为变相的大厅。这种组合,空间变化多,富于情趣,有利于改善采光、通风、防寒、隔热条件,但往往占地面积较大。为了节约造价和少占用地,现在很多庭院设计的较小,应注意防止阴暗潮湿。在建筑组合中加入庭院,可以使空间系列显得活泼有趣,常见于低层住宅、风景园林建筑、纪念馆、文化馆以及中低层的旅馆(图3-14)。

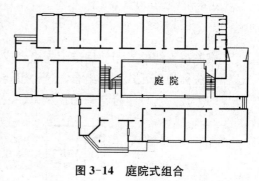

图 3-14　庭院式组合

6)综合式

在很多建筑中,同时采用两种或两种以上的空间组合方式,则称为综合式空间组合。不同组合方式之间,常以连廊、门厅、过厅、楼梯等作为过渡。

3.2.2　竖向组合的基本方式

建筑空间竖向组合又称建筑剖面组合设计。建筑空间竖向组合是在平面组合的基础上进行的,其主要任务是根据房屋在剖面上使用特征与建筑造型的需要,重点考虑层高、层数以及在高度方向的安排方式。因此,建筑剖面组合是平面组合在高度方向的具体实施,是对平面设计中两度空间的补充和继续。应该指出,在具体的建筑设计过程中,建筑物的平面组合与剖面组合是同时进行的,因为只有这样,才能保持整个空间构思的完整性。

在建筑空间竖向组合中,主要房间的层高是影响建筑高度的主要因素,为保证使用、结构合理、构造简单,应结合建筑规模、建筑层数、用地条件和建筑造型,进行妥善处理。

1)单层组合

单层组合形成单层建筑。层高相同的单层建筑作等高处理。层高相近的单层建筑,因层高高差小,通常为了简化结构、构造和便于施工,可按主要房间需要高度确定该建筑高度,从而也成为等高的单层建筑。单层组合简单灵活,施工方便,房屋造价低,但占地面积较大。

如果建筑各部分因功能要求不同,层高差别大,为避免等高处理后造成浪费,可按具体情况进行不同的竖向组合,各建筑空间可以有不同高度(图 3-15)。

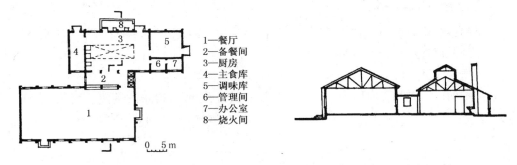

图 3-15　单层食堂剖面中不同高度房间的组合

　　因组成食堂的各部分功能要求不同,各自需要不同的层高。餐厅部分因使用人数多,建筑面积大和室内通风采光的要求,需要较大的层高;备餐间因面积小,实际需要的净空高度不大;厨房因排气、通风需要,局部需加设气楼。这样就形成了各部高度不同的剖面形式。

对于主要房间与其他辅助用房层高差别较大,平面设计中采用大厅式组合的建筑,如影剧院等,按其平面组合形式,可将辅助用房毗连在层高要求较大的主要房间周围进行竖向组合(图 3-16),这样既可满足主要房间的高度要求,又方便了使用。

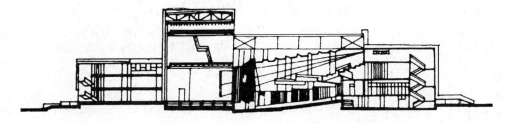

图 3-16　辅助用房毗连于大厅周围的建筑剖面

如图 3-17 所示一体育馆的剖面中,由于比赛大厅和休息、办公以及其他各种辅助房间相比,在高度和体量方面相差极大,因此通常结合大厅看台升起的剖面特点,在看台以下和大厅四周,组织各种不同高度的使用房间。这种组合方式需要细致地解决好大厅内人流的疏散以及各个房间之间的交通联系(图 3-17)。

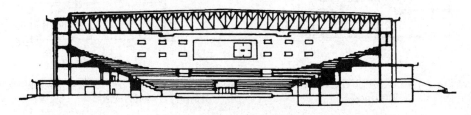

图 3-17　体育馆剖面中不同高度房间的组合

单层组合主要应用在下列三种情况:①人流、货流量大,对外联系密切的建筑;②需要利用屋顶采光和通风的建筑;③农村、山区或用地不紧张地区的建筑。

2) 低层、多层和高层组合

采用这种组合可以分别形成低层、多层、高层建筑。按组合方法,又可分为叠加组合、错层组合、跃层组合、夹层组合等几种。

(1) 叠加组合

① 上下对应,竖向叠加

建筑的各层都只有一种层高,竖向叠加时,承重墙(柱)、楼梯间、卫生间等上下对齐。这是一种应用最广泛的组合方式(图 3-18)。

② 上下错位叠加

各层平面不相同的竖向组合称为错位叠加。错位叠加后,建筑的剖面形成台阶形、"A"字形、倒梯形。错位叠加时,也应尽可能使主要承重墙(柱)上下对齐,保证结构受力的合理性(图 3-19)。

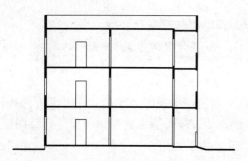

图 3-18　上下对应、竖向叠加组合

以这种组合方式形成的建筑,体形简洁,受力关系明确,结构简单,施工方便,造价经济。

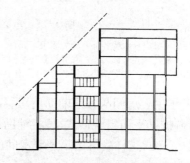

图 3-19　上下错位叠加组合

采用这种组合,可以使建筑造型丰富,并能为楼层提供室外活动场地和屋顶花园。如果建筑剖面北向跌落,还可以缩短日照时间。

(2) 错层组合

建筑在同一层有不同层高,部分楼板需要上下错开,这种组合称为错层组合。不同标高楼板的衔接处,常用楼梯、台阶、坡道来过渡(图 3-20)。

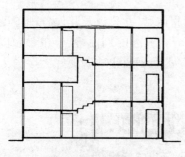

图 3-20　错层组合

错层组合适应了不同房间对层高的要求,但房屋的结构较复杂,抗震能力也减弱。

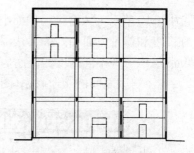

图 3-21　夹层组合

夹层组合由于各部分高度不同,应仔细推算各处的净高,并安排好交通路线。

(3) 夹层组合

将高度较小的使用空间竖向叠加,围合在一个高大的主体空间的四周或一隅,称为夹层组合。夹层组合可以充分利用空间,并使不同高度空间之间形成对比,以提高空间的艺术表现力(图 3-21)。

3.2.3 内部空间形态的构思和创造

人们对空间环境的要求随着生产、文化、科学技术的发展,生产水平的提高而愈来愈高。人类在长期的建筑实践中对室内空间环境的创造也积累了丰富的经验,对室内空间的处理手法多种多样,空间形态千姿百态,但归纳起来主要有以下几种:

1) 下沉式空间

若室内地面的局部下沉,在统一的室内大空间中将出现一个独立的空间。这种下沉地面所获得的独立空间称为下沉式空间,它具有一定的宁静感和私密性(图3-22)。人们在这种空间中休息、交谈会倍感亲切,工作、学习会感觉宁静而不受干扰。因此在许多公共建筑和住宅设计中得到了广泛的运用。

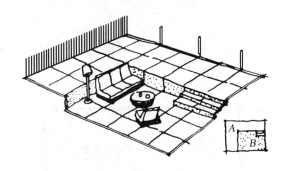 

| 图3-22 下沉式空间 | 图3-23 瑞典马尔默市立剧院 |

2) 地台式空间

将一整体空间中的局部地面抬高,形成一个台座,与周围空间相比,显得十分突出和醒目。因此这种空间适应于惹人注目的表现、表演、展览以及眺望等功能。许多商店常利用地台式空间将最新产品布置在上面,使顾客一进店就一目了然,很好地发挥了商品的广告宣传作用;表演性建筑中为了突出表演者和缩短观演者之间的距离,而设置伸入观众厅的舞台(图3-23)。

3) 回廊与挑台

回廊与挑台是室内空间设计常用的一种形式,经常出现在多层大厅内,它除了功能作用外(如作为交通联系),在空间形式上能增加空间层次,并与大厅形成鲜明对比。回廊的设置,主要是通过同一空间的尺度感进行处理,达到以小衬大、突出主体的目的。如某公共建筑门厅处理,将回廊上下空间尽可能压低,借对比作用极大地衬托出中央部分的空间(图3-24)。

挑台是在大厅空间中结合交通联系、休息等功能在适当位置设置伸入大厅的平台,使大厅空间显现出活泼、轻快而又热情奔放的意趣,同时也可丰富大厅的空间层次,使空间具有一定的渗透性(图3-25)。

4) 交错、穿插空间

在现代室内空间设计中,已经突破了封闭的六面体和静止的空间形态,使空间内部人流上下交错、彼此相望,室内空间互相穿插、融为一体,丰富室内景观,增添了生气和热闹气氛(图3-26)。适应于博览、游乐、文娱性建筑物的大厅采用。

图 3-24　某公共建筑门厅内回廊

图 3-25　德国埃森歌剧院前厅挑台

图 3-26　华盛顿美国国家艺术馆东馆

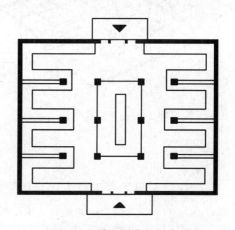

图 3-27　某商场营业厅布置

5）母子空间

在具有若干类似功能的空间组织中，为了满足一部分人的心理需求，增加空间的私密性或宁静感，以一个大空间作为母体（即母空间）而辅以若干个小空间（即子空间），彼此相融，形成一个整体空间，这种空间称为母子空间。如在商场营业厅的设计，可以以大厅为中心在周围布置营业小间，在小间中设置首饰、钟表、精品等内容（图 3-27）。

6）虚幻空间

为了改变室内的闭塞感，扩大空间的尺度感和视野，常在狭小房间的一面或几面墙上装设镜面玻璃而使空间尺度感增大；或者利用具有一定景深的大幅墙面，把人的视觉引向"远方"，造成空间深远的意象（图 3-28）。

7）共享空间

波特曼首创的共享空间（图 3-29），在各国享有盛誉，现在许多建筑都竞相效仿，像四季厅、中厅等都属这一类。它们的共同特点就是大厅的高度贯通若干层，使其大厅规模大、内容多、空间层次丰富，具有较高的视觉观赏价值。可以说共享大厅是一个具有运用多种空间处理手法的综合性体系。

图 3-28　利用大幅墙面扩大空间感

图 3-29　国外某旅馆共享大厅

从上所知,内部空间的形态是多种多样的,除以上形态之外,还有诸如流动空间、心理空间、悬浮空间等,都具有不同的用途和性质,但主要还是取决于功能的需要。应该指出:善于利用客观条件和技术手段,采取灵活变化的设计手法,这也是室内空间赖以创造的必要条件和重要因素。一般来说主要体现在以下几个方面:

(1) 结合地形,因地制宜。

(2) 结构形势的创新。

(3) 建筑布局与结构系统的统一变化。

(4) 建筑上下层空间的非对应关系。

3.3　空间组合设计步骤

建筑空间组合是一项综合性很强的复杂工作,一般应从全局到局部、从粗到细逐步深入,并反复修改,才能取得较好的效果。

3.3.1　基地功能分区

建筑功能的完整和完善不仅取决于建筑本身,还必须与环境条件相适应,与基地的功能分区相一致。建筑的功能分区与基地的功能分区存在对应关系。所以,建筑设计应在基地功能分区的基础上安排好建筑的功能分区。

1) 划分功能区块

按照不同的功能要求,将基地的建筑和场地划分成若干功能区块。区块的划分可以先粗一些,以后逐步深入(图 3-30、图 3-31)。

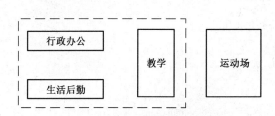

图 3-30　某小学总体功能区块划分

图 3-31　某小型汽车站总体功能区块划分

图 3-30 是某小学总体功能区块划分,根据学校使用特点,可划分为教学(主要指课堂教学)、运动场、行政办公、生活后勤等四个功能区块。其中,教学、行政办公、生活后勤三个功能区块需在建筑中完成其功能。若将这三个功能区块置于一幢建筑中,建筑将包括三种功能。

图 3-31 是某小型汽车站总体功能区块划分,基地上需划分为站房、停车场、检修保养、行政生活四个功能区块。其中站房、行政生活、检修保养需在建筑中完成其功能。

2) 明确各功能区块之间的联系

用不同线宽、线型的线条,加上箭头表示出各功能区块之间联系的紧密程度和主要联系方向。另外,还可以用某种图例标明隔离要求。图 3-32 是某小学总体功能区块的联系,生活后勤既要为教学服务,也要为行政办公服务。运动场主要为教学服务。由于运动场噪声大,所以应与其他三个功能区块有适当隔离。

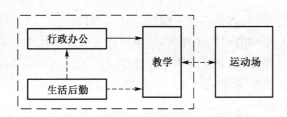

图 3-32 某小学总体功能区块的联系

3) 选择基地出入口大体位置与数量

根据功能分区、防火疏散要求、周围道路情况以及城市规划的其他要求,选择出入口位置与数量。这种选择,与建筑出入口的安排是紧密相关的(图 3-33)。

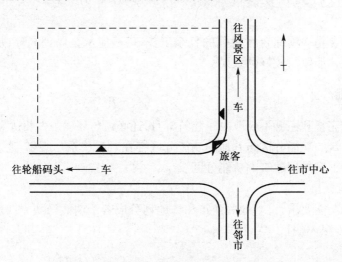

图 3-33 某小型汽车站基地出入口选择

考虑车辆进出方便与安全,设置了两个出入口。为了保证交叉口的行车视距,车辆出入口不宜太靠近交叉口。旅客进口在东南角为宜。

4) 选择各功能区块在基地上的位置

根据各功能区块自身的使用要求,结合基地条件(形状、地形、地物等)和出入口位置,可以先大体确定各功能区块的位置(图 3-34、图 3-35)。

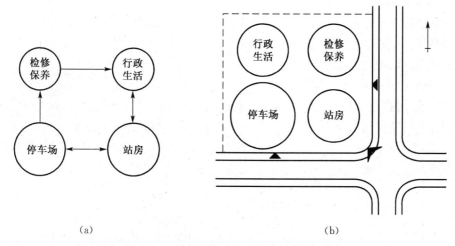

（a）　　　　　　　　　　　　　　　　　　　（b）

图 3-34　某小型汽车站功能区块位置选择

各功能区块的联系，如（a）所示。结合基地出入口布置，站房安排在东南角较合理。考虑到停车场、检修保养宜接近车辆出入口，所以先按（b）安排各功能区块位置。

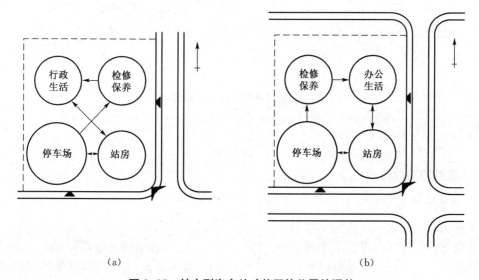

（a）　　　　　　　　　　　　　　　　　　　（b）

图 3-35　某小型汽车站功能区块位置的调整

检查图 3-34 的功能分区，分析各区之间的联系，发现行政生活与站房的联系受车辆流线干扰大[见（a）]，现调整功能区块位置如（b）。

3.3.2　基地总体布局

基地总体布局的任务是确定基地范围内建筑、道路、绿化、硬地及建筑小品的位置。它对单体建筑的空间组合具有重要的制约作用。

1）各功能区块面积的估算

各功能区块都应根据设计任务书的要求和自身的使用要求，采取套面积定额或在地形图上试排的方法，估算出占地面积的大小，并确定其位置与形状。为避免返工量过大，一般要先安排好占地面积大、对用地条件要求严格（如朝向、坡度、地质等）的功能区块。

2) 安排基地内的道路系统

道路系统包括车行道(含消防车)、人行道和回车场、人流集散场地等。道路系统的布置既要与基地周围道路系统妥善衔接,又要满足基地人流、车流组织和道路自身的技术要求(宽度、面积、坡度、转弯半径等)。

3) 明确基地总体布局对单体建筑空间组合的基本要求

这些要求,包括建筑场地的大小(长、宽)、形状,建筑的层数、高度、朝向以及建筑出入口的大体位置。建筑空间组合设计应当分析这些要求,找出有利因素和不利因素,寻求最佳的组合方案(图 3-36)。当然,在深入进行单体建筑空间组合的过程中,也可回过头来对基地的总体布局作适当修改。

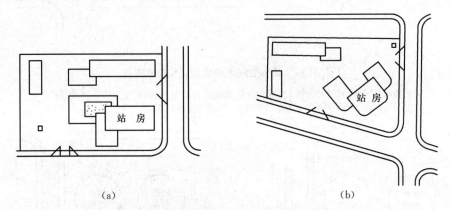

(a)   (b)

图 3-36 基地形状对建筑空间组合的影响

(a)和(b)均为小型汽车站的总平面布置。它们面积相同,但由于基地形状不同,站房采取了不同的组合形式。

3.3.3 建筑的功能分析

1) 建筑功能分析的内容

建筑功能分析包括各使用空间的功能要求,以及各使用空间的功能关系。

使用空间的功能要求包括朝向、采光、通风、防震、隔声、私密性及联系等。

各使用空间的功能关系包括使用顺序、主次关系、内外关系、分隔与联系关系、闹与静的关系等。

2) 建筑功能分析的方法

(1) 矩阵图分析法

矩阵图分析是将各使用空间的名称、功能要求等分别列入图表的纵列与横列中,画出纵横交叉的网格,再用某种符号(如小圆圈)标出相关性,使每个使用空间的组合要求都一目了然(表 3-2)。矩阵图分析法对于研究建筑组成空间的一般功能要求及内外、主次、闹静等关系相当有效,表达也方便,但却难以表达空间的使用顺序。

(2) 框图分析法

框图分析法是将建筑的各使用空间先用圆圈或方框表示(面积不必按比例,但应显示其重要性和大小),再用不同的线型、线宽加上箭头表示出联系的性质、频繁程度和方向。此外,还可在框图内加上图例和色彩,表示出闹静、内外、分隔等要求(图 3-37)。

表 3-2 某小学教学楼的功能矩阵分析图

组合功能要求 / 空间名称	好的朝向	良好的自然通风	安静的环境	对外联系方便	靠近门厅	靠近运动场	可成为独立单元	需专用场地	靠近校门	需考虑避免干扰			
										普通教室	专业教室	自然教室	教师办公室
低年级教室	△	△	△	△			△						△
普通教室	△	△	△				△				△	△	△
音乐教室										△	△	△	△
自然教室	△	△	△							△			
图书阅览室	△	△											
科技活动室				△	△					△	△	△	
体育用房						△		△					
教师办公室			△	△									
行政办公室				△									
劳动实习室				△	△		△	△					△
医务室	△												
职工食堂							△		△				△
厕 所										△	△	△	
传达室				△	△				△				
专业教室		△					△			△	△	△	△

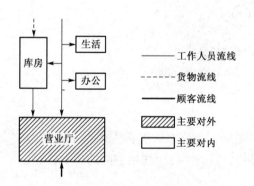

图 3-37 某小商店功能框图分析

框图分析法不仅将使用空间形象地表现出来，而且能将它们之间的联系表达得很清楚。但各空间的功能要求方面的表达不如矩阵图详尽。

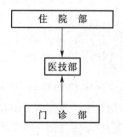

图 3-38 综合医院大楼功能组团分析

综合医院大楼功能较复杂，可先划分为门诊部、医技部、住院部三个大的功能组团。门诊部要方便病人进出，宜在城市道路旁。住院部应有安静、卫生的环境。医技部既要为门诊部服务，又要为住院部服务，所以宜在两者之间。

对于使用空间很多、功能复杂的建筑，建筑的功能分析应由粗到细逐步进行。首先，可将一幢建筑的所有使用空间划分为几个大的功能组团（也称功能分区）。每个功能组团由若干个有密切联系、为同一功能服务的使用空间组成，并具有相对的独立性。按照上述方法，对这些功能组团进行功能分析，并布置在一定的建筑区域，便形成了建筑的功能分区（图 3-38）。然后，再在各功能组团中进行功能分析，确定每个使用空间的布置。这种功能分析，是一个从无序到有序，不断深化，不断调整的过程（图 3-39）。对于更复杂的建筑，往往还要进行多级的功能分析(图 3-40)。

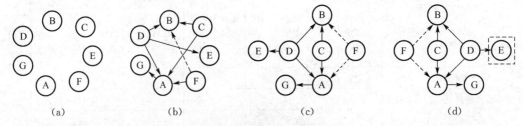

图 3-39　功能组团分析步骤

(a) 画出功能组团,位置暂不定;(b) 用线条与箭头表示功能组团间的关系,发现问题;(c) 调整各功能组团的位置;(d) 结合基地条件,进一步调整各功能组团的位置,并用不同的线型、线宽加上必要的图例进一步表示功能要求(例如组团 E 加上方框表示有隔离要求)。

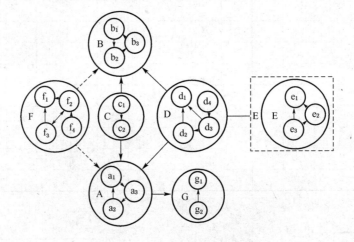

图 3-40　建筑功能的多级分析

复杂的建筑,可以先划分大的功能组团(如 A、B、C、D、E),在各个大的功能组团中再划分小的功能组团(如 a_1、a_2、a_3……),逐步分解,直至每个使用空间。

3) 建筑功能分析的综合研究

建筑的功能往往很复杂,相互之间存在很多矛盾。建筑空间组合应根据不同的建筑类型和所处的具体条件,抓住主要矛盾,进行综合研究,以确定每个使用空间的相对位置。

(1) 侧重于流线的研究

交通建筑、生产性建筑对流线要求较高。使用空间应按顺序排列。人流、货流、车流要分清,避免交叉,做到短捷通畅,所以功能分析应侧重流线安排。例如,在汽车客运站设计中,应将旅客流线、车辆流线、行李流线分开,旅客流线中又应将进站流线和出站流线分开。

(2) 侧重于单元内的功能研究

城市住宅大多按单元式组合。各单元之间功能联系少,组合也相对容易,所以功能分析应侧重单元内各使用空间的安排。

(3) 侧重于主要部分、主要使用空间的研究

影剧院、商场之类的建筑,主要部分、主要使用空间很明显,空间组合时也需以此为中心。所以功能分析应侧重于主要部分、主要使用空间的安排。

(4) 侧重于组、类的研究

医院一类建筑,可以将所有使用空间较明显地划分为几组或几类,它们的内部由若干功

能关系密切的使用空间组成,而组、类之间也存在一定的功能联系。这类建筑可按上述多级功能分析的方法来进行研究。

（5）侧重于重复空间组合的研究

集体宿舍一类建筑,主要使用空间基本相同,相互之间没有主从、顺序关系,受辅助使用空间的制约也很小。所以功能分析相对简单。

3.3.4　确定建筑的层数与层高

1）建筑的层数

影响建筑层数的因素很多,应根据具体情况加以选择。

（1）从功能要求出发确定层数

由于建筑用途不同,使用对象不同,往往对建筑层数有不同要求。有些建筑,功能上要求层数不能太多。例如:小学教学楼、医院门诊部、幼儿园、疗养院、养老院等建筑物,因使用者活动不便,且要求与户外联系紧密,因此,一般以 1～3 层为宜。中学教学楼,层数不宜超过 4 层;影剧院观众厅、体育馆、车站等建筑物,有大量人流集散,为保证安全,宜采用 1 层。公共食堂,在使用中有大量顾客,为了就餐方便,便于排除油烟和清理垃圾,单独建造时,宜建成低层。

（2）从城市规划要求出发确定层数

城市规划从城市景观出发,往往对各地段的建筑高度和层数作出若干规定,这是确定建筑层数的重要依据。位于城市干道、广场、道路交叉口的建筑,对城市面貌影响很大,在城市规划中,往往对层数有严格的要求。位于风景区的建筑,其体量和造型对周围景观有很大影响,为了保护风景区,使建筑与环境协调,一般不宜建造体量大、层数多的建筑物。

（3）从节约用地出发确定层数

建筑层数与节约土地的关系密切。一般来说,层数多的建筑较层数少的建筑节约用地。据有关调查资料表明,每公顷用地能建平房 4 400 m^2,而改建 5 层住宅可建 13 000 m^2,土地利用率可提高近三倍。

（4）从防火要求出发确定层数

不同耐火等级的建筑,对不同类型建筑的层数有一定限制,当建筑物耐火等级为一、二级时,建筑层数不限;三级时,最多允许建 5 层;四级时,仅允许建 2 层,详见表 3-1。

（5）从材料、结构、设备、施工等物质技术条件出发确定层数

材料和结构不同,能够建造的层数也不同,例如,砖混结构以不超过 6 层为宜;钢筋混凝土框架结构不宜超过 15 层;钢框架,不宜超过 30 层。在地震地区,根据结构形式和地震烈度的不同,建筑物允许建造的层数,要受抗震规范的限制。建筑设备对建筑层数影响也很大,例如高层建筑应设电梯。建筑层数越多,施工技术越复杂,施工机械设备要求也越高,所以建筑层数应与施工条件相适应。

（6）从基地条件出发确定层数

基地面积大,建筑层数可少一些。基地面积小,建筑层数可多一些。

（7）从建筑造型要求出发确定层数

层数多的建筑易显得雄伟,层数少的建筑易使人感到亲切。为了增加体形变化,也可在不同部位采用不同层数。

（8）从经济条件出发确定层数

建筑层数与造价密切相关。一般情况下,考虑综合经济效益,多层建筑较经济,其次是低层建筑,而高层建筑的造价则高得多。

2) 建筑的层高

层高是指上下相邻两层楼(地)面之间的垂直距离。层高是根据房间净高推算出来的。房间净高是指楼地面至顶棚底面的垂直高度;当楼板或屋盖有下悬的构件影响空间有效使用时,应按楼地面至构件的下缘的垂直高度作为房间的净高(图 3-41)。

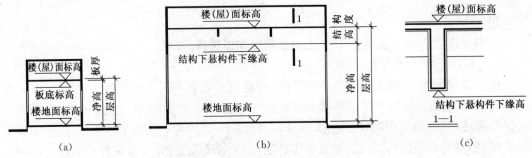

图 3-41　房间的净高与建筑层高

(a) 没有设梁的房间:净高=层高-板厚;(b) 楼板、屋盖有下悬构件,且影响空间使用时:净高=楼地面至下悬构件下缘之间的垂直高度;(c) 有吊顶的房间:净高=楼地面至吊顶底面的垂直高度。

房间的净高取决于下列因素:

(1) 人、家具、设备的尺度,包括使用、搬运、检修家具设备的尺度。对于使用人数较多,房间面积较大的公用房间,如教室、办公室等室内净高常为 3.0~3.3 m。对于影剧院观众厅,决定其净高时考虑的因素比较多,涉及观众厅容纳人数的多少及视线、音响等要求。

(2) 从空气流量和声学要求计算出的房间体积。室内通风换气涉及卫生要求,为了保证室内二氧化碳浓度低于一定水平,对一些使用人数多、无空调设备、又经常关闭门窗的房间,如影剧院观众厅,学校建筑中的教室、电化教室等,每人应占有一定容积的空气量。

(3) 从天然采光要求推算出的房间净高与深度(或跨度)的比值。单侧采光的房间,其高度应大于房间进深长度的一半;双侧采光的房间,房间的净高不小于总进深长度的 1/4。

(4) 房间的设备条件。如有无电灯、空调、吊灯、手术室的无影灯、影剧院舞台的顶棚及天桥等。确定这些房间的高度时,应考虑到设备所占的尺寸。

(5) 从审美要求出发选择房间比例。室内空间的封闭和开敞、宽大和矮小、比例协调与否都会给人以不同的感受。如面积大而高度小的房间,会给人以压抑感;窄而高的房间又会给人以局促感。

(6) 经济因素。层高对建筑造价及节约用地影响较大,降低层高,可降低建筑总高度,减轻建筑物自重,减少围护结构面积,节约材料,有利于结构受力,还能降低能耗。

根据房间净高,加上楼盖的结构、构造尺寸便可以推算出建筑层高。建筑层高还应符合有关单项建筑设计规范的要求,并按建筑模数协调标准加以调整。按照标准化的要求,民用建筑的层高模数宜采用 0.1 m,即 100 mm 的整倍数。当各个房间净高相差不大时,应适当调整,使同层层高相同,以简化结构与施工。

一般的,中学教室净高 3.3 m,层高为 3.6~3.9 m;小学教室净高 3.1 m,层高为 3.3~3.6 m;中小学行政办公用房层高为 3.0 m,一般办公室层高为 3.0~3.6 m。办公室净高不大于 3.0 m;餐厅净高不大于跨度的 1/3,最高不大于 5.4 m,最低不小于 3.0 m。

3.3.5 建筑空间平面组合与竖向组合的综合研究

在基地功能分区、基地总体布局、建筑的功能分析、确定建筑的层数和层高等工作的基础上,便可以进行建筑的平面组合与竖向组合了。平面组合与竖向组合是密不可分的,所以应进行综合研究。这项工作包括:①选择建筑空间平面组合的方式;②选择建筑空间竖向组合的方式;③划分各层的房间组成,并进行平面布置;④研究各种流线的组织,并安排好走道、楼梯、各种交通枢纽和出入口;⑤安排墙、柱与门窗;⑥确定平面和剖面的主要尺寸,如房间的开间与进深、柱网的柱距与跨度、层高与净高等。

在进行建筑的平面组合与竖向组合时,必须使空间组合设计的各项原则都得到贯彻。

建筑空间组合应从粗到细,循序渐进,必要时也可对前面所作的设计工作做某些修正。建筑空间组合应进行多方案比较,选出最佳的方案。

在建筑空间组合中,平面组合的工作量往往更大,所以应特别注意工作方法。常用的方法有模型法和作图法两种。所谓模型法,就是将单一建筑空间设计时确定的各个房间(包括交通联系空间)按一定比例(如1:100)做成硬纸片模型,再按分层的功能分析图进行多次试拼,必要时还应修改模型形状后再试拼,将比较满意的摆法用透明纸描下来,形成各层的平面方案。所谓作图法,就是先徒手按比例在草图纸(或衬有比例方格纸的透明纸)上作图,经修改后再用工具绘成平面图。为了使平面组合尽快从无序走向有序,并满足结构布置与构图的需要,可采用网格法和几何母题法。所谓网格法,就是在平面布置大致确定后,在平面上建立网格,它既是确定结构布置的轴线,也是构图的控制线;然后调整各个使用空间的形状,使墙、柱位置尽可能与网格重合。建筑的不同部位可以有不同的网格,但一般应以某种网格为主。网格还可以按照图形构成的手法进行旋转、错位和变异,以丰富建筑的造型。所谓几何母题法,就是在平面布置大致确定后,用某种几何图形(如三角形、正六边形、圆形、扇形等)的组合来作为结构布置和空间组合的控制线。建筑的不同部位可以建立不同的几何母题,但一般应以某种几何母题为主。

建筑空间组合的成果是各层平面图和主要位置的剖面图。

3.4 内部空间设计手法

通常称有顶盖的建筑空间为建筑内部空间,没有顶盖的建筑空间为建筑外部空间。对建筑内部空间的设计要求包括物质与精神两个方面。前面已介绍如何使建筑内部空间满足人物质方面的要求,本节主要介绍如何使建筑内部空间满足人精神方面的要求。

3.4.1 空间的围透

空间的围合方式基本上有两种,一是"围",一是"透"。两种方式造成两种空间效果,前者封闭,后者开放。空间的围透不但影响人的感受和情绪,而且影响到使用。在建筑中,空间的围透是相辅相成的,应统一考虑。何处该围,何处该透,要根据使用要求、朝向和周围的景观来确定。凡是朝向好、景色优美的一面可透,否则当围。空间围透处理还与设计者的导向意图有关。为了有意识地把人的注意力吸引到某个方向,则相应部位应作透的处理。一个空间围透处理的程度,还要根据空间的性质和结构的可能性而定。例如:园林建筑为了开阔人的视野,甚至可四面透空,而具有私密性的个人生活空间则应在满足采光、通风、日照的条件下,尽可能多围一些;砖混结构,开洞面积受到墙体结构限制,空间只能以围为主;而框架结构,墙体不承重,开洞较自由,可以处理得较通透(图 3-42)。

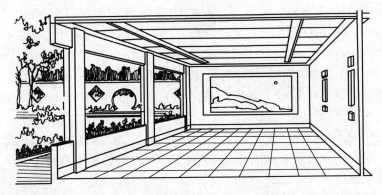

图 3-42　室内空间的"围"与"透"

围的方法不外乎设墙以阻挡视线,透的方法是指在墙上开窗挖洞(或设柱列),让视线穿过。
在建筑中,围、透主要针对视线处理而言。如果把围、透处理扩展到声音和气味的范畴,处理手法
另当别论。但不管在什么范畴,围都是在空间之间形成隔离,而透则在于建立联系。

3.4.2　空间的分隔

空间的分隔对空间的视觉效果、空间的性格、环境气氛的创造、空间功能的实现等,都有重大影响。空间的分隔应从整体到局部全面考虑。空间的分隔程度按需要而定,可以实隔或虚隔;或半虚半实;或以实为主,实中有虚;或以虚为主,虚中有实等等。空间分隔采用的方式要根据空间的使用特点和艺术要求而定,一般可分为以下四种:

(1)绝对分隔　指用承重墙和隔墙等限定程度高的实体界面分隔空间。经过这种分隔,室内空间较安静,私密性好。

(2)局部分隔　指用屏风、隔断和高度大的家具等不完整界面分隔空间。这种分隔空间所形成的限定度大小随界面的大小、形态、材质等而异。

(3)象征性分隔　指用栏杆、花格、构架、玻璃隔断等低矮或空透的界面,或用家具、陈列、绿化、水体、色彩、材质、光线、高差、悬挂物、音响、气味等因素所做的空间分隔。这种分隔限定度很低,界面模糊,但能通过暗示和"视觉定形性"被感知。这种分隔侧重于心理效应,具有象征性。空间的划分隔而不断,流动性强,层次丰富,意境深邃。所谓"视觉定形性",是指人只看见所熟悉的某物体的局部,但通过记忆中的印象,可以联想出该物体的完整形象。

(4)弹性分隔　指用拼装式、折叠式、升降式等活动隔断或帘幕等分隔空间。采用这种分隔,可以根据使用要求随时启闭或移动隔断,被分隔的空间也随之或分或合,或大或小,形成弹性空间或灵活空间。

室内空间的分隔方式决定了空间之间的联系程度(图 3-43)。

图 3-43 是一个客厅的设计。用博古架做象征性分隔,将室内空间划分为工作和会客两部分,既有利于功能划分,又使空间显得丰富。

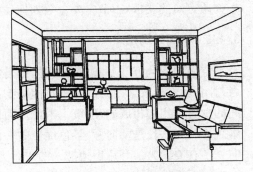

图 3-43　空间的分隔

3.4.3　空间的过渡与对比

　　空间的过渡可分为直接过渡和间接过渡。直接过渡是指只需越过一个界面就达到的空间过渡。间接过渡是指两个空间之间插入第三空间实现的过渡。这种第三空间也就是过渡空间,常采用过厅、连廊、楼梯间以及其他辅助空间。过渡空间运用得当,可以使各主要使用空间构图更加完整,并能适应建筑体形变化的需要,但使用过多则会造成浪费。

　　空间的过渡,特别是过渡空间与主要使用空间之间常采用各种对比手法,以加强主要使用空间的艺术感染力。

　　空间的对比是指建筑空间在大小、形状、色彩等方面的对比。公共建筑室内空间的形状有两种:一是规则的几何形体,二是不规则的自由形体。规则对称的几何造型空间,常用来表达严肃庄重的气氛,如宗教建筑、纪念性建筑等;不规则或不对称的几何造型空间,常用来表现活泼、开敞、轻松的气氛,如园林建筑、旅馆建筑以及各种文娱性质的公共建筑。

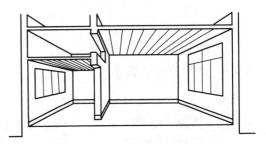

图 3-44　两个空间大小高低的对比

　　(1) 大小高低的对比　通过一个矮小的空间进入一个高大的空间,视野突然变得开阔,情绪为之一振,主要使用空间的高大更能给人以强烈印象(图 3-44)。

　　(2) 开敞与封闭、明与暗的对比　开敞与封闭是通过空间的围透来实现的。明与暗既可通过天然光线实现,也可通过人工照明实现。一般来说,开敞与明亮使人欢畅愉悦,封闭与阴暗使人压抑沉静(图 3-45)。

　　(3) 形状对比　不同形状的空间,会给人产生截然不同的感受,两个相邻空间形状有差别,很容易产生对比效果。如纵向狭长的空间会产生强烈的导向感,方形或接近方形的矩形空间会增强稳定感;窄而高的空间具有严肃感,宽而低的空间容易产生亲切感。不论空间采用什么形状,都必须与空间的功能要求相适应(图 3-46)。

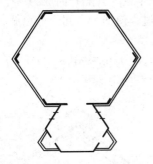

图 3-45　开敞与封闭、明与暗的对比

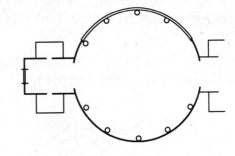

图 3-46　形状对比

　　(4) 方向对比　方向感是以人为中心形成的。在图 3-47(a)中,人经过转折从 A 行进到 B,感觉到甲、乙两个房间的方向发生变化。在图 3-47(b)中,人从走廊进入前厅,感到两个狭长空间的方向不一致。这种变化,打破了空间的单调感。

　　(5) 色彩对比　色彩对比包括色相、明度、彩度以及冷暖感等。强烈的对比容易使人产生活泼欢快的效果。微弱的对比也称微差,使各部分协调,容易使人产生柔和幽雅的效果。色彩对比与其他手法相比,往往较为经济(图3-48)。

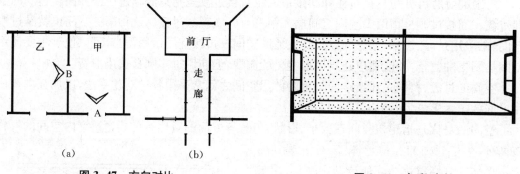

图 3-47　方向对比　　　　　　　　　　　　图 3-48　色彩对比

3.4.4　相邻空间的组合

相邻空间的组合是建筑空间组合的基础,其组合方式主要有以下四种:

(1) 连接组合(图3-49)　在两个空间之间设置过渡空间,所产生的组合称为连接组合。

(2) 接触(粘连)组合(图3-50)　这种组合是以两个空间相邻紧贴而实现的。两个空间之间的共有面采用不同分隔方法,可产生围与透的不同效果。

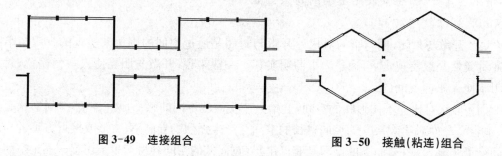

图 3-49　连接组合　　　　　　　　　　　图 3-50　接触(粘连)组合

(3) 相交组合(图3-51)　这是一种使两个空间的一部分相重叠形成的组合。相交部分可以为两个空间所共有,或可以为一个空间所有,也可以与两个空间都隔开而成为一个独立的部分,并成为两个空间的连接。相交部分不宜过小或过大。过小使两个空间有分离感,过大则有重合感。

(4) 包容组合(图3-52)　在大空间中包含着小空间,称为包容组合。大小空间既可相似,也可采用对比手法,使其出现多种变化。

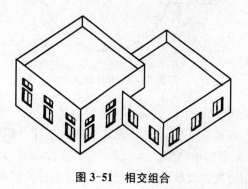

图 3-51　相交组合

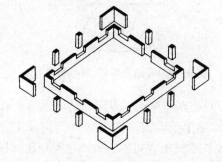

图 3-52　包容组合

3.4.5 空间的重复与再现

在建筑空间组合设计中,空间的变化、对比和统一、协调是相辅相成的。变化、对比过多会杂乱无章,统一、协调过多会呆板乏味,程度的把握要根据建筑的性质而异。

所谓空间重复,是指同一种空间连续出现(图 3-53)。所谓空间再现,是指相同空间分散处于建筑的不同部位,为其他空间所隔开(图 3-54)。它们都是处理空间统一、协调的常用手法。

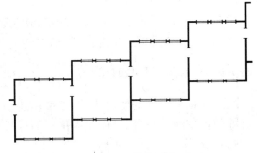

图 3-53　空间重复

采用重复很容易获得统一的效果,使建筑变得"单纯",但过多则乏味。

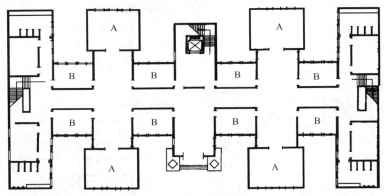

图 3-54　空间再现

这是一个展览馆的平面,其中 A、B 两种空间多次再现,因而参观者在行进中会产生节奏感。

3.4.6 空间的层次与渗透

形成空间的层次与渗透,基本方法是使有关空间相互连通、贯穿。这种连通、贯穿,可以出现在平面组合中,也可以出现在竖向组合中(如多层共享大厅)。空间的层次与渗透,可以使空间更丰富,更具美感(图 3-55)。

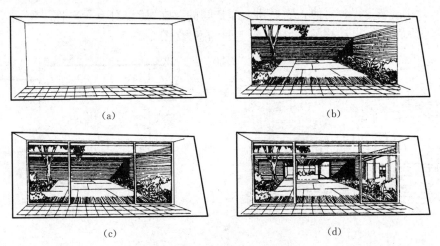

(a)　　　　　　　　　　　(b)

(c)　　　　　　　　　　　(d)

图 3-55　空间的层次与渗透

图 3-55 中,(a)为一封闭的空间,给人感觉较平淡;(b)将该空间的一个墙面改为开敞处理,形成内外景观的融合;(c)在开敞面增加了门、窗,层次感得到加强;(d)进一步增加了空间层次,各个空间相互渗透,空间给人的艺术感染力变得更强了。

3.4.7 空间的引导与暗示

为了提高空间的使用质量,让使用者很容易找到自己的前进方向和路线,除了妥善安排好建筑的交通系统外,还应在内部空间处理中对人流路线加以引导与暗示。引导与暗示的方法很多,主要有以下四种:

1)利用建筑构图控制线导向

在建筑空间组合时,为了使组合有序化,使建筑成为有机的整体;常采用若干条控制线来控制全局。这些控制线有很强的方向性,所以可以起导向作用(图 3-56)。

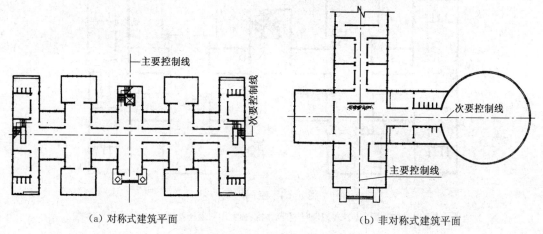

（a）对称式建筑平面　　　　　　　　（b）非对称式建筑平面

图 3-56　利用建筑构图控制线导向

主要入口、门厅及主要楼梯常布置在主要控制线上。走道、次要楼梯等常布置在次要控制线上。控制线能起到很好的导向作用。控制线的交叉点往往会成为视觉中心,应注意艺术处理,同时作出转向的暗示。

2)利用建筑构部件导向

(1)设置全部外露或部分外露的楼梯、台阶、坡道

楼梯、台阶、坡道很容易使人联想到上部空间的存在,所以具有导向性。特别是露明的直跑楼梯、螺旋楼梯、自动扶梯,更具有向上的诱惑力(图 3-57)。

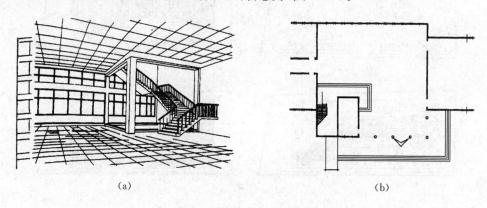

（a）　　　　　　　　　　　　　　　（b）

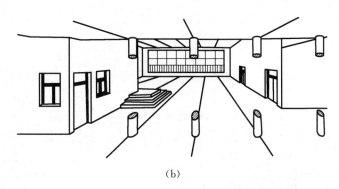

（b）

图 3-57　利用外露楼梯、台阶、坡道作引导

（a）在大厅中采用了露明楼梯,引导人向上行进,同时也丰富了大厅的空间处理;

（b）用露明的台阶暗示了楼梯的位置。

（2）设置弯曲的墙面

曲面在视觉上具有动感,所以弯曲的墙面具有引导作用(图 3-58)。

（3）设置灵活隔断

灵活隔断不但暗示另一空间的存在,而且可以根据需要,使两空间合二为一(图 3-59)。

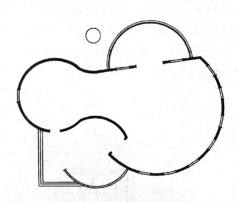

图 3-58　利用弯曲墙面作引导

如果在墙面上再饰以横向线条,成排成组的灯饰,不但能加强引导作用,而且使空间更富趣味。

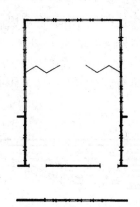

图 3-59　利用灵活隔断暗示另一空间

（4）设置门窗或开洞

在两空间的界面上设门窗或洞口,使人直接可以观看到另一空间的存在,其引导作用是明显的;即使是关闭的门,也暗示了另一空间的存在(图 3-60)。

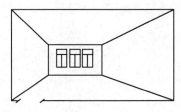

（a）在侧墙上不设门

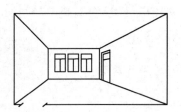

（b）在侧墙上设门,因而暗示了另一空间的存在

图 3-60　用门作空间暗示

（5）设置连续排列的物件

连续排列的柱、柱墩，加强了透视感，也增强了导向性（图 3-61）。

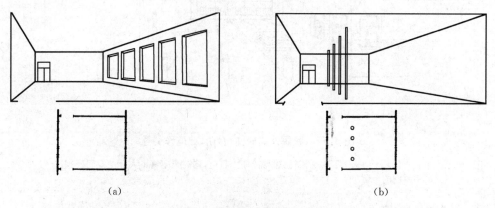

（a）　　　　　　　　　　　　　　　（b）

图 3-61　用连续排列的物件导向

（a）与（b）平面基本相同，但由于（b）增加了一排列柱，导向性便增强了。即使不设柱
或柱墩，用连续排列的陈设或绿化，也有相似的作用。

3）利用建筑装饰导向

墙面、楼地面、顶棚面，都可以通过装饰手法强调行进方向。这些装饰，既可以是韵律感很强的图案（图 3-62），也可以是导向性很强的线条（图 3-63）。在流线转折、交叉、停顿处，会形成视觉中心，更应重点装饰。有些流线复杂的建筑，为了更有效地将使用者导向各自的目的地，还可分别采用不同颜色或形状的线条在通道上作出标志。

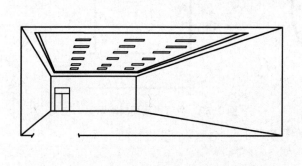

图 3-62　用韵律构图作空间引导

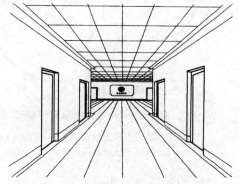

图 3-63　用线条装饰与视觉中心作引导

4）利用光线或光线的变化作引导

由于在一般情况下，人都有避暗趋明的心理，采用天然光线或人工照明，调整各部分的照度，也会产生引导的作用。

3.4.8　空间的延伸与借景

1）空间的延伸

空间的延伸是在相邻空间开敞、渗透的基础上，作某种连续性处理所获得的空间效果。具体手法常有两种：一是使某个界面（如顶棚）在两个空间连续，二是用陈设、绿化、水体等在两个空间造成连续。这种延伸使人产生空间扩大的感觉(图 3-64)。

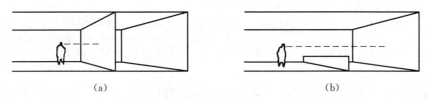

图 3-64 空间的延伸

(a)两空间之间设隔墙,空间显得封闭。(b)将(a)改为隔断,顶棚与墙面在两个空间
形成连续,给人感觉空间变大了,变得更丰富了。

2) 空间的借景

通过在空间的某个界面上设置门、窗、洞口、空廊等,有意识地将另外空间的景色摄取过来,这种处理手法称为借景。为了取得良好效果,对另外空间的景色要进行剪裁,美则纳之,不美则避之;此外,开口处如同取景框,也要研究它的大小、形状和比例(图 3-65)。

图 3-65 空间的借景

封闭的空间单调无味(如(b)),室外景色很好(如(c)),通过开大面积的
窗,把室外美好的景色引进来,大大提高了空间的使用质量(如(a))。

3.4.9 空间的系列

建筑空间组合应考虑人的行为模式。人的活动往往是在一系列空间中进行的,有一定顺序,这就构成了空间的系列。

1) 空间系列的组成

(1) 起始阶段

这是空间系列的开端,应对人有吸引力,使人产生好印象。

(2) 高潮前的过渡阶段

这是起始与高潮之间的阶段,应起到引导、启示,使人产生企盼的作用。

(3) 高潮阶段

这是空间系列的核心,要作重点的艺术处理,充分满足人的审美要求。

(4) 高潮后的过渡阶段

这是高潮与终结之间的阶段,应使人从审美所产生的激情中逐渐平静下来。

(5) 终结阶段

这是空间系列的收尾,应使人有余音袅袅的感觉。

图3-66是毛主席纪念堂的空间系列。瞻仰者由北向南,由花岗岩台阶拾级而上,进入北柱廊和北小门厅,这是空间的起始阶段。进入北大厅,大厅正中有汉白玉毛主席坐像,背景是祖国山河的大壁画,瞻仰者对毛主席崇敬的心情得到加强,这是空间的过渡阶段。然后,穿过北过厅和北过道,进入瞻仰厅,庄严肃穆的气氛使瞻仰者产生缅怀的情绪,这是空间的高潮。走过南小过厅,进入南大厅,墙上有毛主席书写的诗词,使瞻仰者受到教育,这是高潮后的空间过渡。经过南小门厅和南柱廊,豁然开朗,阳光灿烂,更使瞻仰者产生遵循领袖教导,开创祖国美好明天的信念,这是空间的收尾。

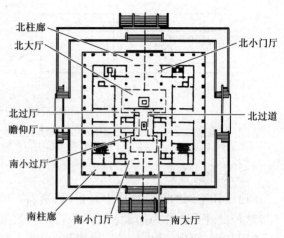

图 3-66 毛主席纪念堂平面

2)空间系列的设计手法

不同的建筑应采用不同的空间系列,其设计手法也不一样。

(1)系列的长短

行为模式要求快捷高效的建筑应采取短的空间系列,如交通建筑。这时,过渡阶段很短,甚至可能已不明显。行为模式要求流连忘返或精神功能特别突出的建筑应采取长的空间系列,如风景建筑、纪念性建筑。这时,过渡阶段变长,出现若干层次,甚至出现小高潮。

(2)系列的布局

空间系列的布局分规则式与自由式两大类。前者庄重,后者活泼。规则式布局可以是对称的,也可以是不对称的。空间系列所形成的流线可分为直线式、曲线式、循环式、迂回式、盘旋式、立体交叉式等。空间系列的布局方式应与建筑的性格相一致。

简单的建筑可以采用一个空间系列。复杂的建筑可以在安排好主要空间系列的基础上,再辅之以若干个次要的空间系列。

(3)高潮的选择

人们总是选择最能代表建筑使用性质、最吸引人流的主体空间来作为空间系列的高潮。在短系列中,高潮宜靠前。在长系列中,高潮宜稍靠后,以增强人的期待。空间系列中的各空间既要协调统一,又要对比变化,特别是高潮更应强调对比,以提高其艺术表现力。

3.5 建筑内部空间利用

在建筑平面、剖面设计和结构选型时,为了方便结构及构造,往往在建筑内部出现一些死角和无效空间,如不加以利用,便造成一定的空间浪费。如果合理利用这些空间,充分发挥建筑空间的使用价值,使建筑功能与室内空间艺术处理紧密结合,达到完善的统一是室内设计的首要问题。利用空间的处理手法很多,常见的有以下几个方面:

3.5.1 夹层空间

在很多公共建筑的大厅(如商场的营业厅、车站的候车室、体育馆的比赛大厅等)中,其空间高度都很大,而与此相联系的辅助用房都小得多,因此常采取在大厅周围布置夹层的方式,而使大厅的空间高度相当于辅助用房的两层或两层以上的高度;在体育馆设计中,由于比赛大厅与休息、办公以及其他各种辅助房间相比,在高度和体量方面相差极大,因此通常结合大厅看台升起的剖面特点,利用看台以下和大厅四周的空间设置夹层,布置各种不同高度的使用房间(图3-17)。

3.5.2 坡屋顶空间

我国许多地方民居的屋顶形式大多采用坡屋顶,屋顶空间的中部位置其高度也能满足次要房间的使用要求,因此,在设计时应充分考虑利用屋顶空间(图3-67)。有些公共建筑也常采用坡屋顶(如影剧院等),其屋顶空间常作为布置通风设施、照明线路的技术层来考虑。

图 3-67 坡屋顶的空间利用

3.5.3 走道上部空间

走道是水平交通联系的主要空间,就满足交通联系要求而言,空间高度并不大,但为了简化结构布置,一般和它所联系的房间层高一样,因而走道的上部空间也是可以利用的。在居住建筑中的交通空间上部常设置搁板或吊柜(图3-68),公共建筑走道的上部常作为铺设各种管线的技术层(图3-69)。

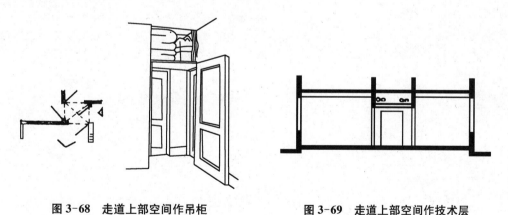

图 3-68 走道上部空间作吊柜   图 3-69 走道上部空间作技术层

3.5.4 楼梯间底层及顶层空间

楼梯底层平台下部及顶层平台上部空间的顶部,从楼梯的交通而言,是属于无效空间。为了充分发挥建筑空间的效能,可以在设计中适当处理使部分空间发挥作用。对于底层平台下部的空间,公共建筑大厅内主要楼梯下部可设置水池绿化,以美化大厅环境(图3-70);一般楼梯底层平台下部空间还作为建筑次要出入口或作为储藏之用;对于楼梯顶层平台上部空间的顶部可作为一间小房间(图3-71),这样不但增加了使用面积,而且也避免了过高的楼梯空间给人空旷的感觉。

图 3-70　广州东方宾馆门厅内楼梯

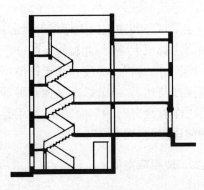

图 3-71　楼梯顶层及底部的空间利用

　　建筑内部空间的利用除以上几种常见处理手法之外,还与结构方案的选择有很大的关系,在结构方案合理的前提下,应该尽量减少结构构件占有空间,不同的结构类型所占有的空间有很大差别,因此,合理选择结构方案对提高建筑空间利用率有直接影响。

　　总之,建筑内部空间的充分利用是在建筑占地面积和平面布局基本不变的情况下,以少量投资,获得扩大建筑使用空间和充分发挥投资效益的有效途径。

4 公共建筑外部空间环境设计

建筑都是建在一定的基地上,周围环境也可能是建筑群的一个组成部分。建筑与周围环境既有各种功能联系,又共同组成地段上的景观。在进行室外空间组合时,内在的因素常表现为功能与经济、功能与美观、经济与美观的矛盾,这些内在矛盾的不断出现与解决,往往是室外空间组合方案构思的重要依据。所以建筑设计不仅包括单体建筑本身,还应同时做好外部空间或建筑群体的设计,其中包括各种场地的妥善安排。

4.1 公共建筑外部空间环境

公共建筑的外部空间环境又称室外空间环境,一般有建筑群体、广场道路、绿化设施、雕塑壁画、建筑小品、灯光造型、艺术效果等组成。

合理的室外空间组合,不仅能够解决室内各个空间之间适宜的联系方式,而且还可以从总体关系中解决采光、通风、朝向、交通等方面的功能问题和独特的艺术造型效果,并可做到布局紧凑和节约用地,产生一定的经济效益。

公共建筑外部空间设计的任务就是有机地处理好个体与群体、空间与形体以及场地、道路、绿化与环境小品之间的关系,使建筑的空间体形与周围环境相协调,从而增强建筑本身的造型美,丰富城市公共空间环境的艺术面貌。

4.1.1 环境条件的利用与改造

基地环境包括自然环境与人工环境。它们对于建筑设计有的有利,有的不利。有利的因素要充分利用,不利的因素则应尽可能通过改造变为有利。

1) 环境条件的利用

基地上常有很多有利的条件,只要善于分析,充分利用,往往能做到事半功倍,例如:

(1) 绿化

好的绿化要尽量保留,特别是古树要严禁砍伐。北京和平宾馆前院入口处,保留了两颗大树,充分利用了原有的环境条件(图4-1)。

(2) 地形

地形上下起伏,需要处理得当,依山就势,使建筑高低错落,别有情趣(图4-2)。

(3) 水体

场地内有水体,只要不影响卫生,对总体布置无大妨碍,便不要填为平地。一般的,室外环境中的山、水、石、木以及空廊、墙垣、石磴、小径等小品均可与建筑体形相呼应。建筑设计中,因水得佳

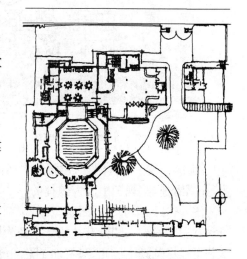

图 4-1 和平宾馆总体环境布局

景,是常有的事。

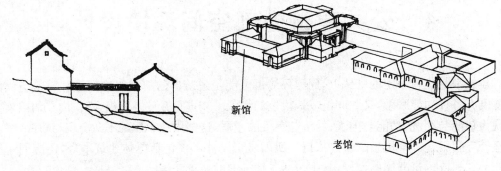

图 4-2　建筑对坡地的利用　　　　　图 4-3　清华大学图书馆

（4）原有建筑

原有建筑应尽量保留利用。新旧建筑共存共处,或强调文脉的延续性,或强调文化的多样性（图 4-3）。

图 4-3,清华大学图书馆,旧图书馆建于 20 世纪初,采用的是欧洲古典主义风格,构图完整,比例匀称,尺度亲切,色调淡雅,环境静谧。新馆扩建在旧馆西翼。采用了相似的比例尺度与形体组合手法,但更新颖。两部分水乳交融,更显出旺盛生机。

（5）文物古迹

文物古迹要重点保护。新建筑不能喧宾夺主;但借助于文物古迹丰富的文化内涵,却可以提高整个建筑的文化品位。

2）环境条件的改造

基地上也常有不利条件,或者条件不能尽如人意,这就要进行适当改造。例如:在平地上开渠引水,叠石造山;或对原有水体疏浚整形,架桥铺路。但这种改造应满足功能,适用经济,得体合宜,不能弄巧成拙（图 4-4、图 4-5）。

图 4-4　某中国古园林

图 4-5　天津水上公园茶室

图 4-4,某中国古园林,建筑近水面而建。水体经过改造,曲折有致,配以形态各异的石块,充满野趣,实现了中国古园林的一个基本主张:"虽由人作,宛自天成"。

图 4-5,天津水上公园茶室,基地前方有广阔水面,但远眺只有稀疏的林木,缺乏层次。茶室利用了临湖一侧原有的狭长半岛为堤,端部设花架,又将半圆形茶室临水。这样,旅客饮茶可以尽览湖上风光,又增加了空间的层次。

4.1.2 基地的卫生条件

建筑必须为人创造良好的、合乎卫生要求的环境,因此,解决好日照、通风以及保护好环境,也是建筑外部空间设计的重要内容。

1) 建筑日照

按照地理位置,我国大多数地区为了获得良好的日照,建筑的朝向以南偏东、偏西 15°以内为宜。南方地区要避免夏季西晒、东晒,所以建筑不宜朝西。如条件限制必须朝西时,建筑的平面组合或开窗方向可作适当调整(图 4-6),或者采用绿化及遮阳设施以减少直射阳光的不利影响(图 4-7)。严寒地区,为了争取日照和建筑保温,建筑可朝向南、东、西,主要使用空间不宜朝北。

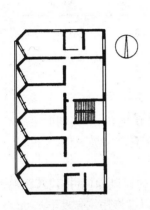

图 4-6 锯齿形的建筑平面

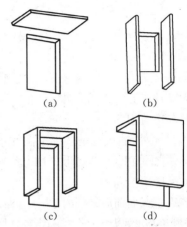

图 4-7 遮阳设施

图 4-6,锯齿形的建筑平面,建筑朝西,为避免西晒,平面作锯齿形处理,窗朝西南向开,阳台也能起遮阳的作用。

图 4-7,遮阳设施:(a)为水平式遮阳,适用于南北向;(b)为竖直式遮阳,多用于东、西向;(c)为综合式遮阴,适用于东南和西南向;(d)为挡板式遮阴,适用于东、西向。遮阳有固定式、活动式两种。固定式多用钢筋混凝土制作,活动式可用布、竹、木及轻金属等制作。遮阳的形式和尺寸,应根据地区、朝向、建筑功能确定,并同时考虑隔热、挡雨、通风、采光和立面处理等要求。

为了争取冬季日照,以改善房间的卫生条件,建筑之间应满足日照间距的要求。一般计算以冬至日中午 12 时,正南方向太阳能照射到建筑底层的窗台高度为依据;寒冷地区,则以太阳能照射到建筑墙脚为依据(图 4-8)。在具体确定日照间距时,还要根据地形、建筑朝向以及城市规划要求等加以调整。表 4-1 为我国部分地区正南向住宅日照的参考间距。

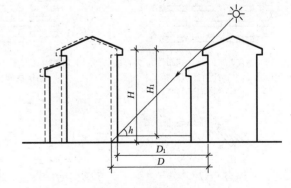

图 4-8 日照间距

H——前排建筑檐口至地坪的高度;

H_1——前排建筑檐口至后排建筑底层窗台之间的高度;

D——太阳照到后排建筑墙脚时的日照间距;

D_1——太阳照到后排建筑底层窗台时的日照间距;

h——当地冬至日中午太阳高度角。$D_1 = H_1/\mathrm{tg}\,h$;$D = H/\mathrm{tg}\,h$。

表 4-1 我国部分地区正南向住宅日照的参考间距

地　点	理论计算值(D/H)	地　点	理论计算值(D/H)
北　京	2.01	郑　州	1.61
哈尔滨	2.66	徐　州	1.58
长　春	2.39	西　安	1.58
乌鲁木齐	2.38	南　京	1.47
沈　阳	2.16	上　海	1.42
呼和浩特	2.07	武　汉	1.38
天　津	1.92	杭　州	1.37
石家庄	1.84	重　庆	1.33
太　原	1.84	南　昌	1.29
济　南	1.76	福　州	1.18

2) 自然通风

良好的通风能给室内提供新鲜空气,在夏季还能降温除湿。在建筑室外空间设计中,自然通风主要解决好以下三个问题:

(1) 确定建筑朝向

除考虑日照外,通风也是选择朝向的重要因素。对于单幢建筑,其朝向最好能垂直于夏季主导风向。如果建筑为"Ⅱ"形、"Щ"形,则开口宜垂直于夏季主导风向。

(2) 选择房屋的间距

当建筑垂直风向前后排列时,为了使后排建筑有良好的通风,前后排建筑距离需 4~5 H(H 为前排建筑高度)以上。这样的距离实际很难满足,所以常将建筑与夏季主导风向成 30°~60°布置,使风进入两房屋之间,再形成房屋的穿堂风。这样,建筑间距可缩小到 1.3~1.5 H。

(3) 选择适当的建筑排列方式

当建筑数量很多时,排列方式对建筑群内的通风影响很大。应当使夏季的风能顺畅地进入建筑群。而在严寒地区,则应减少冬季寒风的侵袭(图 4-9)。

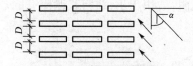

(a) 建筑群采取行列式布置,α 为风的入射角,D 为通风间距

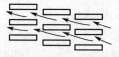

(b) 建筑群采取行列式布置,但如果左右错开,风斜向送入,通风效果会更好

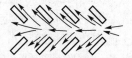

(c) 建筑斜向布置,有利于自然风的引入

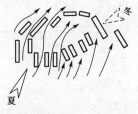

(d) 严寒地区在建筑群布置时,既要有利于夏季风的引入,又要阻挡冬季寒风的侵袭

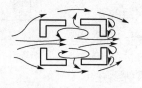

(e) 当采取封闭式布置时,容易产生涡流,对通风不利

(f) 行列式布置,与夏季主导风平行,室外通风好,但不易在室内形成穿堂风

图 4-9 建筑群的自然通风

3）环境保护与安全

环境污染包括大气污染、水污染、土壤污染、生物污染、热污染、光污染、噪声干扰等，它们都将对人的生产、生活带来危害，影响人的健康。安全问题包括防火、防爆、防地震、防洪、防盗等，其中尤以防火、防爆为主。这些问题，在外部空间设计中都应妥善解决。

（1）合理布局

污染源、易燃易爆的建筑应布置在全年主导风的下风向，废水排放应在水流的下游，并对它们作相应的卫生处理或防护处理。较大的振动源和噪声源与其他地段要隔离，其防护距离应遵守有关的设计规范。当地段上有高压线穿过时，必须按规范规定设置防护走廊。

（2）设置防护绿带

在污染源、振动源、噪声源与其他地段之间宜设置防护绿带。这些防护绿带，最好能与地段的景观设计结合起来。在有火灾危险的地段，不应栽种易燃树木。

（3）遵守防火规范有关规定

为了防止发生火灾时火势蔓延，以及保证疏散、消防所必需的场地，房屋之间应留出防火间距（表4-2、表4-3）。另外，街区内的道路应考虑消防车的通行，两道路中心线间距不宜超过 160 m。当建筑物的沿街部分长度超过 150 m 或总长度超过 220 m 时，均应设置穿过建筑物的消防通道。消防车道穿过建筑物的门洞时，其净高和净宽不应小于 4 m，门垛之间的净宽不应小于 3.5 m。超过 3 000 个座位的体育馆、超过 2 000 个座位的会堂和占地面积超过 3 000 m² 的展览馆等公共建筑，应设环形消防车道。建筑物的封闭内院，如其短边长度超过 24 m 时，应设有进入内院的消防车道。消防车道的宽度不应小于 3.5 m，道路上方遇有管架、栈桥等障碍物时，其净高不应小于 4 m。尽头式消防车道应设回车道或面积不小于 12 m×12 m 的回车场。沿街建筑还应设连通街道和内院的人行通道（可利用楼梯间），其间距不宜超过 80 m。

表 4-2 民用建筑的防火间距（m）

耐火等级	一、二级	三 级	四 级
一、二级	6	7	9
三 级	7	8	10
四 级	9	10	12

注：(1) 两座建筑相邻较高的一面的外墙为防火墙时，其防火间距不限。
（2）相邻的两座建筑物，较低一座的耐火等级不低于二级，屋顶不设天窗、屋顶承重构件的耐火极限不低于 1 h，且相邻的较低一面外墙为防火墙时，其防火间距可适当缩小，但不应小于 3.5 m。
（3）相邻的两座建筑物，较低一座的耐火等级不低于二级，当相邻的较高一面外墙的开口部位设有防火门窗或防火卷帘和水幕时，其防火间距可适当减少，但不应小于 3.5 m。

表 4-3 高层建筑之间及高层建筑与其他民用建筑之间的防火间距（m）

建筑类别	高层建筑	裙 房	其 他 民 用 建 筑		
			耐 火 等 级		
			一、二级	三 级	四 级
高层建筑	13	9	9	11	14
裙 房	9	6	6	7	9

注：防火间距应按相邻建筑外墙的最近距离计算；当外墙有突出可燃构件时，应从其突出的部分外缘算起。

4.2 公共建筑的群体组合

4.2.1 建筑群体组合的任务

建筑的群体组合,是指把若干幢建筑相互结合组织起来,成为一个完整统一的建筑群体。通过组合所形成的室外环境空间,应体现出一定的设计意图和艺术构思,特别是对于一些大型而且又是重点的公共建筑,室外空间需要考虑观赏距离和范围,以及建筑群体艺术处理的比例尺度等问题。

建筑群体组合的任务主要有以下三个方面:

(1)根据具体的环境条件和城市规划的要求,统筹安排好地段内的各个建筑物、道路系统、管网系统、绿化以及各种场地,使之成为城市的一个有机组成部分。

(2)根据各个单体建筑的功能要求和它们之间的功能联系,确定它们的位置,使其都有良好的外部空间,解决好日照、通风、环境保护与安全等问题。

(3)从整体到局部,创造良好的空间形象,以满足人们精神功能的需要(图 4-10~图 4-12)。

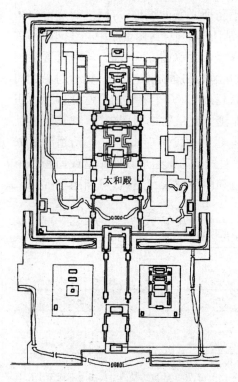

图 4-10 北京故宫建筑群

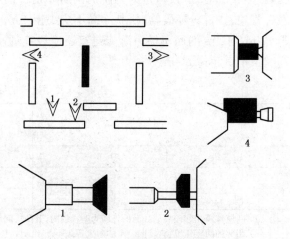

图 4-11 建筑群中的景观

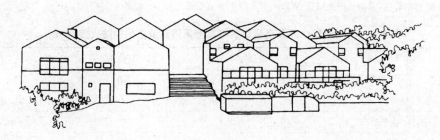

(a)

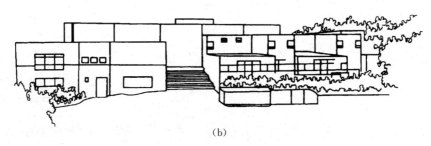

(b)

图 4-12 建筑造型对群体空间景观的影响

图 4-10,北京故宫建筑群。北京故宫是一个庞大的建筑群,在中轴线上布置了主要的建筑,作为皇帝举行国家大典的太和殿是这些建筑的中心。空间系列由若干个大小不同、方向各异的院落组成,通过多种对比手法使太和殿显得非常突出。整个建筑群庄严、宏伟、富丽,是对封建皇权崇高地位的一种烘托。

图 4-11,建筑群中的景观。由于人的观赏地点和角度不同,即使是对同一幢建筑,也会有不同的景观,在建筑群中扮演着不同的角色,所以群体空间的设计往往是煞费苦心的。

图 4-12,建筑造型对群体空间景观的影响。建筑造型对空间形象影响也很大。在图中(a)和(b)是同样的建筑群,但(b)为平屋顶,(a)为坡屋顶。(a)的山墙和屋顶产生了起伏的轮廓线和优美的韵律,与山坡的景观很协调,所以优于(b)方案。

4.2.2 建筑群体的组合形式

1) 建筑群体组合的基本形式

(1) 对称式(图 4-13)

这种形式的显著特点是用一条主要轴线来控制建筑组合布局,形成对称的或基本对称的平面与立面构图。主要轴线的对景,或是主体建筑,或是某种人文景观(如纪念碑)与自然景观(如山峰)。主要轴线的两侧,布置其他建筑以及绿化、建筑小品等;也可安排与之垂直的次要轴线,形成更复杂的空间构图。空间处理可以较封闭,也可以较开敞。一般来说,对称式组合容易取得均衡、统一、协调、井然有序、方向明确的效果,但处理不好也会显得呆板。

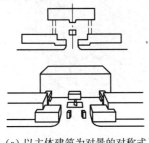
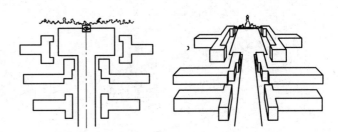

(a) 以主体建筑为对景的对称式
建筑群体组合

(b) 以人文景观或自然景观为对景的对称式建筑群体组合

图 4-13 对称式建筑群体组合

(2) 自由式(图 4-14)

自由式建筑群体组合不受对称性控制,可以根据建筑的功能要求和地形条件机动地组合建筑。这种组合形式灵活性大,适应性广,但要防止杂乱无章。

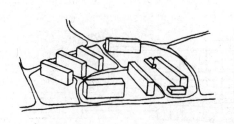

图 4-14　自由式建筑群体组合

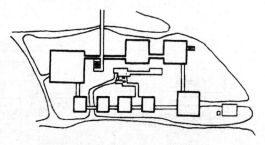

图 4-15　庭院式建筑群体组合

（3）庭院式（图 4-15）

由若干幢建筑围绕着一个或几个庭院进行布置，便构成庭院式建筑群体组合。庭院的围合既可以是建筑，也可以是走廊或围墙。庭院式组合通过庭院使有关的单体建筑取得交通上和心理上的联系，当然对建筑的组合也产生了一定的约束。

（4）综合式（图 4-16）

根据具体情况，不同部位采取不同的建筑群体组合形式，便构成了综合式建筑群体组合。

2）几类建筑常见的群体组合形式

（1）一般公共建筑

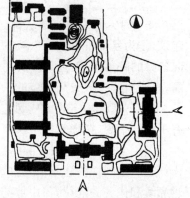

图 4-16　综合式建筑群体组合

由于公共建筑类型很多，加之环境条件的不同，所以很难对其群体组合形式作出规定。一般功能联系要求制约性小，且建筑体型与外部空间希望严整统一的，可以采取对称式组合。功能关系密切、地形条件复杂，或要求造型自由活泼的，常采取自由式组合。功能关系密切，而且希望自成系统、方便管理的，可以采取庭院式组合。功能复杂、规模较大的建筑群，也可采取综合式组合（图 4-17）。

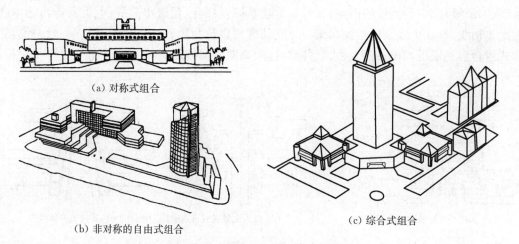

（a）对称式组合

（b）非对称的自由式组合

（c）综合式组合

图 4-17　一般公共建筑的组合形式

（2）沿街建筑

沿街建筑有商店、住宅和其他公共建筑。沿街建筑与道路、绿化共同形成街道景观，建筑之间的功能联系一般较少。其组合形式可分为全条街组合和半边街组合。全条街组合是指在街道两侧都布置建筑。半边街组合是指在街道一侧布置建筑。全条街组合又可分为封闭式、半封闭式、开敞式三种(图4-18)。

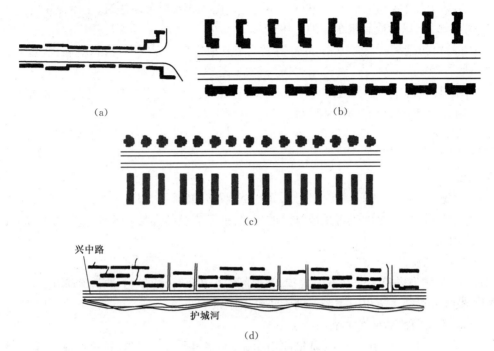

图 4-18　沿街建筑组合形式

图 4-18,沿街建筑组合形式:(a)封闭式组合建筑密度大,易于形成商业气氛,但日照、采光、通风条件稍差;(b)半封闭式组合街道显得较疏朗;(c)开敞式组合街道更显疏朗,为建筑的日照、采光、通风创造了良好条件,但对形成商业街不利;(d)半边街组合街道一侧为建筑,一侧为水面或绿化。

(3) 公共活动中心(图4-19)

构图中心为广场和水体。外部空间有大有小,有疏有密,相互穿插。车行系统与人行系统划分明确(图4-19)。

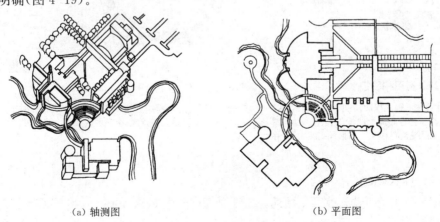

(a) 轴测图　　　　　　　　(b) 平面图

图 4-19　某市的区中心规划

为了便于开展某种大型的社会性活动,常将某些性质上较接近的公共建筑集中在一起,形成某种公共活动中心,如商业贸易中心、文化娱乐中心、艺术中心、体育活动中心等。这些中心组合形式很多,设计上要注意以下几个问题:

① 明确功能分区和主从关系,并常以广场、绿化、水面、纪念性建筑、主体建筑为构图中心进行群体布置,以形成有机统一的整体效果。

② 建筑群体造型既要考虑相互协调,又要与其他建筑群有区别,构思新颖,空间形象具有独创性。

③ 在设计构思中不但要处理好建筑、道路等要素,还应处理好广场、绿化、水面以及建筑小品的配置,以形成良好的总体效果。

4.2.3　建筑群体组合设计手法

1) 连接

两个建筑的连接可以采取实体连接,如连廊、咬接、拼接等,以满足功能联系的需要或造型的需要。此外,建筑之间也可采取"虚"的连接,或不完整的连接。例如,建立呼应关系,或在建筑之间设围墙、柱列等。

2) 求统一

统一与变化是形式美最基本的规律。建筑群体组合时,建筑数量多,功能也常常不一致,所以求统一显得更突出。求统一的手法常采用以下四种:

(1) 利用构图控制轴线求统一

在对称式建筑群体组合中,对称轴线很明显,秩序感也很强,很容易建立统一感;当在轴线的对景处设置主体建筑或景物时,这种统一感会得到进一步加强。非对称式建筑群体组合中,也常采用若干轴线来控制构图,它在建筑群中建立了制约关系,从而呈现出秩序感。非对称构图灵活,适应性强,但应注意轴线的转折与衔接(图 4-20)。

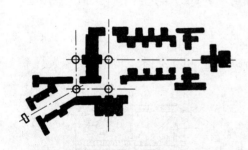

图 4-20　利用构图控制轴线求统一

控制轴线是一种虚拟的线,但对建筑群,包括道路、绿化等都起着布局上的控制作用。在非对称组合中,轴线交汇点往往容易形成兴趣中心,在视觉上应注意引导处理。

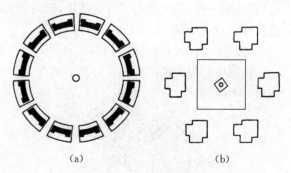

(a)　　　　　　　　　(b)

图 4-21　通过向心求统一

组合时,如果在中心处设置雕塑、喷泉、旗杆或重要人文景观,统一的效果将会更强烈。

(2) 通过向心求统一

建筑环绕中心广场、水面、绿地,成圆周布置,犹如众星捧月,也很容易实现统一(图 4-21)。

(3) 以体型类同求统一

在建筑中,如果各个建筑在体型上都有某些共同的特点,这些特点越明显,各个建筑之间的共性越突出,从而使建筑群的统一感得到加强(图4-22)。

（4）以风格一致求统一

风格是指建筑体现出来的艺术特色。各个建筑风格一致,也会在建筑之间产生一种认同感,从而使建筑群实现统一(图4-23)。

3）处理好新旧建筑的关系

在一个建筑群中,新旧建筑同时存在往往是不可避免的。建立协调关系,避免新旧建筑格格不入,显得很重要,常用的处理手法有以下五种:

（1）相似和谐

新建筑与旧建筑风格相似,或者某些构图手

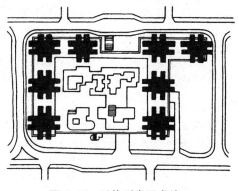

图 4-22　以体型类同求统一

体型类同并不等于完全相同。各个建筑的大小和高度可以不一致,但体型特征却是相似的。

法相似,甚至是装饰与色彩的相似,都有可能在新旧建筑中建立一种文化联系,从而实现和谐。

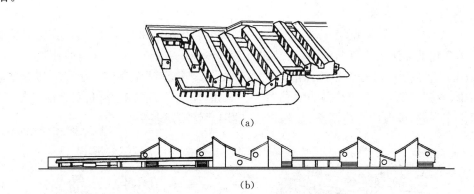

(a)

(b)

图 4-23　以风格一致求统一

这个建筑群,采用传统建筑中的坡顶、柱廊,但加以简化,在建筑群中形成一致的风格,所以取得良好的统一效果。

（2）对比和谐

适当应用对比手法,如曲直、虚实、高低、大小、方向等的对比,都有可能在新旧建筑间建立一种矛盾统一的关系,从而实现和谐。

（3）渐次变化

在两个差异过大而且很难建立统一关系的新老建筑之间,插入"中性建筑",即同时具有新旧建筑某些特征的建筑,实现渐次变化,避免格格不入。

（4）加大距离

加大新旧建筑之间的距离,利用空间来淡化两者的矛盾冲突。如果在这个空间中植树,效果会更好。

（5）设置连续体

例如,用柱廊或围墙把新旧建筑连接起来,甚至使连续体穿插在新旧建筑中,因加强了两者的联系而变得和谐。

4）注意视觉分析

建筑群体的艺术效果主要是通过视觉来感知的,所以建筑群体空间组合应注重视觉分析。人观赏建筑群分静观和动观两种。在空间设计时,应有意识地组织好动观路线和静观的停顿点,并根据视觉要求安排好建筑的比例和尺度。例如:当要求完整地观赏一个建筑立面时,观赏距离应大于或等于立面的长度,最佳水平视角为54°左右(图4-24);在观赏建筑群体时,最佳竖直视角为18°;观赏单个建筑时,最佳竖直视角为27°;观赏建筑的最大竖直视角为45°,过大会产生透视变形,并使视力易疲劳(图4-25)。

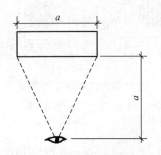 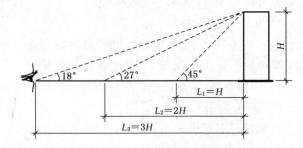

图4-24 观赏建筑物的最短水平距离　　　图4-25 由竖直视角确定观赏建筑的距离

5) 在统一中求变化

建筑群体组合必须协调统一,但过分统一而缺少变化则会呆板平庸,所以在统一中要求变化。求变化的方法主要有两种:一种是在建筑群体中设置一个对比强烈的建筑,形成"活跃元"(图4-26);另一种是各个建筑造型大体一致,而建筑细部作变化。在统一与变化这一对矛盾中,孰强孰弱,应视建筑群的性质而定。例如:住宅群为取得平和、安宁的效果,统一的因素要多一些;商业中心应活跃、热烈,变化的因素就不妨多一些。

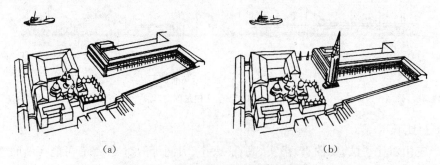

(a)　　　　　　　　　　　　　　(b)

图4-26 在建筑群体中设置"活跃元"

圣马可广场。比较(a)和(b)可以看出,由于设置高塔作为"活跃元",整个广场显得更富于生气。此外,高塔在两个梯形广场之间也建立了良好的视线转折。

6) 建筑群体组合空间效果的推敲

建筑群体组合空间的物质要素有建筑、道路、绿化、环境小品以及各种用途的场地,其中以建筑最为重要。除满足各种功能要求外,如何创造良好的整体形象至关重要,需反复推敲才能奏效。推敲的方法很多,因人而异,因事不同。下面介绍两种常用的方法:

(1) 图底反转法

建筑是实体,又形成室外空间的边界。室外空间是"虚体",但有很大的包容性。建筑与室外空间相辅相成,共同构成建筑群体的美。人们比较习惯于推敲建筑自身的美,却难于把握群体和外部空间的美。图底反转法为我们建立了一种新的视角,使设计工作上升到一个新的高度(图4-27)。

(2) 鸟瞰图与轴测图

在平面图上作建筑群体空间组合,往往容易忽视地形的起伏和建筑的高低变化,建筑造型的表现也很不具体,而鸟瞰图和轴测图则有利于设计人员在这些方面作深入考虑,并将自己的设计意图形象地传达给非专业人员(图4-28)。

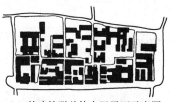
(a) 某建筑群总体布置平面示意图

(b) 将(a)图中黑白表达对换,可清楚地看出外部空间的平面情况

(c) 某建筑群的透视图

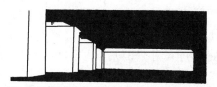
(d) 将(c)图中的室外空间涂黑,可醒目地表达出外部空间的形象

图4-27 图底反转法

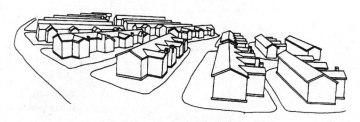

图4-28 建筑群鸟瞰图

手绘鸟瞰图费时较多,所以在构思阶段可画得简略一些。如果有条件用计算机绘图,效率会高得多。

4.3 场地设计及建筑总平面

4.3.1 场地分类

1) 按功能分类

(1) 有明确使用功能的场地

① 交通性场地包括车站、码头、影剧院、体育馆前人流和车流的集散场地(图4-29),以及机动车、非机动车的停车场地。

② 活动性场地包括商业活动场地、休息活动场地(图4-30)、观赏活动场地等。

(2) 无明确使用功能的场地

因为日照、通风、安全、环境保护或其他原因所设置的场地。

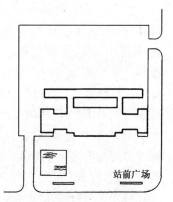

图4-29 某汽车站前集散场地

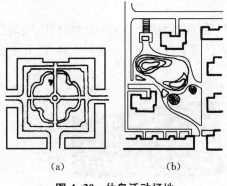

图 4-30 休息活动场地

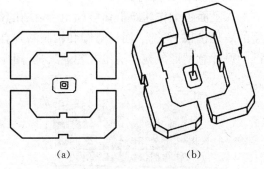

图 4-31 正方形场地

正方形有很强的肯定性,简洁明了。在对角线交点上布置雕塑、喷泉、旗杆等,容易取得画龙点睛的效果。

2) 按形式分类

(1) 规整形场地

如正方形(图 4-31)、长方形(图 4-32)、梯形(图 4-33)、正多边形、圆形和椭圆形场地等。

(2) 不规则场地

这种场地自由活泼,但设计时要避免杂乱(图 4-34)。

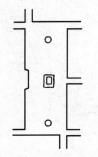

图 4-32 长方形场地

长方形场地开口位置很重要。位置不同,会形成完全不同的空间气氛。

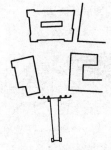

图 4-33 梯形场地

梯形场地只有一条主轴线,所以主体建筑常在这条轴线的两端。

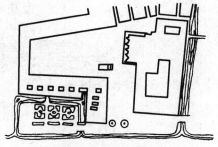

图 4-34 不规则场地

3) 按使用性质分类

(1) 集散场地

由某些建筑物的使用性质决定。当人流量和车流量大而集中,交通组织比较复杂时,建筑物前面需要有较大的场地来满足人流、车流的集散要求,这种类型的场地称为集散场地。集散场地空间组合的首要问题就是解决好交通流线。如长沙铁路客站广场(图 4-35),南北宽 259 m,东西深 138 m,根据流线要求,中间用两条绿化带将广场分为南、北、中三个部分,中部广场供迎宾、集会和停靠小汽车使用,北部广场为出租汽车停靠和出站旅客疏散广场,南部广场可供团体机动车辆停靠。此外,行李房前还有行李广场和公共汽车停靠作业场。整个广场上人车分流,停车分区,流线清晰。

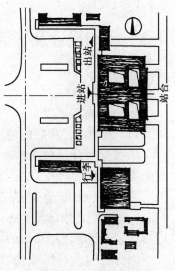

图 4-35 长沙铁路客站总平面

（2）活动场地

活动场地要求为人们创造良好的室外生活环境，供人们休息、社交或儿童游戏等，同时给外部空间增添多变的色彩。如日内瓦旧城彼隆古堡小广场（图 4-36），它位于旧城中心区和商业街过渡地带，宽仅 50 多 m，深仅 20 余 m，但垂直高差达 4 m 以上。车流从广场的一侧通过，保持了广场完整、安静的环境，垂直方向通过圆形台阶平台交错组合来解决人流交通，同时配以不同高度的圆形树池、平台、雕塑，丰富了广场室外空间和环境艺术。

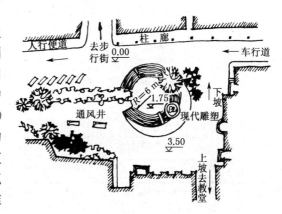

图 4-36　日内瓦旧城彼隆古堡小广场

（3）停车场地

停车场地包括汽车和自行车停车场，在建筑设计中，停车场应结合总体布局进行合理安排。其位置要求靠近出入口，但要防止影响建筑物前面的交通与美观。因此一般设在主体建筑的一侧或后面。根据我国实际情况，在各类建筑布局中都应考虑自行车停放场。它的布置主要应考虑使用方便，避免与其他车辆的交叉和干扰，因此多选择顺应人流来向，靠近建筑附近的部位。

4.3.2　场地的平面设计

1）面积

场地面积取决于功能、观赏及客观条件等要求。为了节约用地，面积一般不宜过大。

（1）从功能要求确定面积

停车场可以根据停车泊位数来估算。机动车一般以小汽车为标准换算当量（辆），非机动车以自行车为标准换算当量（辆）。基地内的停车场泊位数应满足城市规划的要求，并符合有关规范的规定（表 4-4、表 4-5）。每个停车泊位包括进出通道所占用的面积，可按下列数字估算：小汽车停车场 25～40 m²/辆；大客车停车场 60～85 m²/辆；公共自行车停车场 1.4～1.8 m²/辆；单位用自行车停车场 1.0～1.2 m²/辆。疏散场地的面积应根据集散的人流量及许可的疏散时间，通过计算来确定，并符合有关建筑设计规范的要求。各种活动场地的面积应根据活动的内容、所需的设施、专用场地以及人流量、车流量来确定，例如小区级的集贸市场，建筑面积为 500～1 000 m²，用地面积为 800～1 500 m²。

表 4-4　居住区公共停车场（库）停车位控制指标

名　　称	单　　位	自行车	机动车
公共中心	车位/100 m² 建筑面积	7.5	0.3
商业中心	车位/100 m² 营业面积	7.5	0.3
集贸市场	车位/100 m² 营业面积	7.5	
饮食店	车位/100 m² 营业面积	3.6	1.7
医院、门诊所	车位/100 m² 建筑面积	1.5	0.2

注：（1）表中"机动车"指小汽车。如为其他机动车，换算系数为：微型汽车 0.7；中型汽车 2.0；大型汽车 2.5；铰接车 3.5；三轮摩托车 0.7。

　　（2）本表只反映目前我国平均经济水平，由于各地差异较大，应根据实际情况作调整。

表 4-5　公共建筑及高级住宅区公共停车场(库)停车位控制指标

类　别	单　位	车位数	类　别	单　位	车位数
旅　馆	车位/100 m²	0.08～0.20	医　院	车位/100 m²	0.20
办公楼	车位/100 m²	0.25～0.40	游览点	车位/100 m²	0.05～0.12
商业点	车位/100 m²	0.30～0.40	火车站	车位/高峰日 100 旅客	2.00
体育馆	车位/100 座位	1.00～2.50	码　头	车位/高峰日 100 旅客	2.00
影剧院	车位/100 座位	1.80～3.00	饮食店	车位/100 m²	1.20
展览馆	车位/100 m²	0.20	住　宅	车位/高级住宅 100 m²	0.50

注:(1) 本表车位均按小汽车计,其他机动车折算系数同表 4-4;
　　(2) 除饮食店每 100 m² 为营业面积外,其余每 100 m² 指建筑面积;
　　(3) 本表反映目前我国一般经济水平,各地差异大,应根据实际情况作调整。

(2) 从观赏要求确定面积

前面在室外空间视觉分析中已提到,为了保证对建筑物或某种景观有良好的观赏效果,应根据人的水平视角和竖直视角来选择最佳的观赏位置,这无疑也在一定程度上影响到场地面积的确定。

(3) 从客观条件确定面积

例如在自然条件方面有气候、地形、地貌、地质、水体、原有植被状况等,在人文条件方面有历史条件、风俗习惯、原有建筑状况、城市规划要求、文物保护要求等,都在一定程度上影响场地面积的确定。

2) 功能分区与布局

功能分区与布局是场地设计的重点,其主要任务是安排各种功能的空间领域。空间领域可分为人的领域和交通工具领域两大类,两类领域之间应相互隔离。人的领域又可分为运动用空间和停滞用空间两类。运动用空间供人散步、游乐、体育锻炼,停滞用空间供人静坐、眺望景色、交谈等。各种使用空间有自身的要求,应予满足,另外还应处理好它们之间闹与静、清洁与污染等关系。

3) 建筑布置与流线组织

建筑应与场地有机地结合在一起,例如文化气氛浓厚的场地周围宜布置图书馆、展览馆,商业场地周围应布置各类商店、饮食店,交通建筑前要有集散场地和停车场,住宅区内应有小孩和老人的娱乐休息场所。场地内的交通组织包括车行系统和人行系统,它们的设计也很重要。交通流线要安全、方便,人流、车流最好分开,并与城市的交通系统妥善衔接。交通流线是实现场地和建筑功能的重要保证。

4) 绿化与建筑小品

绿化包括行道树、草地、水体、防护林、花园等,建筑场地中的绿化要结合场地的功能要求和艺术构思来设计。公共建筑的总体布局,常采用成行成片的林荫路,以创造严谨对称、严肃庄重的气氛,而采用小巧的庭院,并运用绿化、水池、柱廊、假山、亭子、建筑小品等手法,以创造开朗欢快的气氛。

建筑小品包括城市家具(桌、凳、椅)、种植容器、灯具、污物箱桶、围栏护柱、小桥汀步、亭廊花架等,是场地环境中主体建筑的装饰,是强调主体建筑、丰富空间环境的适当点缀,既有一定的使用价值,又可作为观赏对象,有的还用来划分空间。

4.3.3 场地的竖向设计

场地的竖向设计包括场地的排水、场地的坡度和标高、场地的土石方平衡等。

1)场地的排水

场地排水有单面坡排水、双面坡排水、多面坡排水等。面积不大、地形坡向单一的场地，可单面坡排水。面积在 1 hm² 以上的大中型场地，宜结合地形及道路情况采用双面坡或多面坡排水。场地排水一般采用雨水管系统，农村集镇也可用明沟。场地的分水线和汇水线宜尽可能平行于主要通道，并避免将汇水线布置在车辆和人流集中停靠、集散的地点，以防积水。雨水口应设在场内分隔带、导流岛和四周道路出入口的汇水处。当场地平坦，且一个方向尺寸在 100 m 以上时，要根据当地降雨量计算，在场地中增设管线和雨水口。当主要通道排水坡向着城市道路，且纵坡大于 0.4%，或通道与城市道路衔接处出现扭坡时，应考虑设置横向截流设施。雨水管的直径一般大于 300 mm，纵坡应大于 0.3%。

2)场地的坡度和标高

各种场地的适用坡度见表 4-6。当自然地形坡度大于 8% 时，场地宜选用台地式。台地之间应用挡土墙或护坡连接。

表 4-6　各种场地的适用坡度(%)

场　地　名　称	适用坡度		场　地　名　称	适用坡度
密实性地面和广场	0.3~3.0	室外场地	1. 儿童游戏场	0.3~2.5
广场兼停车场	0.2~0.5		2. 运动场	0.2~0.5
绿　　　地	0.5~1.0		3. 杂用场地	0.3~2.0
湿陷性黄土地面	0.5~7.0			

场地的标高一般应低于场地上主要建筑散水处的标高，并略高于相衔接的城市道路标高。当地形或现状条件限制而不能做到时，可提出修改衔接道路高程及设计坡度的建议；否则，就应在场地地面坡向主要建筑室外地坪最低点设置横向截流设施。

3)场地的土石方平衡

在满足使用要求和排水要求的前提下，应尽量维持场地高程现状，以减少场地施工的土石方工程量。这样不但可以节约造价，也有利于保护环境。当确需填挖时，应尽量做到土石方平衡，避免异地取土弃土。

4.3.4 场地空间的艺术构思

1)开敞与封闭

开敞的场地易产生流动感，但过分开敞便显得空旷而无领域感。封闭的场地易产生静止感，并使人觉得安全、有人情味，但过于封闭则使人压抑。开敞与封闭程度的掌握应视场地的性质而定，例如，交通性场地应开敞些，休息场地宜封闭些。场地的开敞与封闭的感觉与四周建筑和其他屏障物(围墙、绿化等)的设置情况有关。当屏障物低于人的视觉高度时，可划分空间领域，但封闭感不强。当屏障物高于人的视觉高度时，便产生了封闭感，并随高度的增加而加强。屏障物如有开口，开口的高度与宽度，以及开口的位置，都直接影响到场地空间的开敞与封闭程度(图 4-37、图 4-38)。此外，将某部分场地升高或降低，挡土墙便成为屏障物，也有相似的效果。

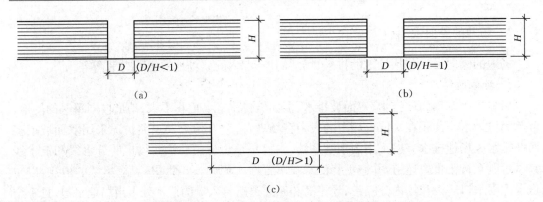

图 4-37　缺口大小对空间封闭程度的影响

当 $D/H < 1$ 时,空间封闭感强,缺口产生出入口的感觉。当 $D/H = 1$ 时,封闭与开敞的感觉不明显。当 $D/H > 1$ 时,空间的封闭感减弱,比值越大,开敞感越强。

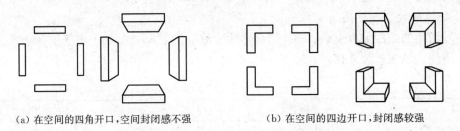

(a) 在空间的四角开口,空间封闭感不强　　　　(b) 在空间的四边开口,封闭感较强

图 4-38　缺口位置对空间封闭程度的影响

2) 比例与尺度

场地的比例,包括长、宽、高的比例,以及各组成部分的比例,取决于很多因素。从场地的长、宽之比来看,一般不应太狭长,长宽比宜小于 3。从场地宽度与建筑高度之比来看,如果建筑的高度为 H,两建筑之间的距离为 D,当 $D/H = 1$ 时,两幢建筑间有稳定的联系;当 $D/H < 1$ 时,人会感到两幢建筑相互干涉,人的注意力转移到建筑的细部;当 D/H 值更小时,人便感到空间逼仄;当 $D/H > 1$ 时,空间变得舒展,但过大,建筑便有疏远感。所以,对于大多数场地,常取 $D/H = 1 \sim 3$。

外部空间的尺度与室内空间的尺度有差别。一般来说,同样大小的物体,在室外看起来比室内小一些。所以在做场地设计时,各类物体的尺度要(比室内)作适当调整。另外,近观和远观,静观和动观,尺度要求也不尽相同,一般前者要小一些,后者要大一些。

为了推敲出恰当的比例和尺度,除平面分析外,也可画剖面图进行分析(图 4-39)。

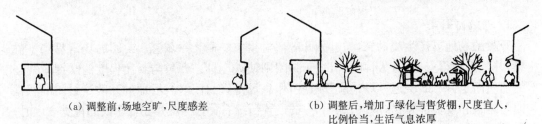

(a) 调整前,场地空旷,尺度感差　　　　(b) 调整后,增加了绿化与售货棚,尺度宜人,
　　　　　　　　　　　　　　　　　　　　　 比例恰当,生活气息浓厚

图 4-39　用剖面图推敲比例、尺度

3) 渗透与层次

渗透是指一个空间向另一个空间感觉上的进入。层次是指空间呈现渐进的次序。渗透

与层次增加了空间的内涵,使其变得更有意味。中国古典园林空间处理很注意渗透与层次,所以步移景异,趣味无穷(图4-40)。

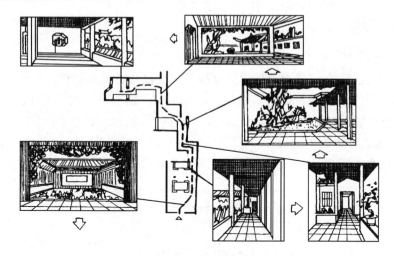

图4-40 中国古典园林空间的渗透与层次

图4-40,苏州留园,根据游览路线组织成一个曲折变化的空间系列。在空间处理时运用了很多渗透与层次的手法,所以引人入胜,令人流连忘返,有纳千里于咫尺之感。

形成空间渗透与层次的方法有很多,常采用以下四种:

(1)通过门洞或景框将外部空间分割出来,形成空间的相互渗透,并增加了层次(图4-41)。

图4-41 用景框分割空间

某大学的入口设置了一个高大的矩形门框,增加了空间层次,并起到框景作用。

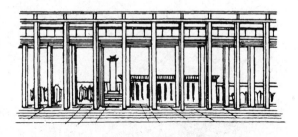

图4-42 利用敞廊增加空间层次

敞廊既分割空间,又使空间相互渗透,使空间变得更加丰富和诱人。

(2)通过敞廊,将两个空间分隔开来(图4-42)。

(3)通过架空建筑底层,实现两个空间的渗透(图4-43)。

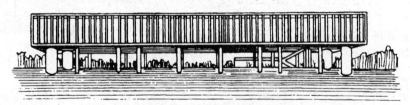

图4-43 架空建筑底层形成空间渗透

建筑底层架空,空间分而不隔,减少了封闭感。

（4）通过前后错落的建筑、树丛或者排列的柱与其他设施，也可以丰富空间的层次（图 4-40）。

4.3.5 道路与管网

道路系统应安全、方便。根据场地性质不同，有的要求短捷通畅，有的则要对外通而不畅，避免过境车辆穿行。消防通道的设置要满足防火规范的要求。在地震烈度超过六度的地区，应考虑防灾救灾要求。机动车停车场要有足够的面积，并停放整齐（图 4-44），少量的车也可在路边或场地指定位置上停放。自行车每个停车位面积约 $0.6 \text{ m} \times 2 \text{ m}$，与通道垂直或斜列陈放，通道宽约 $1.2 \sim 2 \text{ m}$。主要道路至少有两个出入口。一般不设尽端道路，如需要设尽端道路时，应设回车场（图 4-45）。车行道路宽度一般以车道为单位来衡量。一条

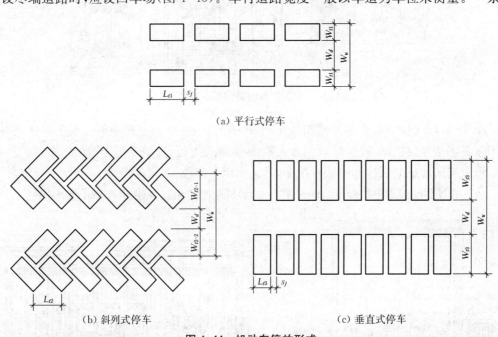

（a）平行式停车

（b）斜列式停车 （c）垂直式停车

图 4-44 机动车停放形式

W_d：通道宽；W_u：单位停车宽；s_j：车辆的间距；W_{t1}：平行式停车垂直通道的车位尺寸；W_{t2}：斜列式停车垂直通道的车位尺寸；W_{t3}：垂直式停车垂直通道的车位尺寸；L_{t1}：平行式停车平行通道的车位尺寸；L_{t2}：斜列式停车平行车道的车位尺寸；L_{t3}：垂直式停车平行通道的车位尺寸。图中尺寸因车型不同而异，可查阅有关资料。

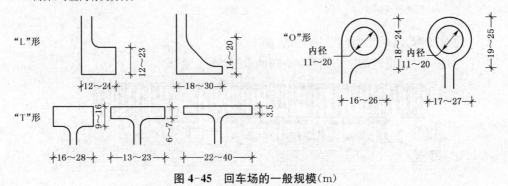

图 4-45 回车场的一般规模（m）

图中下限值适用于小型汽车（车长 5 m，最小转弯半径 5.5 m），
上限值适用于大型汽车（车长 8～9 m，最小转弯半径 10 m）。

小型汽车的车道宽度为 3.0～3.2 m；一条载重车或公共汽车的车道宽度为 3.5～3.7 m；消防车道至少宽 3.5 m。考虑人车混流，单车道路面宽常为 3.5～5.0 m，双车道路面宽为 6.5～7.0 m。人行道一般布置在车行道两侧，也可布置在一侧。人行道宽度可参考表 4-7。道路边缘至建、构筑物之间的距离不能太小（表 4-8）。道路交叉口应设圆弧形边缘，以满足车辆转弯的需要。一般小型汽车最小转弯半径为 6 m，载重汽车最小转弯半径为 9 m。在道路转弯处要留出不小于 25 m 的会车视距，以便司机看清驶来的车辆，在此范围内不应有司机视线障碍物。表 4-9 为居住区内道路纵坡要求，可供设计参考。当人行道坡度大于 6％时，应局部改做台阶式。

表 4-7　人行道宽度

道 路 性 质	最小宽度(m)	最小铺砌宽度(m)
火车站、公园及其他行人聚集地点	7.0～10.0	6.0
全市性街道，有大商店和公共文化机构地段	6.5～8.5	4.5
区域性干道，有大商店和公共文化机构地段	4.5～6.5	3.0
住宅区街道	1.5～4.0	1.5

表 4-8　道路边缘至建、构筑物最小距离(m)

与建、构筑物关系	道路级别	居住区道路	小区路	组团路及宅间小路
建筑物面向道路	无出入口	高层 5 多层 3	3 3	2 2
	有出入口		5	2.5
建筑物山墙面向道路		高层 4 多层 2	2 2	1.5 1.5
围墙面向道路		1.5	1.5	1.5

注：居住区道路的边缘指红线；小区路、组团路及宅间小路的边缘指路面边线。当小区路设有人行便道时，其道路边缘指便道边线。

表 4-9　居住区内道路纵坡控制指标(％)

道路类别	最小纵坡	最大纵坡	多雪严寒地区最大纵坡
机动车道	≥0.3	≤8.0(L≤200 m)	≤5(L≤600 m)
非机动车道	≥0.3	≤3.0(L≤50 m)	≤2(L≤100 m)
步行道	≥0.5	≤8.0	≤4

注：L 为坡长(m)。

在道路红线（即限制建筑物的控制线）范围内，常要布置各种管线，包括给水、排水、电气、燃气、通讯等，它们都有其自身的技术要求。建筑设计人员应与有关技术人员配合，完成管线综合的任务。

4.3.6　绿化与美化

1) 绿化的功能

绿化可以遮阳隔热、防御风沙、隔声减噪、保护环境，还具有美化环境的作用。

（1）心理功能

绿色，象征青春、活力与希望。它能调节人的神经系统，使紧张疲劳得到缓和消除，使激动恢复平静。人们都希望在居住、工作、休息、娱乐等场所欣赏到植物与花卉的装饰，处处享受到植物的色彩与形态美，以满足其心理需求。

（2）生态功能

绿化植物给建筑空间创造出极其有益的生态环境。植物能制造新鲜氧气、净化空气，还可以调节温度、湿度，吸收和隔离空气中的污染，夏季可降温增湿、隔热遮阳，冬季可增温减湿、避风去寒。

（3）物理功能

① 划分空间　绿化可作"活的围墙"——篱笆，用来分隔平面与空间。在外部空间设计中，利用绿化作为遮蔽视线和划分空间，是较为理想的手法之一。

② 隐丑蔽乱　城市重要地段或新建筑区内，有时不可避免地存在一些影响建筑群环境的建筑物、构筑物或其他不协调的场所等，若用绿化加以隔离或遮蔽，则可以获得化丑为美的效果。

③ 遮阳隔热　常用紫藤、葡萄、地绵或其他藤萝植物攀缘墙面、阳台，不仅可以美化建筑物的外观和丰富建筑群体空间形象，还能改善建筑物外墙的热工性能。

④ 防御风袭　如在建筑群四周或窗前栽种阔叶树木，其下配植低矮树种和灌木丛，就能减轻对建筑物的风压，改善建筑物所受的水平气流作用。此外，常绿树林在冬天还能阻减风雪飞扬。

⑤ 隔声减噪　实验表明，声波经过植物时，借助叶面吸收、叶间多次反射和空间绕射，声能转变为动能和热能，所以植物具有一定的减声效果，当植物长得高、密、厚时，就愈发显出隔声减噪的效能。

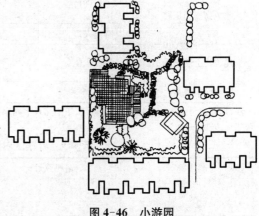

图 4-46　小游园

小游园常为休闲场地，有时也和某些活动场地结合起来，如儿童游乐场，老年人活动场地等。

2）绿化布置的形式

绿化布置的形式有小游园（图 4-46）、庭园绿化、屋顶绿化、竖直绿化、零星地块绿化、道路绿化及草地与水面绿化、防护林等。

（1）小游园的绿化

小游园的绿化形式主要有以下几种（图 4-47）：

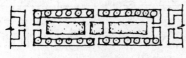
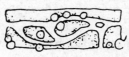

（a）规则式　　　　　　　　（b）自由式　　　　　　　　（c）混合式

图 4-47　小游园的绿化布置形式

① 规则式　小游园中的道路、绿地均以规整的几何图形布置，树木、花卉也呈图案或成行成排有规律地组合，这种形式为规则式布置。

② 自由式　小游园中的道路曲折迂回、绿地形状自如、树木花卉无规则组合，这种布置形式为自由式布置。

③ 混合式　在同一小游园中既采用规则式又采用自由式的布置形式为混合式布置。

（2）庭园绿化

建筑群体组合中的小园、庭园、庭院等统称为庭园。庭园绿化不仅可以起到分隔空间、减少噪音、减弱视线干扰等作用，并给建筑群增添了大自然的美感，给人们创造一个安静、舒适的休息场地。庭园的绿化布置应综合考虑庭园的规模、性质和在建筑群中的地位等因素，并采取相应的手法。

① 小园　所谓"小园"是指建筑群体组合中所形成的天井或面积较小的院落。小园的绿化布置既要考虑对环境的美化，又不影响建筑内部的采光通风。小园的位置可在厅室的前后左右，也可在走廊的端点或转折处，从而构成室内外空间相互交融或形成吸引人们视线的"对景"。小园中的绿化布置应结合其他建筑小品（水池、假山、雕塑等），使小园布置小巧玲珑、简洁大方。图4-48为杭州玉泉"山外山"小园框景，在面向入口处采用扇形景窗的框景手法，不仅使入口的咫尺空间扩大开来，同时通过框景将小园的组景映入眼帘，构成了一幅生动的画面。

图4-48　杭州玉泉"山外山"小园框景

图4-49　广州铁路客站庭园

② 庭园　一般规模比小园为大。在较大的庭园内也可以设置小园，形成园中有园，但应有主次之分，主庭的绿化是全园组景的高潮，可以以山石、院墙、绿化、水景等作为庭园的空间限定，组成开阔的景观。如广州铁路客站庭园（图4-49），成组布置了灌木和花草，配置了一个水池景观，添上曲折的小桥，给庭园增添了生气，不仅美化了空间环境，而且也给旅客休息提供了幽静、怡人的场所，深受欢迎。

③ 庭院　庭院的规模又比庭园为大，范围较广，在院内可成组布置绿化，每组树种、树形、花种、草坪等各异，并可分别配置建筑小品，形成各有特色的景园。

（3）屋顶绿化

随着建筑工业化的发展，在建筑物屋顶结构中广泛采用了平屋顶形式。为了充分利用屋顶空间，给人们创造更多的室外活动场所，对于炎热地区，考虑屋顶的隔热，可以在屋顶布置绿化，并配以建筑小品而形成屋顶花园。

屋顶绿化的布置形成一般有以下几种：

① 整片式　在平屋顶上几乎种满绿化植物，主要起到生态功能与供观赏之用。这种方式不仅可以美化城市、保护环境、调节气候，而且还具有良好的屋面隔热效果。

② 周边式　沿平屋顶四周修筑绿化花坛，中间的大部分场地作室外活动与休息之用。

③ 自由式　在平屋顶上自由地点饰绿化盆栽或花坛，形式多种多样，可低可高，可成组

布局也可点组相结合,形成既有绿化植被又有活动场地的灵活多变的屋顶花园。

屋顶绿化也可布置在高层建筑的屋顶,可以增加在高层建筑中工作和生活的人们与大自然接触的机会,并弥补室外活动场所的不足。如广州东方宾馆屋顶花园(图4-50)就为人们提供了一个很好的室外活动场所。

3) 绿化用植物

绿化用植物包括乔木、灌木、藤本、草本等。常见植物的性态与功能见表4-10。植物栽植参考间距见表4-11。植物与建筑物、构筑物平面间距见表4-12。绿化地带最小宽度见表4-13。场地绿化应点、线、面结合,适应功能需要,并因地制宜。原有树木要尽量保留,种植也应优先选用本地树种。

图 4-50 广州东方宾馆屋顶花园

表 4-10 常见植物的性态与功能

功　能	性　态	品 种 举 例
组织绿阴	树冠宽大,枝向四面扩展,叶密,落叶,无臭味	杨、柳、梧桐、榆、枫杨、洋槐
防　风	树根坚硬,根部发达,性喜丛生,树叶不易被风吹落	洋槐、枫杨、马尾松、杨
防　火	水分多树脂少	柳、芭蕉、珊瑚树
减少烟尘	抵抗毒害力强,雨后自然洗刷,树冠较密	冬青、黄杨、珊瑚树、竹、槐、榧
隐蔽作用	树叶密生,不易透过视线,抗病虫害能力强	侧柏、垂柳、珍珠梅、杨
行道树	树冠整齐,冬天落叶,耐修剪,抗病虫害能力较强	杨、槐、合欢、柳、银杏、棕榈、椰树

表 4-11 植物栽植参考间距

栽 植 类 型		栽 植 间 距 (m)
行 道 树		4.0~6.0
乔木群栽		2.0
乔木与灌木相间		0.5
双行行道树(棋盘式栽植)		间距:4.0;行距:3~5
灌木群栽	大灌木	1.0~3.0
	中灌木	0.75~1.5
	小灌木	0.3~0.8

表 4-12 植物与建筑物、构筑物平面间距

名　称	最 小 间 距 (m)	
	至乔木中心	至灌木中心
有窗建筑物外墙	5.0	1.5~2.0
无窗建筑物外墙	2.0	1.5~2.0
道路侧石外缘、挡土墙脚、陡坡	1.0	0.5
人行道边	0.75	0.3~0.5
围墙(有了望要求时)	6.0	6.0

名　称	最　小　间　距（m）	
	至乔木中心	至灌木中心
高 2 m 以上的围墙	4.0	1.0～2.0
高 2 m 以下的围墙	1.0	0.75
天桥、栈桥的柱及电杆中心	2.0～3.0	不限
冷却池外缘	40.0	不限
冷却塔	高 1.5 倍	不限
体育用场地	3.0	3.0
排水明沟边缘	1.0～1.5	0.5～1.0
厂内铁路中心线	4.0	3.0
窄轨铁路中心线	3.0	2.0

表 4-13　绿化地带最小宽度

绿化地带类型		最小宽度（m）	绿化地带类型	最小宽度（m）
双行乔木	并列式栽植	6.0	一行乔木与二行绿篱	3.0
	棋盘式栽植	5.0		
单行乔木		2.0	一行灌木带	1.5～2.5
一行乔木与一行绿篱		2.5	一行绿篱	0.7

为了美化环境，绿化还应与水体、建筑小品、地面铺装等很好地结合起来。

4.3.7 建筑小品

所谓建筑小品，是指建筑群中构成内部空间与外部空间的那些建筑要素，是一种功能简明、体量小巧、造型别致并带有意境、富于特色的建筑部件。它们的艺术处理、形式美的加工，以及与建筑群体环境的巧妙配置，都可构成一幅幅具有一定鉴赏价值的画面，形成隽永意匠的建筑小品，起到丰富空间、美化环境，并具有相应功能的作用。

1）建筑小品的设计

（1）建筑小品的设计原则

建筑小品作为建筑群外部空间设计的一个组成部分，它的设计应以总体环境为依据，充分发挥建筑小品在外部空间中的作用，使整个外部空间丰富多彩，因此，建筑小品的设计应遵循以下原则：

① 建筑小品的设置应满足公共使用的心理行为特点，便于管理、清洁和维护。

② 建筑小品的造型要考虑外部空间环境的特点及总体设计意图，切忌生搬乱套。

③ 建筑小品的材料运用及构造处理，应考虑室外气候的影响，防止腐蚀、变形、褪色等现象的发生而影响整个环境。

④ 对于批量采用的建筑小品，应考虑制作、安装的方便，并进行经济效益的分析。

（2）建筑小品的种类

建筑小品的种类甚多，根据它们的功能特点，可以归纳为以下几大类：

① 城市家具　建筑群外部空间中的城市家具主要是指公共桌、凳、坐椅，它不仅可以供

人们在散步、游戏之余坐下小憩,同时又是外部环境中的一景,起到丰富环境的作用。城市家具在外部空间中的布置受到场所环境的限定,同时又具有很大的随意性,但又决不是随心所欲的设置,而是要求与环境协调,与其他类型的建筑小品及绿化的布置有机的结合,形成一定的景观气氛,增强环境的舒适感。图 4-51 为一组城市家具。

图 4-51　一组城市家具(桌、凳)

② 种植容器　种植容器是盛放各种观赏植物的箱体,在外部环境设计中被广泛采用。种植容器的设置具有活泼多样的特点,它不仅能给整个建筑的室外空间景观锦上添花,而且还能在空间分隔与限定方面取得特殊效果。

种植容器的选材,应采用抗损能力强的硬质材料,一般以砖或混凝土为主,有些较大的花池、树池底部可直接与自然松软地面相接触而不需加箱底;在封闭性的环境及室内花园或共享大厅内,种植容器则应采用小巧的陶瓷制品或防锈的金属制品(图 4-52)。

图 4-52　一组种植容器

③ 绿地灯具　绿地灯具也称庭园灯。它不同于街道广场的高照度路灯。一般用于庭院、绿地、花园、湖岸、宅门等位置,作为局部照明,并起到装饰作用。功能上求其舒适怡人,照度不宜过高,辐射面不宜过大,距离不宜过密。白昼看去是景观中的必要点缀,夜幕里又给人以柔和之光,使建筑群显得宁静、典雅(图 4-53)。

图 4-53　一组绿地灯具

④ 污物储筒　污物储筒包括垃圾箱、果皮筒等,是外部空间环境中不可缺少的卫生设施。污物储筒的设置,要与人的日常生活、娱乐、消费等因素相联系,要根据清除的次数和场

所的规模以及人口密度而定;污物储筒的造型应力求简洁,并考虑方便清扫(图 4-54)。

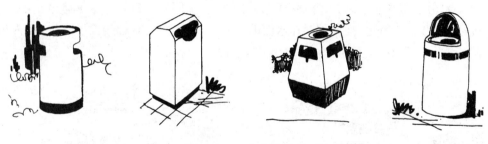

图 4-54　一组污物储筒

⑤　环境标志　环境标志也是建筑群外部空间中不可缺少的要素,是建筑群中信息传递的重要手段。环境标志因功能不同而种类繁多,而常见的则以导向、告示及某种事物的简介居多。在设计上要考虑它们的特殊性,要求图案简洁概括抽象、色彩鲜明醒目、文字简明扼要清晰等等。图 4-55 为一组环境标志。

图 4-55　一组环境标志

⑥　围栏护柱　作为围栏,不论高矮,在功能上大多是防止和阻碍游人闯入某些特殊区域。一般用于花坛的围护或区域的划分。色彩的处理应以既不要灰暗呆板,又不要艳丽俗气为宜,白色是较为理想的颜色,不仅易与各种颜色取得和谐,而且在整个绿丛的衬托下,会使围栏显得洁净、素雅和大方。

护柱是分隔区域限定游人和车流的。护柱的设置应考虑具有一定的灵活性,易于迁移。护柱若造型简洁、设置合理,同样会给建筑群外部环境带来特别的气氛(图 4-56)。

图 4-56　围栏与护柱

⑦ 小桥汀步　小桥汀步是在有水面的外部空间处理中常用的建筑小品。桥可联系水面各风景点,并可点缀水上风光,增加空间的层次。汀步同样具有联系水面各景点的功能,所不同的是汀步别具特色,犹如漂浮在水面的"浮桥",使水面更具趣味性。图 4-57 为小桥与汀步。

　　　　(a) 广州流花公园小拱桥　　　　　　　　　　(b) 桂林芦笛岩、莲芳池荷叶汀步

图 4-57　小桥与汀步

⑧ 亭廊花架

亭廊具有划分空间的功能,同时也具有空间联系的功能。花架也具有亭廊的功能。花架可供植物攀缘或悬挂,它的布置形式可以是线状以发挥廊的功能,也可以是点状起到亭的作用(图 4-58)。

　　　(a) 成都锦水苑花架　　　　　　　　　　　　　　(b) 单排柱花架

图 4-58　花　架

建筑小品除以上类型外,还有景门、景窗、铺地、喷泉、雕塑等类型。在建筑群外部空间设计中,只要根据环境功能和空间组合的需求,合理选择和布置建筑小品,都将能使建筑群体空间获得良好的景观效果。

2) 建筑小品在外部空间中的运用

(1) 利用建筑小品强调主体建筑物

建筑小品虽然体量小巧,但在建筑群的外部空间组合中却占有很重要的地位。在建筑群体布局中,结合建筑物的性质、特点及外部空间的构思意图,常借助各种建筑小品来突出表现外部空间构图中的某些重点内容,起到强调主体建筑物的作用。

(2) 利用建筑小品满足环境功能要求

建筑小品在建筑群外部空间组合中,虽然不是主体,但通常它们都具有一定的功能意义和装饰作用。例如,庭院中的一组仿木坐凳,它不仅可供人们在散步、游戏之余坐下小憩,同时,它还是外部环境中的一景,丰富了环境空间;又如小园中的一组花架,在密布的攀缘植物覆盖下,提供了一个幽雅清爽的环境,并给环境增添了生气。

（3）利用建筑小品分隔与联系空间

在建筑群外部空间的组合中，常利用建筑小品来分隔与联系空间，从而增强空间层次感。在外部空间处理时使用一片墙或敞廊就可以将空间分成两个部分或是几个不同的空间，在该片墙上或廊的一侧开出景窗或景门，不仅可以使各空间的景色互相渗透，同时还可以增强空间层次感，达到空间与空间之间具有既分隔又联系的效果。

（4）利用建筑小品作为观赏对象

建筑小品在建筑群外部空间组合中，除具有划分空间和强调主体建筑等功能外，有些建筑小品自身就是独立的观赏对象，具有十分引人的鉴赏价值。对它们的恰当运用，精心地进行艺术加工，使其具有较大的观赏价值，可大大提高建筑群外部空间的艺术表现力。

总之，建筑群外部空间的类型、性质及规模等不同，所采用的建筑小品在风格和形式上应有所区别，应符合总体设计的意图，取其特点，顺其自然，巧其点缀。

5 建筑立面造型艺术

人们建造房屋,除满足使用要求外,还希望有良好的建筑形象。建筑立面造型艺术简单的理解就是建筑立面设计,它的实质就是如何处理好建筑的美观问题,也即是建筑的室外空间造型艺术。广义上的建筑功能既包括物质功能,也包括精神功能。精神功能要求建筑具有美感,使人身心愉快,或者能满足某种特定的精神需要。满足精神功能,也往往有利于物质功能的发挥。公共建筑立面造型艺术不仅包括造型艺术特征、艺术创造构思、造型的基本规律,它还涉及民族形式、地域文化和构图技巧等。例如,旅馆有良好的建筑形象,有优美的环境,可以增加其对旅客的吸引力,提高旅馆的住房率。所以,建筑设计应在满足使用要求的前提下,在物质技术条件允许的范围内,按照美的规律,处理好建筑与环境的关系,处理好建筑的形体及细部,以提高建筑的艺术表现力。

5.1 建筑艺术的特征

建筑艺术是一定的社会意识形态和审美理想在建筑形式上的反映。建筑是一种造型艺术,它不同于绘画、雕塑、摄影及工艺美术,具有以下五个特征:

5.1.1 实用性

建筑必须满足人类物质生活和精神生活的需要。华而不实,毫无使用价值的建筑不能给人以美的感受。一定的建筑形式常常取决于一定的建筑内容;同时,建筑形式也会在一定程度上影响和制约建筑内容。实现两者的辩证统一,才能达到良好的建筑效果。因此,不同使用性质的建筑常常具有不同的性格特点。例如:影剧院有明亮的休息大厅和高大而封闭的观众厅、舞台,两者形成对比(图5-1);商业建筑有橱窗和广告,形成热烈的气氛(图5-2);医疗建筑清新悦目,并以红"十"字符号作为标志(图5-3);交通建筑强调城市门户的形象,并注意显示快捷、准时、安全的特点(图5-4)。

图 5-1 北京剧院

图 5-2 北京西单华威商场

图 5-3　空军天津医院　　　　　　　　图 5-4　银川火车站

5.1.2　技术性

　　建筑需要使用建筑材料,按照一定的科学法则建造起来。因此,一方面,建筑艺术创作不能超越当时技术上的可能性和技术经济的合理性。另一方面,人们也总是尽可能利用科学技术的成果来丰富建筑文化,创造新的建筑形象。技术的进步,也是引起建筑形式变化的因素之一。例如,不同的建筑材料,不同的结构选型,不同的施工方法,建筑的外观常有很大区别(图 5-5～图 5-7)。

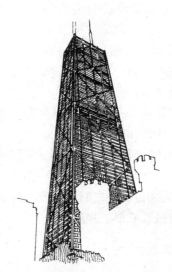

图 5-5　古罗马券柱式装饰　　　　　图 5-6　芝加哥约翰·汉考克大厦

图 5-7　蒙特利尔国际博览会德国馆

图 5-5,古罗马券柱式装饰,古代西方建筑中石结构得到很大发展,创造了多姿多彩的建筑作品。古罗马在古希腊建筑的基础上进一步发展,其中一项创造就是把柱式与拱券结合起来,既是结构,又有很强的装饰性。

图 5-6,芝加哥约翰·汉考克大厦,共 100 层,高约 334 m,采用钢结构,向上收缩的体形和巨大的“X”形风撑,使其独具特色,是重技派的代表作品。

图 5-7,蒙特利尔国际博览会德国馆,这个馆采用 11 根高低不同的金属撑杆自由穿插,上面铺设帐幕,很好地适应了自由式的平面布局和地形变化。这种方式施工快,便于拆迁,已越来越多地运用于临时性、季节性建筑中。

5.1.3　地域性

建筑一般都是按照某一指定地点来进行设计的。一经建成,建筑将长期存在,在某一固定地点,与周围环境融为一体。由于受到时代、民族、地域、气候及其他自然环境、人文环境的影响,建筑常常具有某种特定性。一般来说,艺术表现力强的建筑是不能仿制的,即使仿制也将大异其趣。大量性建筑虽然可以用工业化方法成批建造,但人们也总是避免它们千篇一律,而且,每幢建筑位置不同,给人感观也不

图 5-8　埃及金字塔

尽相同。一张画、一个雕塑可以在不同的陈列室中展览,而金字塔神奇的魅力只有亲自到埃及的大漠中才能体会到(图 5-8)。

图 5-8,埃及金字塔,古埃及人把法老的陵墓建成金字塔形。吉萨金字塔群是众多金字塔的代表。三座大金字塔塔身都是精确的正方锥形,外贴白色磨光石灰石,显得高大、厚重、简洁、气势宏伟。彼此之间的位置沿对角线相接,群体轮廓参差变化。前方的狮身人面像和金字塔的方锥形状形成强烈对比。

5.1.4　总效性

建筑是一种讲究总体效果的艺术。环境、建筑造型、建筑的内外装饰以及附属的建筑小品,都对建筑的形象起很大作用。人在建筑所形成的空间环境中活动,其感受是综合的、多方面的。因此,建筑是一种环境艺术。人对建筑的观赏,可以有不同的方位,也可以有不同的时间,其效果不尽相同,所以建筑又是一种具有四个向量的艺术。其他艺术形式对建筑艺术相互影响,相互促进。建筑的形象就是建筑的语言,建筑的造型必须赋予一定的主体思想,人们也常常把雕刻、绘画、书法等引入到建筑中去,以提高建筑的艺术表现力(图 5-9)。好的建筑设计应当做到真、善、美统一。优秀的建筑能集中地反映某个时代、某个民族的政治制度、生产力发展水平、社会风貌和审美意识,犹如标志人类文明进程的纪念碑。文学家维克多·雨果在其不朽的名著《巴黎圣母院》中说:“从世界的开始到 15 世纪,建筑学一直是人类的巨著,是人类各种力量的发展或才能的发展的主要表现。”

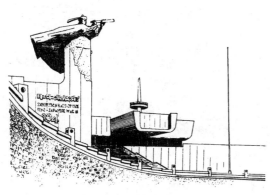

图 5-9　甲午海战馆

雕塑与建筑融为一体,使人联想到激烈海战
中的战舰,很好地表现了建筑设计的主题。

图 5-10　巴黎圣母院

图 5-10,巴黎圣母院,巴黎圣母院始建于 1163 年,是哥特式建筑早期的成熟作品,为后来的许多教堂建筑所仿效。由于维克多・雨果创作小说《巴黎圣母院》,更使它闻名遐迩。

5.1.5　公共性

建筑耗资巨大,建设周期长,需要通过很多人的共同劳动才能实现。建筑往往是为公众服务的,因此建筑是一种公共生活现象。建筑师的个人情感与爱好必然在建筑创作中有所反映,但时代的、民族的公共意识,包括业主的爱好,对建筑创作的影响也是巨大的。此外,在建筑整个建造过程中,各个工种的技术人员、工人的才能和技艺也必将影响到建筑艺术的整体效果。

5.2　建筑创作的艺术构思

建筑创作的艺术构思是指设计人员在进行建筑艺术创作过程中的各种思维活动,包括酝酿建筑的主题和性格,考虑建筑的风格或所需创造的意境,以及探索最佳的表现形式和细部处理等。

建筑所表达的审美理想一般来说是抽象的,并采取正面反映的方法。建筑的艺术加工是在服从建筑功能、技术、经济等要求的前提下进行的,还必然受到时代的、地域的各种环境条件的制约。建筑的艺术构思必须把环境规划、群体组合、形体构成以及细部、构配件、家具陈设、装饰、附属艺术品、建筑小品、绿化、水体等的配置都综合考虑进去。建筑设计人员应有多方面的知识和很高的美学修养。建筑艺术构思的过程既需要运用形象思维,也需要运用逻辑思维。构思是创作。应当学习其他建筑师的经验,但不能抄袭,落入窠臼。艺术贵在创新。成功的建筑作品往往出人意料之外,合乎情理之中。

建筑是造型艺术。艺术构思必须落实到图形上才有意义。建筑师应有熟练的图示能力。为了能捕捉灵感,使构思尽快明晰,建筑师往往先用铅笔、钢笔等徒手绘草图,然后再用工具制图,并进一步推敲(图 5-11)。此外,用计算机和模型帮助建筑师酝酿和修改方案的方法,也引起了人们的重视。

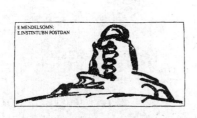

图 5-11　门德尔松的构思草图

图 5-11,门德尔松的构思草图,德国爱因斯坦天文台建于 1919—1920 年,是表现派的代表作品之一。图中为建筑师门德尔松的初步构思,用钢笔所绘草图。寥寥几笔,气韵生动,显示了深厚的功力。

5.2.1　主题、性格

主题就是中心思想。建筑设计的主题与功能密切相关,例如,学校教学楼的目的是解决上课的问题,因此它的设计主题是创造安静温馨的教学气氛。主题有时也反映在需要特别解决的某种矛盾上,例如:怎样解决内部空间布局与外部环境的矛盾,怎样满足城市规划的特定要求,怎样解决功能要求与技术的可能性之间的矛盾等。性格是由建筑外观和内在目的之间的密切关系所决定的特征。不同性质的公共建筑,要求以不同的室内空间来满足,而

不同的室内空间构思则需要一定形式的结构体系来支撑,如高层的公共建筑和大跨度的公共建筑,纪念性的公共建筑和一般性的公共建筑,文娱性的公共建筑和庄严性的公共建筑等。性格取决于功能,也存在约定俗成的情况。在表达建筑的性格时,通常注重以下三个问题:第一,明确地表达出建筑的功能;第二,选择适当的尺度;第三,适当的主从关系(图 5-12～图 5-14)。

图 5-12　纪念性公共建筑示例

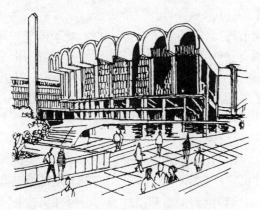

图 5-13　大跨度公共建筑示例　　　　　图 5-14　一般性公共建筑示例

5.2.2　风格、意境

　　风格,是指建筑体现出来的艺术特色。成熟的建筑师在长期的创作实践中,会形成自己的风格,但他的风格也可能因主观、客观的各种原因而发生变化。建筑师个人的风格是在时代、民族、阶级的前提下形成的,又会受到各种建筑思潮、艺术流派的影响,必然也存在社会特征。不同主题和性格的建筑对风格也存在一定的制约作用。

　　艺术风格在中国曾被概括为“阳刚”和“阴柔”两大类。“阳刚”属于壮美范畴,如雄浑、强劲、豪放、粗犷、严肃等。“阴柔”属于优美范畴,如含蓄、绮丽、隽永、细腻、飘逸等。此外,建筑处理在某方面的擅长也可能形成风格,如善于挖掘利用结构构件的美感,善于使用某种建筑材料,善于与自然环境结合,善于体现建筑的文化内涵等(图 5-15～图 5-17)。

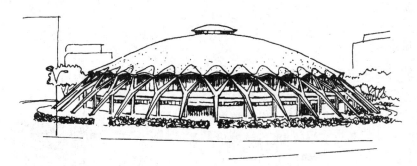

图 5-15　意大利罗马小体育馆

　　奈尔维是意大利著名的结构工程师和建筑师。他善于充分发挥结构构件的造型作用,创造了很多优秀作品。这个小体育馆的屋顶是直径为 60 m 的网格穹隆薄壳,造型优美。36 根 Y 形斜撑将屋顶的重量直接传到地环。这些斜撑像一排运动员围绕着体育馆,很好地体现了建筑的性格。

图 5-16　美国宾夕法尼亚州“流水别墅”

　　赖特是美国著名的建筑师,“有机建筑”的代表人物。他善于将建筑和自然环境有机地结合起来。流水别墅又称考夫曼别墅。充分利用地形,横跨流水之上。毛石为墙,如同山岩中生长出来。穿插错落的形体组合,灵活多变的空间,使整个建筑充满了生机。

图 5-17　美国伊利诺伊州理工学院建筑馆

　　密斯·凡·德·罗是现代建筑大师。他提出灵活多变的空间理论,建筑风格简洁、明快精确,善于把技术和艺术统一起来。在建筑材料方面,他尤其善用钢框架和玻璃。该建筑馆长 67 m,宽 36.6 m,馆的内部没有柱子和承重墙,顶棚和幕墙都悬挂在 4 榀大钢梁之下。

　　意境，是中国古典美学术语，指的是艺术家的审美体验、情趣、理想与经过提炼加工的艺术形象融为一体后，所形成的艺术境界。它要求艺术作品做到主客观的高度统一，形神兼备，情景融合，使有限的形式蕴含无限的艺术内容。意境运用在建筑设计中最突出的是中国式园林。成功的园林设计应当有诗情画意，使人小中见大，从有限的空间感受到无穷的意味。图 5-18，苏州市拙政园一景，拙政园为苏州四大名园之一，始建于明代。精巧的亭台楼阁与秀丽的山水交相辉映，宜诗宜画，美不胜收。

图 5-18　苏州市拙政园一景

5.2.3　方案推敲

　　建筑的艺术构思是一个复杂的过程，需要从大到小、从粗到细、从总体到局部反复推敲。初步设计阶段的艺术构思最为关键，它从总体上决定了建筑作品的成败。所以，建筑师要全身心投入创作，并反复修改，把自己的设计意图逐步明晰起来。必要时，可以多作几个方案进行比较，或征求群众的意见以及用户部门提出的要求进行修改。技术设计、施工图设计和装修设计也存在艺术构思问题，但这些一般都是方案阶段艺术构思的深化和具体体现。在这两个阶段，也可能对原有构想作局部调整。图 5-19 是建筑师陈世民在设计深圳市南海酒家时所画的草图。

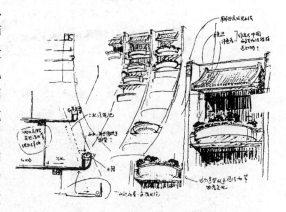

图 5-19　推敲细部处理的草图

5.2.4　建筑艺术构思举例

　　艺术构思千变万化，思路有千条万条。建筑设计也可能存在几条艺术构思思路的交织。以下是几种常见的情况。

　　1）以形体构成为主的构思

　　任何复杂的建筑形体都可以分解为点、线、面、体这样一些基本的几何要素。不同形态的几何要素具有特定的表情和表达力。研究这些构成要素的构成规律，并运用到建筑设计中，便是这种构思的主要特点。在具体运用时，有的可能注重点和线的造型，有的可能注重面的造型，有的可能注重体的造型，或者综合地运用点、线、面、体，而以某种为主。这种建筑表情较抽象，没有明显的寓意。这是大多数建筑艺术构思所采取的方法（图 5-20～图 5-23）。

　　2）强调结构特征的构思

　　这类构思的特点是合理地进行结构造型，把构件的特征反映出来，并充分表现它所特有的美感。这类建筑由于采用新的结构形式，往往具有鲜明的时代感（图 5-24）。

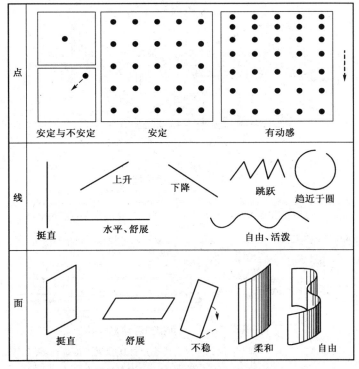

图 5-20　点、线、面的表情

　　点、线、面不同的形态以及在空间中的位置与分布都可能产生不同的表情。利用这种表情，能提高建筑的表现力。

图 5-21　斯里兰卡纪念班达拉奈克国际会堂

　　出挑很大的檐部如同一块板，每边 5 根细长的柱如同 5 条直线。这个八边形的建筑显得轻盈秀丽。它是由我国建筑师戴念慈设计的。

图 5-22　南京市梅园纪念馆

　　该建筑室内外空间都处理得很丰富。悬墙如同面，外露的框架和转折递进的墙角形成线，小窗如点，使建筑变得更耐看。外装修质朴清新，与周围环境结合得很好。

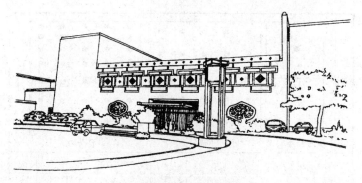

图 5-23　北京香山饭店

由著名建筑师贝聿铭设计的这个饭店采用了院落式布局。建筑为低层,蜿蜒曲折与园林相互穿插。简洁的白粉墙,黑色的水磨砖窗框及装饰线,显示了一种图案美。

图 5-24　意大利都灵劳动宫

这是著名建筑师和工程师奈尔维的作品。顶盖分成 16 个独立的单元,每个单元边长 131 英尺(39.928 8 m),成蘑菇状。各单元之间是 6.5 英尺(1.981 2 m)宽的带形玻璃天窗。柱采用活动模板现浇,柱顶为圆形,柱脚为十字形,高 66 英尺(20.116 8 m)。各单元可以独立施工,因而大大加快了施工速度。柱与悬臂支架形成富于韵律的造型。进入劳动宫,使人如同进入森林,感受到勃勃生机,同时,又会引发对现代结构的赞叹。

3) 隐喻和象征的构思

隐喻是一种修辞方法。建筑的隐喻是指利用历史上成功的范例,或人们熟悉的某种形态,甚至历史典故,择取其某些局部、片断、部件等,重新加以处理,使之融合于新建筑形式

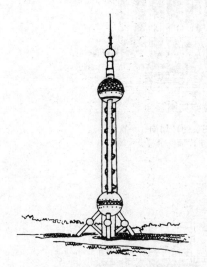

图 5-25　上海广播电视塔

塔高 468 m。造型上将大大小小 11 个球体组合在一个巨大无比的圆柱体构成的框架上。这些球体晶光闪烁,隐喻"东方明珠"。同时,整个塔显示了一种强烈、明快、向上的氛围,标志上海的腾飞。

图 5-26　福建省长乐县海螺塔

该建筑位于海边。取海螺、海蚌的自然形状加工,经过变形组合,形成与众不同的建筑形象,又与大海产生了密切的联系。

中,借以表达某种文化传统的脉络,使人产生视觉至心理上的联想。象征是在视觉符号和某种意义之间建立起来的一种联想关系。在建筑设计中,则是把人们熟悉的某种事物,或带有典型意义的事件作为原型,经过概括、提炼、抽象为建筑造型语言,使人联想并领悟到某种含义,以增强建筑的感染力。隐喻和象征手法都应运用恰当,不宜直接模拟现实生活中的具体形象,以免庸俗化(图 5-25～图 5-28)。

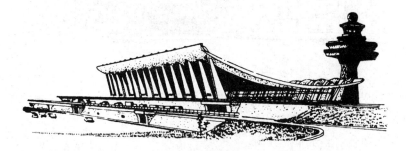

图 5-27　华盛顿杜勒斯空港航站楼

跨度 45 m,屋盖采用悬索上铺钢筋混凝土板,柱距 12 m,均外倾,以抵抗屋盖产生的拉力。玻璃墙面也外倾。整个建筑有很强的动感,使人联想到飞翔。

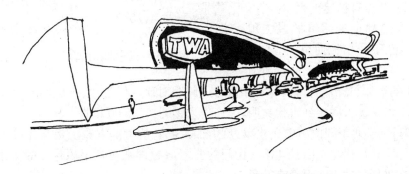

图 5-28　美国纽约环球航空公司候机楼

屋顶由 4 个壳体组合而成,外形似一只展翅欲飞的大鸟,引起飞行的联想。

4) 强调文脉的构思

这类建筑强调传统文化的延续性,并与原有建筑保持良好关系。在具体手法上又包括协调、对比、隐喻等(图 5-29～图 5-31)。

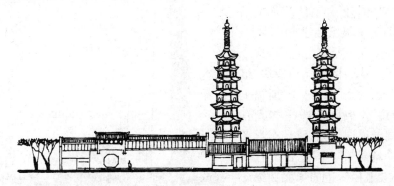

图 5-29　苏州市吴作人艺苑

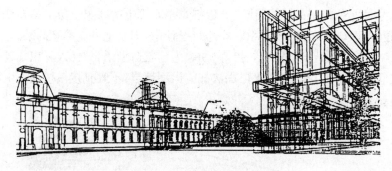

图 5-30　罗浮宫扩建工程

图 5-29，苏州市吴作人艺苑，定慧寺双塔是原有古迹。这个设计采用传统建筑形式加以简化，既与古城协调，也体现时代特色。构图时将双塔考虑进去，与新建筑融为一体，使主入口突出，并使整个建筑显得均衡。

图 5-30，罗浮宫扩建工程，为了不破坏古迹，建筑师贝聿铭将扩建工程主要安排在地下。在地面以上，人们能看见的只是一大三小共 4 个玻璃金

图 5-31　辽宁北镇闾山历史文化风景区

字塔。简单的形体、光滑的材料，与罗浮宫形成鲜明对比。但是，由于玻璃能反射出古建筑的形象，金字塔又使人联想到古代文明，因而使人感到文化的延续性。

图 5-31，辽宁北镇闾山历史文化风景区，四片斜置的钢筋混凝土板与传统庑殿顶的斜脊相呼应，门洞是辽代建筑蓟县独乐寺山门的剪影，8 幅浮雕概括了风景区的文化内涵。建筑不大，但在采用隐喻手法上很有特色。

5）强调纪念性的构思

在纪念碑、纪念馆等建筑的设计中，必须有明确的主题思想，并通过比拟、象征、寓意、联想等手法，达到纪念的目的。纪念碑的功能体现在精神上，所以更要力求造型新颖独特，也可以和雕塑结合起来。纪念馆除了精神功能外，还有陈列展览的要求，所以同时具有展览性建筑的性格。

图 5-32，美国罗斯福纪念碑，这个纪念碑采用了 8 块高低不同的板块，组成 4 个互相流通的空间，象征罗斯福主张的"四大自由"。板块形似书立，刻有罗斯福的主要演讲词，寓意他具有学者的渊博。这个碑群在不同位置上有不同景观，又不会遮挡旁边的华盛顿纪念碑，杰弗逊和林肯纪念堂。这是一个有创新意识的设计。

图 5-32　美国罗斯福纪念碑

5.3　建筑造型的基本规律

建筑的艺术构思需要通过一定的建筑形式才能体现出来。在长期的实践中,人们总结了建筑形式美的基本规律。它们在大量建筑作品中采用和被人们认可,是客观存在的。建筑有良好的艺术构思,但不符合形式美法则,难以引起美感;建筑符合形式美法则,但缺乏良好的艺术构思,也会显得毫无生气。所以,符合形式美规律的建筑不一定都具有艺术性,但符合艺术性的建筑却必须遵守形式美的规律。建筑的形式美规律又称为建筑构图原理,它包括统一与变化、对比与微差、节奏与韵律、均衡与稳定、比例与尺度等基本规律。

5.3.1　统一与变化

建筑一般由若干个不同部分组成。它们之间既有区别,又有内在联系。只有把这些部分按照一定的规律有机地组合起来,做到变化中求统一,统一中求变化,才能使建筑具有完整的艺术效果。一幢建筑,如果缺乏统一感,必然显得散乱,如果缺乏多样性与变化,必然单调乏味,都不能构成美的形式。这种辩证关系,来源于人们对自然界(包括人自身)有机、和谐、统一、完整、多样这一本质属性的认识,这也是一切艺术形式中最基本的法则。

在建筑设计中,人们常采用以下手法来增加建筑的统一感。

1) 以简单的几何形体求统一

古代一些美学家认为圆、正方形、正三角形这些几何形状以及球、正方体、长方体、正圆锥、正棱锥等几何形体,具有抽象的一致性,是统一和完整的象征,因而可以引起人们的美感。现代一些建筑师也称赞这些简单的几何形体,因为它们可以清晰地辨认。所以,利用几何关系的制约性是求得统一常采用的方法之一(图 5-33、图 5-34)。

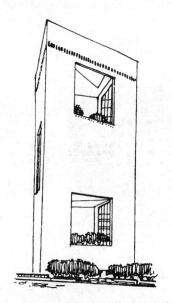

图 5-33　沙特阿拉伯阿拉伯吉达国家商业银行

整个建筑为一个简单的棱柱体,上面开了几个矩形大洞,显得简洁、统一。上部增加了一条排列很密的通风洞,使建筑不致单调。外墙面不开窗,以防干热地区酷烈的阳光进入室内。

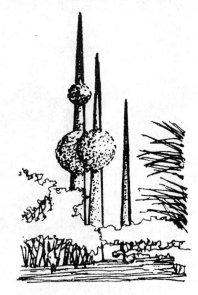

图 5-34　科威特市水塔

该建筑只采用了圆锥和球两种简单形体组合,所以显得很统一。由于圆锥高低不同,球体有大有小,错落有致,因而使建筑形象很丰富。

2）以主从关系求统一

在一个有机统一的整体中,各部分之间应有主从差别以及重点与一般的区分,否则,各因素等同对待,就会因松散而失去统一性。在处理建筑群、单体及细部之间的关系时,都应使各要素之间既有差别又相互关联,使重点突出,形成趣味中心。

图 5-35,泰姬·玛哈尔陵,建于 1630—1653 年。陵墓主体为八角形,中央覆盖复合式穹顶。四角各有一座形状相似的小穹顶,对中央穹顶起到烘托作用。4 个光塔分布四周,划定出陵墓的中心地位,并丰富了天际轮廓。该建筑是伊斯兰建筑的精品,被称为"印度古建筑的明珠"。

图 5-35　泰姬·玛哈尔陵

图 5-36,加拿大蒙特利尔市枫华苑,建筑主体是简洁的现代处理,上下采用中国传统风格,互相呼应。在主体与重点处理的部位之间,采用了过渡手法,使两者很好地结合起来。

图 5-36　加拿大蒙特利尔市枫华苑

3）以协调求统一

所谓协调,是指对待建筑的各部分,采取相同、相似或微差的处理手法,以造成相互间的呼应,从而提高建筑的整体感。

图 5-37,天津大学王学仲艺术研究所,该建筑采取传统民居的建筑形式加以简化。每

个部分的屋顶、墙面、门窗、洞口等处理手法相似而有变化,因而有很强的统一感。

图 5-37 天津大学王学仲艺术研究所

图 5-38 宁波大学校门

图 5-38,宁波大学校门,这个校门设计简洁大方,不但考虑了自身的协调,还与教学主楼的造型取得呼应。

4) 以线性连接体求统一

当建筑分成几个独立的部分时,设置连接体,如连廊、过街楼、连贯的檐部等,可以提高建筑的整体性。

图 5-39,秦皇岛市长途汽车站,沿主立面通长的门廊将建筑的几个部分连接起来,既是使用功能的需要,也增加了建筑的统一感。

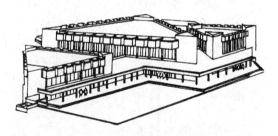

图 5-39 秦皇岛市长途汽车站

图 5-40 福建省画院

图 5-40,福建省画院,在两个相交的形体之间设计了入口及雨篷,再加上用与墙面颜色不同的面砖贴成的连通线条,使建筑的整体感得到了加强。

5.3.2 对比与微差

对比是显著的差异,微差是细微的差异。对比借助于相互间的烘托陪衬而求得变化,使重点突出;微差借助于相互间的协调与连续性而求得调和,增强建筑的统一感。所以对比与微差是建筑构图实现统一与变化的重要手段。对比与微差都是指同一范畴,建筑设计中,对比的方法经常和其他艺术处理手法综合运用,以取得相辅相成的效果。对比手法常涉及的有度量、形状以及大小、方向、色彩、质感等。

图 5-41,微差与对比,在一列由小到大连续变化的要素中,相邻两者之间的变化甚微,保持有连续性,表现为微差。如果从这个系列中抽去若干要素,使连续性中断,中断处发生突变,这种

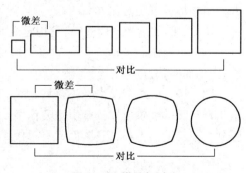

图 5-41 微差与对比

突变就是对比。突变愈大,对比愈强烈。

图 5-42,深圳市剧院设计方案,度量的对比可以起到相互衬托的作用。例如,两个空间相邻,大小悬殊,从小空间进入大空间,便会因对比而产生豁然开朗之感。两个相似的形体体量差别很大,也会因相互衬托而更突出其特征。

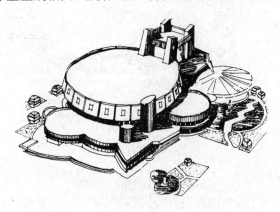

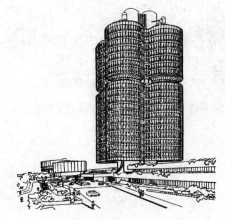

图 5-42　深圳市剧院设计方案　　　　图 5-43　德国慕尼黑 BMW 公司办公楼

图 5-43,德国慕尼黑 BMW 公司办公楼。

图 5-44,西安市群众艺术馆,几何形体因长、宽、高比例的差异而产生不同的方向:有横向展开的,有纵向展开的,有竖向展开的。交错穿插地利用横、纵、竖三个方向之间的对比与变化,往往可以取得良好的效果。

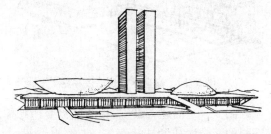

图 5-44　西安市群众艺术馆　　　　　图 5-45　巴西巴西利亚国会大厦

图 5-45,巴西巴西利亚国会大厦,直线给人以刚健挺拔的感觉,曲线则显示柔和活泼。巧妙地运用这两种线型,可以使建筑形象生动。巴西利亚国会大厦 27 层的行政办公楼高高耸立在水平铺开的裙房上。正反穹顶分别是参议院和众议院,它们所形成的曲线方向不同,并与塔楼形成鲜明对比。

图 5-46,北京光彩体育馆,利用建筑的孔、洞、窗、廊与坚实的墙、柱之间的虚实对比,有助于创造出既统一又富于变化的建筑形象。该建筑大面积的实墙和大面积的玻璃交相辉映,简洁而明快。

图 5-47,广州西汉南越王墓博物馆,建筑材料及其饰面的色彩、粗细和纹理变化,对创造生动活泼的建筑形象都产生重要作用。该博物馆墙面为红砂石,入口为蓝色玻璃墙,对比强烈。建筑造型古朴、粗犷,而又有时代感。

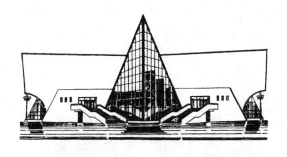

图 5-46　北京光彩体育馆

图 5-47　广州西汉南越王墓博物馆

5.3.3　节奏与韵律

节奏是有规律的重复,韵律是有规律的抑扬变化。节奏是韵律的特征,韵律是节奏的深化。节奏与韵律运用理性、重复性、连续性等特点,使建筑的各要素既具有统一性,又富于变化,产生类似听音乐的感觉。因此,有人又把建筑形容为"凝固的音乐"。

建筑的韵律按照其构成方法可以分为以下四种:

1) 连续韵律

以一种或几种要素连续地排列,各要素间保持恒定的距离与关系。这种韵律有利于加强这些要素给人的印象,图 5-48,意大利威尼斯总督府,威尼斯总督府约建于 1309—1424年。下面两层均为具有连续韵律感的连券廊,与上部的实墙面形成对比。券廊造型优雅,比例匀称,上下有变化,使该建筑成为欧洲最美丽的建筑之一。

图 5-48　意大利威尼斯总督府

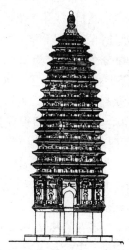

图 5-49　河南登封嵩岳寺塔

2) 渐变韵律

连续的要素,在某一方面,如形体、距离、色彩等,作有规则的渐变所形成的韵律。这种韵律具有动感。图 5-49,河南登封嵩岳寺塔,此塔建于北魏年间,是现存最早的密檐砖塔,平面为十二边形。密檐呈渐变韵律。塔身稳重,轮廓柔和,外形挺拔而秀丽。

3) 起伏韵律

由渐变韵律按照一定规律跳动,给人以波浪起伏的感觉,这种韵律较活泼。

图 5-50,悉尼歌剧院,三组大小不同、方向各异的白色钢筋混凝土壳片形成起伏的韵律。整个建筑犹如船帆,又如盛开的花朵,显得婀娜多姿,轻盈皎洁。它已成为悉尼市的象征,并以其独特的造型闻名于世。

图 5-50　悉尼歌剧院

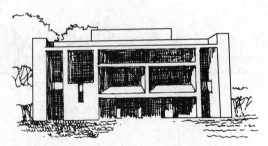

图 5-51　得梅因艺术中心扩建部分

4) 交错韵律

各组成要素按照一定规律穿插、交错形成的韵律,这种韵律富于变化。

图 5-51,得梅因艺术中心扩建部分,体形很简单,但在表面挖出或横或竖、凹入较深的门、窗孔洞,形成虚实巧妙组合的图案,使该建筑具有很强的体积感和交错的韵律感。

5.3.4　均衡与稳定

均衡,是人们对建筑物左右之间、前后之间力感的一种平衡判断。建筑的均衡感是由视觉造成的,主要表现在体量及其与均衡中心的距离上,色彩与质感也对重量感有影响。均衡中心往往是人们视线集中的地方,如主要入口、重点处理部位等。静态均衡产生安定感。静态均衡可分为对称均衡和非对称均衡两种。对称均衡有明显中轴线,容易获得统一感。非对称均衡没有明显中轴线,构图约束小,适应性强,显得生动活泼,因而现代建筑采用较多。此外,现代建筑理论强调时间和空间两种因素的相互作用及对人的视觉的巨大影响,提出在动态中保持均衡的概念,扩充了均衡的领域(图 5-52～图 5-54)。

图 5-52　陕西省历史博物馆

图 5-52,陕西省历史博物馆,无论建筑群还是主体建筑,都采取了对称的形式,显得均衡、稳定。该设计采取了仿唐代建筑,并加以简化的方法来造型,洒脱大方,雄浑质朴,与西安这个特定的历史名城的建筑氛围相适应。

图 5-53　深圳市华侨城办公楼

图 5-53,深圳市华侨城办公楼,现代建筑中经常出现的是非对称均衡,因为它具有更大的灵活性,便于室内外空间组织,造型也更自由。

图 5-54,日本东京代代木体育馆,著名建

图 5-54　日本东京代代木体育馆

筑师丹下健三设计。采用悬索结构,体形变化多端,形成美妙的曲线,达到动态中的均衡。

　　稳定,是建筑上下之间给人的视觉产生的安定感觉。一般来说,上小下大、上轻下重,都有稳定感。然而,随着科技的进步和人们审美观念的改变,采取现代技术的建筑如果上大下小、上重下轻,只要处理得当,也可以获得稳定感,并能显示轻巧活泼的特点(图 5-55、图 5-56)。

图 5-55　毛主席纪念堂

平面为正方形,周围围以柱廊、重檐,上层小,下层大,显得稳重、端庄。

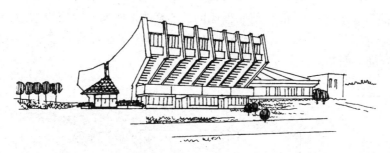

图 5-56　无锡县(现锡山市)体育馆

　　图 5-56,无锡县(现锡山市)体育馆,该建筑包括一个球类馆和一个游泳馆。游泳馆屋面为斜拉索结构。球类馆采取钢架结构,屋面为悬索桁架。由于采取新的结构形式,虽然外部形象上大下小,却仍然没有失去稳定的感觉。

5.3.5　比例与尺度

　　比例一词来源于数学,是指两个数字的比值。建筑艺术上的比例是指建筑形式与人的有关心理经验所形成的一种对应关系。它不像数学那样确切,但往往围绕一定的数理关系上下波动。不同的时代、不同的地域、不同的社会地位,人的心理经验不同,往往导致许多不同的比例标准。此外,建筑所采用的材料与结构形式对比例也有影响(图 5-57,材料、结构对建筑比例的影响)。古埃及、古希腊的重要建筑,大多采用石结构。古埃及神庙的石柱粗大密集,具有神秘沉闷的宗教气氛,这也和石梁、板跨度不能太大有关。中国、东亚古代建筑常采用木结构,显得轻灵活泼。现代采用钢筋混凝土和金属的新结构,使建筑的空间和造型都获得了更大的灵活性。

　　建筑的比例包括两个含义:一是整体或要素自身的长、宽、高关系;二是建筑整体与局部或不同层次之间的高低、长短、宽窄关系。

　　为了探索良好的比例,很多建筑师作出了巨大努力。例如,用几何的制约性来分析和设计建筑,用相同比率或相似形来处理建筑各部分,以及建立各种比例系统的尝试,对建筑设

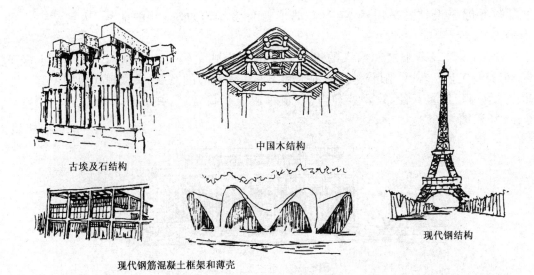

古埃及石结构

中国木结构

现代钢结构

现代钢筋混凝土框架和薄壳

图 5-57　材料、结构对建筑比例的影响

计都有一定的借鉴作用。然而,任何一种比例都不是放之四海而皆准的,需要建筑师在设计时反复推敲,不断调整。此外,图纸上反映出来的比例与实际观测的效果也会有差异,应引起注意(图 5-58~图 5-62)。

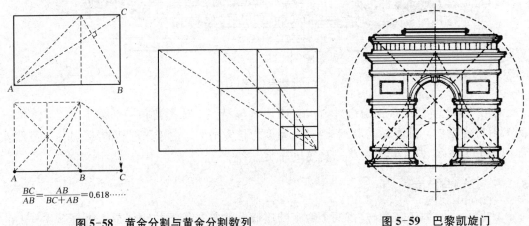

$$\frac{BC}{AB}=\frac{AB}{BC+AB}=0.618\cdots\cdots$$

图 5-58　黄金分割与黄金分割数列　　　　　**图 5-59　巴黎凯旋门**

　　图 5-58,黄金分割与黄金分割数列,矩形短边与长边之比或两线段长度之比约为0.618,被称为黄金分割。它存在一些奇妙的代数和几何特征,并支配着人体各部分的比例(见人体工程学)。古希腊人已将其运用到建筑设计中,至今仍为人们所喜爱。这样的矩形被认为是最美的。黄金分割所形成的数列也具有和谐美。除黄金分割外,建筑设计也可能采用其他算术比或几何比。

　　图 5-59,巴黎凯旋门,凯旋门的立面设计,从整体轮廓到各段墙面划分、门洞尺寸与形状等,都用正方形、圆、等边三角形等几何形状进行控制,所以具有良好的比例。

　　图 5-60,巴黎奥占芳工作室,著名建筑师柯布西耶在《走向新建筑》一书中介绍了"指示线"在立面设计中的应用。该建筑立面各部分,包括窗的分格,都以相互平行或垂直的对角线来进行控制,因而取得了良好的比例。

图 5-61,西方古典柱式,柱式是西方古典建筑最基本的组成部分。柱式各部分之间从大到小都有一定的比例关系。由于建筑物大小不同,柱式绝对尺寸不同,一般采取柱下部半径为量度单位,称为"母度"。直径 $D=2\times$ 母度。古希腊有多立克、爱奥尼、科林斯三种柱式。古罗马增加了塔司干、复合式两种柱式。文艺复兴时期,建筑师将这五种柱式总结成一定的法式,对后来西方的建筑产生了深远的影响。

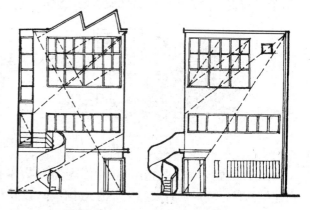

图 5-60　巴黎奥占芳工作室

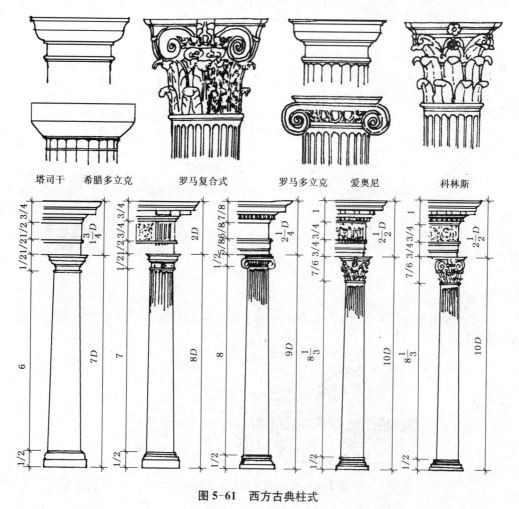

图 5-61　西方古典柱式

注:D 等于各类柱下部直径。

图 5-62,日本群马县近代美术馆,采用模数、基本几何单元等方法也可以使建筑取得比例。该美术馆由矶崎新设计,是后现代主义的代表作。立面覆盖着 1.2 m 见方的铝板和玻

璃,形成规则的网格。底层局部架空,并将部分形体扭转,既有很强的理性,又有生机。

图 5-62　日本群马县近代美术馆

尺度,在物理学上是指用某一固定标准对物体的大小进行度量。建筑艺术中的尺度是指建筑的整体或局部给人感觉上的大小印象,以及与其真实大小之间的关系。建筑的尺度感是通过人或与人所习见的某些建筑构配件(如踏步、栏杆等)以及其他参照物(如汽车、家具、设备),将它们作为感觉上的标准,与建筑相比较,从而产生出来的(图 5-63)。

图 5-63　建筑的尺度感

几何形状本身并没有尺度,但有了参照物,或者采取人们所熟悉的某种
划分后,尺度感便产生了。

尺度与环境的关系密切,尺度一般分为室内尺度和室外尺度。室外尺度常常大一些,室内尺度常常小一些。

根据尺度所产生的效果,尺度处理有以下三种类型:

1) 自然尺度

尺度感基本接近实际尺寸,它常采用在与人日常生活有关的建筑中,如住宅、学校、医院……(图 5-64)。

图 5-64　学校建筑造型(自然尺度)

2) 夸张尺度

尺度感比实际尺寸要大,以体现建筑的雄伟壮观,常用于纪念性建筑与大型公共建筑。图 5-65,中山大学永芳堂设计方案,夸张尺度的牌楼、高墙、大型台阶,使整个建筑显得雄伟壮观,也增加了空间层次。

图5-65 中山大学永芳堂设计方案(夸张尺度)

图5-66 苏州怡园小沧浪亭(亲切尺度)

3) 亲切尺度

尺度感比实际尺寸要小,以获得亲切舒适的感觉,常用于园林建筑。图5-66,苏州怡园小沧浪亭,怡园建于清代,是著名的私家园林,其小亭玲珑精巧。

5.4 建筑形体与立面设计

人们认识建筑,首先是从外部形体,包括各个立面来感知的,然后才逐步体验到建筑的内部空间环境。一般来说,外部形体是内部空间的反映;同时,各种室外空间如院落、街道、广场、庭园等也要借助于建筑的形体来形成。所以,在建筑创作时,应当把环境、空间、形体包括各个立面都作为一个整体来考虑,艺术构思也应当一以贯之。

建筑形体设计的任务是确定建筑外形的体量、形状以及形体的构成方法。立面设计的任务是针对建筑形体的各个外表面作深入的刻画与艺术加工。所以,立面设计是形体设计的深化,是相辅相成的。各个立面的设计也应统摄于总体艺术构思之下,避免相互割裂。

建筑形体与立面设计虽然各有其工作重点,但都应当遵循建筑构图的基本规律。此外,还要结合建筑的使用功能以及材料、结构、构造、设备、施工、经济等物质技术条件,从整体到局部,反复推敲,才能创造出完美的建筑形象。

5.4.1 建筑形体设计

1) 建筑形体构成

任何复杂的建筑形体都可以简化为基本几何形体的变换与组合。这些基本形体单纯、精确、完整,具有逻辑性,易为人所感知和理解。不同几何形体以及这些形体所处的状态,具有不同的视觉表情和表现力(图5-67)。

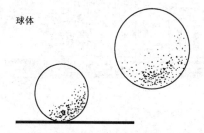

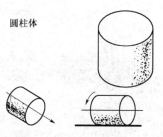

(a) 球有向心性,产生以自我为中心的感觉。球通常是稳定的,但处于斜面上时,可以朝一个方向运动。球表面柔和。

(b) 圆柱曲面对中轴线呈向心性。当轴线垂直地面时,呈静态。当轴线平行或倾斜地面时,不稳定。

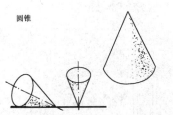 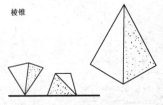 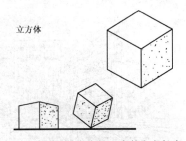

(c) 当它坐在圆形基面时,非常稳定。轴线倾斜地面时不稳定。用尖顶直立地面时,可以达到动态均衡。　(d) 可以用任何表面放在地面上而呈稳定状态。倒立可出现动态均衡。各个面均为平面,因而棱角鲜明。　(e) 没有明显的方向性。当某方向长度增加时变为长方体,产生方向性。棱线倾斜地面时,出现动感或呈动态均衡。棱角鲜明。

图 5-67　不同几何形体以及这些形体的视觉表情和表现力

建筑形体按构成方法大致可分为以下三类:

(1) 基本形体及其变换

这类建筑形体比较单一,平面多采用方形、三角形、圆形、正多边形、风车形、三叶形和矩形。整个建筑造型显得统一、完整、简洁,给人以强烈印象。现代一些建筑师又在基本形体的基础上,采取增加、削减、拼镶、膨胀、收缩、分裂、旋转、扭曲、倾斜等变换手法,使建筑形象变得更加丰富多彩。但在采取变换手法时,应注意基本形体的主导地位,否则就会失去统一感(图 5-68~图 5-76)。

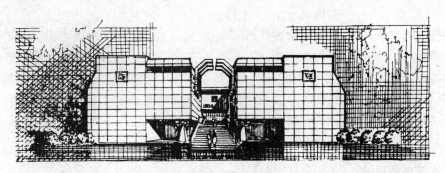

图 5-68　石家庄市博物馆

采用长方体经过切削,形成了强烈的凹凸虚实对比,使入口更加突出。整个建筑显得古朴而新颖。

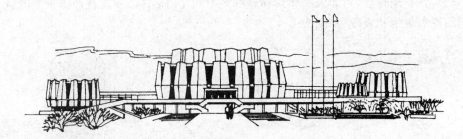

图 5-69　成都锦城剧场设计方案

建筑主体采取圆柱体腰部膨胀而成,经过艺术处理,如同含苞欲放的花朵。

图 5-70　南宁金融大厦

采用不同质感的材料、不同形状的表层并置衔接，并适当凹凸，造成对比变化。

图 5-71　上海华亭宾馆

主楼平面呈"S"形，立面显得很流畅。在其一端作了退台处理，并将电梯间突出在墙面以外，使立面构图更加完整。

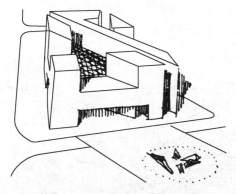

图 5-72　美国国家美术馆东馆

由美籍华人建筑师贝聿铭设计。在平面布局中，他将梯形平面用对角线切开，形成两大块，再经过若干切割，使整个建筑既简洁明快，又丰富生动，很好地适应了地段的特定条件。

图 5-73　古根汉姆美术馆

这是著名美国建筑师赖特的作品。主体为上大下小的螺旋体，上部有巨大的玻璃穹顶采光。由于形体具有旋转的动感，取得了动态的稳定。

图 5-74　深圳市艺术学校

圆柱体层层向上收缩，再加上帆状的分隔板，使建筑产生了向上的动感。

图 5-75　法国朗香教堂

由著名建筑师柯布西埃设计的朗香教堂,将基本形体扭转、弯曲,窗户形式也各异,充满神秘感。整个建筑犹如抽象雕塑,柯布西埃称它为"倾听上帝声音的耳朵"。

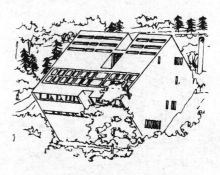

图 5-76　意大利某山丘住宅

形体与地面倾斜一定角度,显示了一种特殊的艺术效果。然而,这种处理容易带来功能、结构、经济等方面的问题,所以很少采用。

（2）单元组合的形体

这种方法是将建筑分解成若干相同或相近似的单元体,再按照一定的规律组合在一起。住宅、学校、幼儿园等建筑中常常可以看到这类组合的实例(图 5-77、图 5-78)。

图 5-77　青岛市四方小区住宅

我国城市住宅的平面大多是按单元进行组合的,因而也反映在它的外形特征上。

图 5-78　加拿大"蒙特利尔—67"住宅

建筑采用基本单元堆叠而成。造型奇特,在 1967 年蒙特利尔国际博览会上曾轰动一时。

（3）复杂形体的组合

这类建筑由若干具有不同体量、形状的形体组合而成。在组合时,应特别注意将它们形成一个有机统一的整体,其处理手法多种多样,如强调主从、均衡、对比、稳定等(图 5-79～图 5-81)。

图 5-79　浙江省外贸大楼

图 5-80　复旦大学逸夫楼

图 5-79,浙江省外贸大楼,基本上可看作三个形体前后、上下组合而成。主楼拼接的两部分处理手法相似,而有高差。裙房与主楼形成对比,使整个建筑统一而有变化。

图 5-80,复旦大学逸夫楼,采用方中有圆、以方为主、刚柔并济的几何造型。主楼的半圆形的楼梯间为构图中心。圆弧部分均为砖红色,饰以浅色水平色带,以便与原有建筑协调。

图 5-81,海宁市青少年宫,几个形体斜向相互穿插,相交处作重点处理,使整个建筑变化多姿。

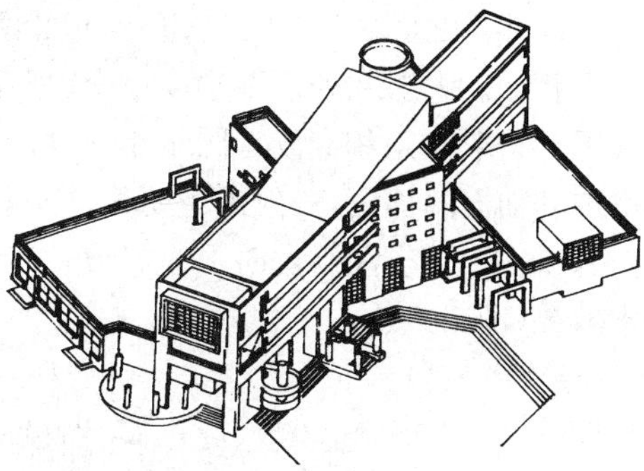

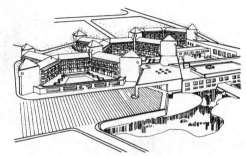

图 5-81　海宁市青少年宫

2) 建筑形体的转折和转角处理

由于受到地形条件和其他环境因素(水体、大树、需要保留的古迹、城市道路的走向及交叉口等)的影响,或者由于空间组合设计的需要,建筑形体常可能出现转折和转角。这些转折和转角,既要与环境条件紧密结合,也必须考虑建筑功能、结构、经济等的合理性。转折和转角要因地制宜,常采用的处理手法有以下三种:

(1) 单一形体的等高处理

建筑的高度和外形特征不作大的变化,但整个形体在平面上作或折或曲的延伸。这种类型的建筑常显得简洁大方,统一完整(图 5-82)。

图 5-82,原国家计委烟台计划干部培训中心,客房部分形体基本相同,作多次转折,形成几个内院,使空间富于变化。转折处都加一个塔楼,采用四坡形角顶,使建筑形象更加生动。红色的坡顶与周围原有建筑取得呼应效果。

图 5-82　原国家计委烟台计划干部培训中心

(2) 主、附体相结合的处理

常常把主体作为主要观赏面,体量较大;附体起陪衬作用,体量较小。主体与附体相互呼应。这种类型的建筑有明显的主从关系,显得既有变化又能统一(图 5-83)。

(3) 以塔楼为重点的处理

将转角处局部升高,形成塔楼。塔楼成为建筑造型的重点,甚至可能成为道路交叉口、广场、市中心和繁华街道的视觉中心。在设计塔楼时,除考虑建筑自身的比例尺度外,还应考虑建筑前面场地的大小,并满足城市道路交通安全方面的要求(图 5-84)。

图 5-83　宁波市建设银行大楼

主体为三角形的塔楼,转折面设置附体,以衬托主体。两个形体相交处设置了主入口。

图 5-84　荷兰希尔弗瑟姆市政厅

建筑师威廉·杜多克设计,造型特点是大体块,转角处设置塔楼,简洁明快,重点突出。

除体量之间的转折与转角外,相邻两个墙面的转折与转角处理采取不同的方式,效果也不尽相同。大多数处理都采取正交(相互垂直)方式,因为它可以使室内房间方整,便于家具布置。采取钝角相交或者圆弧相交,可以增加两个面的连续性,使转折变得模糊;随角度的增加和曲面的加宽,其效果越明显。采取锐角相交,可以使相交墙面的棱线变得更加挺拔,但容易在内部空间组合时形成"死角";有的设计又在交接处作了修正处理,获得了不同的艺术效果(图 5-85)。

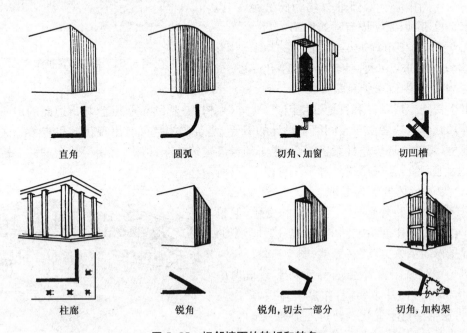

直角　　　　圆弧　　　　切角、加窗　　　　切凹槽

柱廊　　　　锐角　　　　锐角,切去一部分　　　　切角,加构架

图 5-85　相邻墙面的转折和转角

3) 体量间的联系与交接

由若干体量和形状不相同的形体所组成的建筑,都存在体量间的联系与交接问题。处理是否得当,直接影响到建筑形象的完整性。

各体量之间的联系与交接方式很多,主要有以下两大类:

(1) 直接连接

具有集中紧凑,内部交通短捷等特点,又可分为咬接和拼接两种形式(图 5-86、图 5-87)。

图 5-86　合肥工业大学微机研究楼

主楼 4 层,附楼 2 层,相互咬接。简洁明朗,朴素大方。

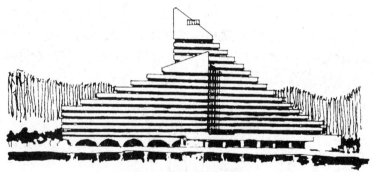

图 5-87　大连银帆宾馆

　　主体建筑基本上是两个塔接错开拼接而成。立面采用三角形母题，如同两艘相向而驶的巨型帆船。

（2）间接连接

　　用通廊或其他连接体把若干形体连接起来，其特点是造型丰富，各体量具有相对独立性，又有联系，此外，还有利于组织庭院（图 5-88、图 5-89）。

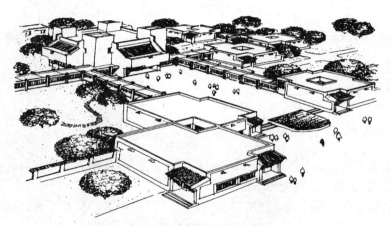

图 5-88　武强县年画博物馆

　　展览馆造型取材于河北民居。连廊将各部分连接起来，并对室外空间进行了不同的划分，既适应了不同的功能需要，也使整个建筑富于地方特色。

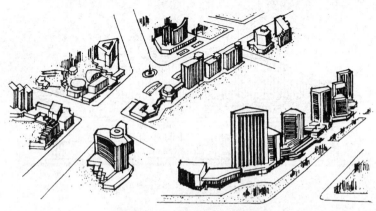

图 5-89　深圳市某街景规划

　　由于采用了多种形体组合方式，并结合道路采取了不同转折、转角和连接处理，同时又考虑了相互间的呼应关系，因而街景既丰富生动，又能统一协调。

4）建筑的外轮廓线

建筑的外轮廓线是体现建筑性格、风格的重要内容。每当清晨和傍晚，建筑外轮廓线更令人注目。这是识别建筑的重要标志（图 5-90）。城市规划也会对建筑的外轮廓线提出相应要求。

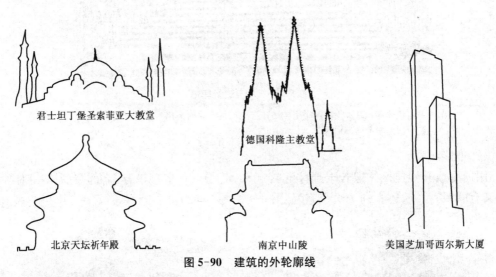

君士坦丁堡圣索菲亚大教堂

德国科隆主教堂

北京天坛祈年殿   南京中山陵   美国芝加哥西尔斯大厦

图 5-90   建筑的外轮廓线

建筑的外轮廓线最主要的是指顶部在天际形成的分界线。一般来说，古代建筑的外轮廓线较复杂，现代建筑的外轮廓线较简洁。在一个建筑群中，主要建筑的外轮廓线应与其他建筑的外轮廓线形成对比。

5.4.2   建筑立面设计

建筑立面通常指建筑形体直立的外表面。人观赏建筑，实际上是透视效果，因此，各个立面应相互协调，成为一个有机的整体。

建筑立面由许多构部件（屋顶、墙身、勒脚、柱、门窗、雨篷、檐口、阳台、线脚、装饰图案等）组成。立面设计的任务就是妥善地安排这些构部件，确定它们的形状、比例、尺度、色彩和材料质感，使建筑的艺术构思得到完美的体现。

建筑立面设计是形体设计的深化，所以应在建筑的性格和风格上保持一致，并符合形式美的基本规律（图 5-91、图 5-92）。

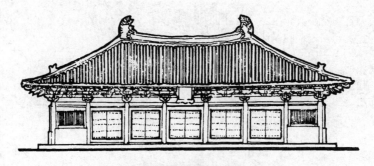

图 5-91   山西五台佛光寺大殿

图 5-91，山西五台佛光寺大殿，建于唐代，集建筑、雕塑、书法、绘画于一堂，有极高的历史和艺术价值。建筑外观浑朴而雄放。屋顶与墙身的比例接近 1∶1。

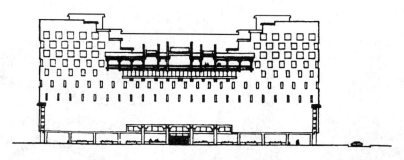

图 5-92　北京西单综合商业大楼设计方案

图 5-92,北京西单综合商业大楼设计方案,设计将中国传统建筑的牌楼作为符号放在立面上方,下方的门廊与之呼应,它们的比例借鉴了传统形式,而建筑主体仍是现代的形式,比例关系比较灵活。

1) 屋顶与檐部

古代建筑由于多采用木材、石材为结构材料,以及防水技术的落后,屋顶常为坡顶。屋顶在立面上占有很大比例。在长期的创作实践中,出现了很多风格的屋顶形式,甚至成为建筑造型的重要手段(图 5-93、图 5-94)。

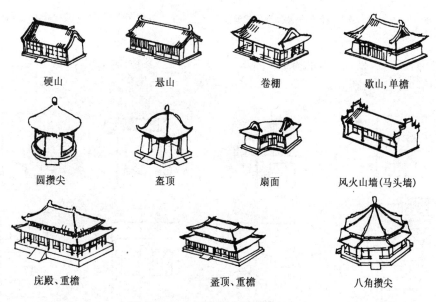

图 5-93　中国传统建筑的屋顶形式

中国古代建筑以木结构为主,屋顶绝大部分为坡顶,坡度较大。在长期的历史进程中,
创造了很多形式,并成为建筑造型的重要手段。

现代建筑由于采用钢和混凝土为结构材料,防水技术也日臻完善,所以屋顶大多为平顶。立面的上部变为与墙面分别不大的檐墙,或者经过简化处理的檐口。即使采用坡顶,也大为简洁。立面的比例关系与以前大不相同。

2) 墙面外边界

砖石墙体为了使结构简化,墙面左右边界一般都以实墙面为收束,或者稍作变化。有的建筑围以柱廊,增加了空间层次,边界变得丰富起来。现代以骨架为受力体系的建筑,墙体

图 5-94　外国建筑的屋顶形式

与中国古代相似,欧美古代建筑的屋顶形式也很多,在建筑造型中起很大作用。而现代建筑比较简洁,有的已看不出屋顶。

不再是受力构件,边界处理变得灵活,例如,在边界挖孔、设转角窗等,显示出建筑从笨重结构体系中解放出来的新姿态(图 5-95)。

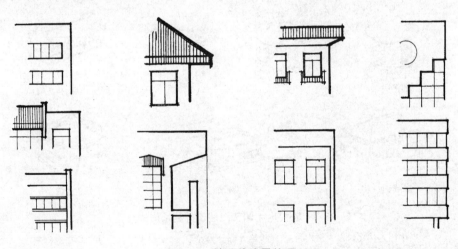

图 5-95　墙面外边界处理

3) 门、窗与孔洞

立面上的"虚"面除了指空廊、凹廊、光滑的幕墙外,最主要的是指门、窗与孔洞。它们与立面实体部分的"实"形成对比。"虚"多"实"少,建筑显得轻盈;"实"多"虚"少,建筑显得厚重。门、窗与孔洞在立面上布置不同,立面效果也不一样。均匀布置显得平静、安定;不均匀但仍有一定规律的布置显得活泼。门、窗的比例、尺度和式样,是体现建筑性格与风格的重要内容(图 5-96、图 5-97)。

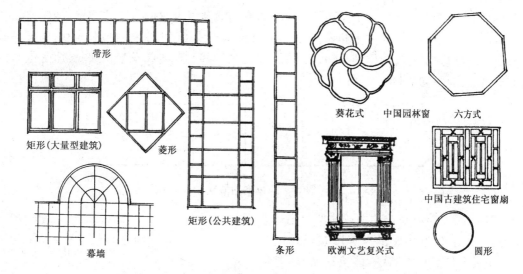

图 5-96　窗的形式

带形

矩形(大量型建筑)　菱形

葵花式　中国园林窗　六方式

中国古建筑住宅窗扇

幕墙　矩形(公共建筑)

条形　欧洲文艺复兴式　圆形

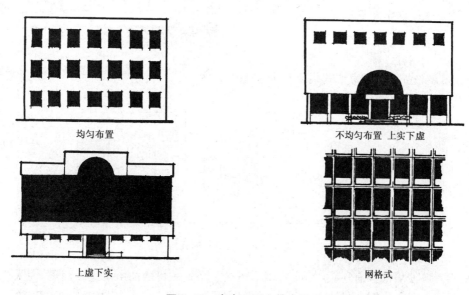

均匀布置　不均匀布置　上实下虚

上虚下实　网格式

图 5-97　窗在立面上的布置

4）墙面凹凸

凹凸使立面产生变化,避免呆板。在阳光照射下,凹凸处会产生阴影,它也可以作为造型的一种手段。凹凸要尽量利用阳台、凹廊、楼梯间等部件,使艺术处理与室内空间组织结合得更紧密。图 5-98,美国托兰住宅,这是后现代建筑大师格雷夫斯的作品,平面布局灵活,上下、内外空间交错,形成很多凹凸。框架伸缩其间,虚实对比强烈。

5）墙面线条

柱、遮阳板、雨篷、带形窗、凹凸产生的线脚、不同色彩或不同材料对墙面的划分、刚性饰面上醒目的分格缝,

图 5-98　美国托兰住宅

都可以当作立面上的线条。不同粗细、长短、曲直的线条以及它们不同的配置,会使立面产生不同的艺术效果。同样大小和形状的立面,强调水平线条,使人感到舒展、亲切,并显得低一些;强调垂直线条,使人感到雄伟、庄严,并显得高一些。弯曲或发生粗细、长短变化的线条则会使立面生动(图5-99、图5-100)。

图 5-99　立面的划分

图5-100,美国宾夕法尼亚州栗树山母亲住宅,这是建筑师文丘里为其母亲设计的住宅。外表平凡而比例特殊,能突破常规,是后现代主义的代表作之一。立面上有直有曲的少数几根线条,使立面显得生动,并增加了统一感。

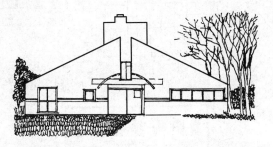

图 5-100　美国宾夕法尼亚州栗树山母亲住宅

6)建筑入口

入口的形式一般分为平式、凸式、凹式三种(图5-101)。

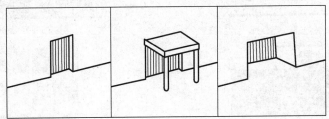

图 5-101　入口的形式

平式入口使墙面具有连续性,但入口不明显。凸式入口增加了雨篷或门廊,使入口显得突出。凹式入口能同时提供遮挡,并将一部分室外空间引入到建筑物内部。建筑的主入口常常是重点处理的部位,可以通过各种对比的方法使其突出,或者采用空间引导的方法强调它的作用(图5-102)。

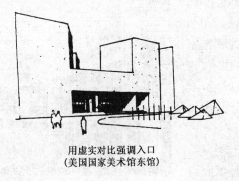

用虚实对比强调入口
(美国国家美术馆东馆)

用门廊强调入口
(南京五台山体育馆)

图 5-102　建筑的入口

7) 色彩与质感

建筑的形体、色彩、质感是构成建筑形象感染力的三要素。如何正确运用色彩与质感，是立面设计的重要课题。

建筑色彩处理包括色调选择和色彩构图两方面的内容。

色调就是立面颜色的基调。色调选择主要考虑以下五个问题：

① 该地区的气候条件　南方炎热地区宜用高明度的暖色、中性色或冷色，北方寒冷地区宜用中等明度的中性色或暖色。

② 与周围环境的关系　首先要确定本建筑在周围环境中的地位。如果是该环境中艺术处理的重点，对比可以强一些；如果只是环境中的陪衬，色彩宜与环境融合协调。

③ 建筑的性格和体量　给人安宁、平静感觉的建筑宜用中性色或低明度的冷色；给人热烈欢快感觉的建筑宜用明度高的暖色或中性色。体量大的宜用明度高、彩度低的色彩，体量小的彩度可以稍高。

④ 民族传统与地方风格　各民族对色彩有不同偏爱，地方的风俗习惯也会影响色彩的选择。

⑤ 表面材料的性能　充分利用表面材料的本色既可节省投资，也显得自然。当使用饰面材料时，应研究它的施工方法、耐久程度和经济效果。

色彩构图是指立面上色彩的配置，包括墙面、屋面、门窗、阳台、雨篷、雨水管、装饰线条等的色彩选择。一般以大面积墙面的色彩为基调色，其次是屋面；而出入口、门窗、遮阳设施、阳台、装饰及少量墙面等可作为重点处理，对比可稍大些。在色彩构图时，应利用色彩的物理性能(温度感、距离感、重量感、诱目性)，以及对生理、心理的影响(疲劳感、感情效果、联想性等)，提高艺术表现力。此外，照明条件、色彩的对比现象、混色效果等也应予以重视。一般来说，对比强的构图使人兴奋，过分则刺激；对比弱的构图感觉淡雅，过分则单调；大面积的彩度不宜过高，过高刺激感过强；建筑物色相采用不宜过多，过多会使色彩紊乱。

在立面设计中，材料的选用、质感的处理也很重要。各种不同的材料有不同的质感。加工方法不同质感也不同。粗糙的混凝土和毛石显得厚重坚实，平整光滑的金属和玻璃显得轻巧细腻，粉刷及面砖按表面处理和施工方法不同而有差异。巧妙地运用质感特性，进行有机组合，有利于加强和丰富建筑的表现力(图5-103)。

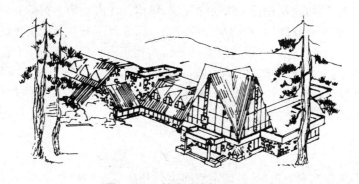

图5-103　镜泊湖度假村车站

红瓦，茶色玻璃以及用乱石砌成的墙，造成色彩与质感的对比，加上用三角形为母题的构造，使该建筑融于风景区环境中，又为风景区增加了景点。

6 建筑设计技术经济分析

6.1 建筑结构与建筑设计

6.1.1 建筑结构与建筑设计的关系

建筑是一种人造空间。建筑在建造过程和使用过程中都要承受各种荷载的作用,包括自身的重量、人与家具设备的重量、施工堆放材料的重量、风力、地震力、温度应力等等,它们都有可能使房屋变形,甚至遭受破坏。建筑结构就是指保持建筑具有一定空间形状并能承受各种荷载作用的骨架。建筑结构有时也简称为结构。

功能、技术、艺术形象是建筑的三大构成要素。建筑结构与材料、设备、施工技术、经济合理性等共同构成建筑技术,是房屋建造的手段,同时也是保证安全的重要手段。

任何一种结构形式,都是为了适应一定的功能要求而被人们创造出来的。随着建筑功能的日益复杂,建筑结构也在不断变化和发展,并不断趋于成熟。例如:为了能灵活划分空间,并向高层发展,出现了框架结构;为了求得巨大的室内空间,出现了各种大跨度结构等。反过来,建筑结构的进步,也在一定程度上改变了人们的生产、工作与生活。例如,有了气承式结构,我们甚至有可能将整个城市覆盖起来,建筑功能的内涵也就大不一样了。

结构形式不但要适应建筑功能的要求,而且还应为创造建筑的美而服务。运用得当,建筑结构自身也在创造美。古罗马的穹顶和拱券结构,为建造大跨度和高大建筑解决了技术问题,同时也以它优美的形象给人以深刻印象。古代砖石结构的敦实厚重,现代结构的轻盈通透,都给人以美感。所以,建筑结构的发展也在一定程度上改变了人的审美观。

在现代设计工作中,建筑和结构是两个既相互独立又紧密联系的专业工种。前者侧重解决适用与美观问题,后者侧重解决坚固问题;前者处于先行和主导地位,后者处于服务和从属地位。从分工来看,建筑设计由建筑师完成,结构设计由结构工程师完成;但是,两者之间并非完全独立,而是相互制约、密切配合的关系。只有真正符合结构逻辑的建筑才具有真实的表现力和实际的可行性。建筑构思必须和结构构思有机结合起来,才能创造出新颖而富于个性的建筑作品。所以,建筑师必须具备结构知识,在创造每个建筑作品时,都能考虑到结构的合理性和可行性,并挖掘出结构内在的美;在设计进一步深化的过程中,建筑师还要能与结构工程师实现最佳的配合。

6.1.2 结构选型

结构选型即结构方案的选择,是确定空间组合和建筑造型的重要环节。结构选型是一项复杂的工作,也是一项综合性强的科学问题。一个最佳结构方案的产生,往往需要做大量调查研究,反复分析比较,并与结构工程师密切配合。

1) 结构选型的原则

(1) 充分满足建筑功能的要求

例如：影剧院观众厅为保证视听效果，不能在厅内设柱，必须采用大跨度结构；大型商场需要灵活而流动的空间，所以适于采用框架结构。

（2）扬长避短，充分发挥各种结构的优势

每种结构形式有它的优点、缺点，各有其适用范围，所以要结合具体情况选择。例如：砌体结构可就地取材，施工简单，墙体多且有较好的围护和分隔空间的能力，适用于房间多、层数少的建筑。

（3）适应建筑造型的需要

例如：折板屋面有良好的韵律感；框架结构使外墙面开窗变得很自由，甚至可以做成玻璃幕墙。

（4）考虑建筑材料与施工条件

结构的发展离不开建筑材料的发展和施工技术的进步。各地材料供应和施工力量有差异，所选用的结构也有不同。例如：当钢材供应困难或钢材的加工、连接、防腐技术尚不完善时，就不可能大量采用钢结构；当吊装问题没有解决时，就不要采用大跨度的预制屋架。

（5）降低造价

在有的条件下，采用几种结构形式都是可能的，最后的决策常常取决于经济因素。尽量采用地方材料或工业废料，也是降低造价的一种途径。

（6）推广新技术，促进建筑工业化的发展

工业化的发展和技术的进步将改变建筑业的面貌，创造巨大的社会财富。但在起始阶段，可能需要加大投入，从长远的利益看，这也是必要的。

2）常用结构形式

（1）墙承重结构体系

以墙为主要竖向受力构件的结构称为墙承重结构体系。这种结构体系的最大特点是：墙既用来围护、分隔空间，形成空间的垂直面，也用来承受梁、屋架、板传来的荷载，具有双重功能。

墙承重结构是最古老的结构体系。作为承重结构的墙体材料与施工方法随时代的发展在不断变化。早期的墙体材料主要是生土、石和砖，采用夯筑或砌筑法施工。现在除砖砌体外，其他形式已较少采用。随着工业化的发展，目前又出现了各种砌块建筑，以及采用预制装配法施工的大型墙板建筑。

目前我国采用最多的墙承重结构体系是砖混结构。它的竖向承重构件主要是砖砌体，水平承重构件（包括屋架和楼梯）材料主要采用钢筋混凝土。这种结构形式能就地取材，施工简单、造价低廉，适应于我国大多数地区当前的经济和技术水平。然而，这种结构形式也存在很多缺点，主要是：

① 烧砖要占用耕地，消耗燃料，与农业发生矛盾，且浪费能源。

② 砌砖劳动强度大，速度也慢，不利于实现工业化和提高工效。

③ 砖砌体强度低，墙体厚，增加了房屋的自重，减少了房屋的使用空间。

由于这些缺点，近年来我国加快了墙体改革的步伐，特别是砌块建筑发展很快。由于砌块不用烧制，可以利用工业废料和地方材料，高、宽尺寸可以加大，厚度减薄，所以加快了施工进度，增加了房屋的使用空间，显示了很大的优越性。此外，具有高度工业化水平的大型墙板也受到重视，但是，由于这种体系要求建筑形式需相对稳定，且要求有较高的运输、吊装能力，使它的推广受到一定限制。

总的来说,墙承重结构体系适用于多层和低层建筑;由于它需要很多墙体来承重,所以特别适用于由很多小房间组成的建筑,如住宅、宿舍、中小型办公楼等。墙承重结构体系一般不适用于高层建筑,也不适用于需要大空间的建筑。由于墙体承重,所以墙上的开门、开窗也要受到一定限制,建筑立面效果常显得较厚实(图 6-1)。

图 6-1　砖混结构房屋的典型立面

（2）框架结构体系

由梁、柱组成骨架承受全部荷载作用,且梁、柱之间采取刚性连接的结构称为框架结构体系。这种结构体系的最大特点是承重结构和围护、分隔构件完全分开,墙只起围护、分隔作用。

框架结构体系从使用材料来分主要有钢筋混凝土框架和钢框架两类。钢筋混凝土框架的优点是造价低、耐久性和耐火性都较好,缺点是自重较钢结构大,施工速度和抗震性能也不如钢结构。钢框架的优点是自重轻,施工速度快,抗震性能好,但造价高,钢材的防锈蚀问题较难解决。目前,我国主要采用钢筋混凝土框架。钢筋混凝土框架按施工方法的不同,可分为全现浇整体式框架、装配式框架、装配整体式框架和半现浇式框架四种。半现浇式框架是指梁、柱现浇,楼板预制或者柱现浇,梁、板预制的框架结构。半现浇框架构造简单,比全现浇整体式框架节约模板约 20%,比装配式框架节省钢材且整体性较好,所以应用较广,尤其是梁、柱现浇,楼板预制的半框架结构更受欢迎。

框架结构虽然比砖混结构造价高,但由于具有很多优点,所以应用也很广。主要优点是：

① 内墙不需承重,可以采用自重小、厚度薄的隔墙,这样,减轻了房屋的重量,增加了使用面积,而且使空间的划分变得异常灵活,提高了建筑的使用范围。

② 由于外墙不承重,开窗较自由,底层可以全部架空(图 6-2),外墙面可以用带形窗、转角窗,甚至玻璃幕墙,使建筑形象变得轻盈活泼(图 6-3)。

图 6-2　底层架空的框架结构房屋　　　　图 6-3　框架结构房屋的典型立面

③ 框架结构承载能力更好,传力更可靠,抗振动和侧移的能力也更强,因而能建更大的跨度和更多的层数。

框架结构适用范围较广,工业建筑和民用建筑都大量采用,特别适宜要求大空间和能灵活划分空间的建筑。实践表明,框架结构的合理层数为 6～15 层,10 层左右最为经济;在非地震区,也可用于 15～20 层的建筑。

（3）半框架结构体系

半框架结构体系包括外围用墙承重，内部用梁、柱承重的内框架结构和底层用框架承重、上部用墙体承重的底层框架结构。它们是框架结构和混合结构结合或变形的结果。

内框架结构又称部分框架结构或墙与内柱共同承重结构，其主要特点是建筑内部为梁、柱组成的框架，而外围是承重的墙体，梁一端与柱刚性连接，另一端与墙铰接(图 6-4)。这种结构具有框架结构内部空间大、划分灵活的优点，且造价稍低。但是，由于外墙承重，开门、窗仍受一定限制。此外，由于两种结构材料弹性模量不同，房屋的整体刚度也较差，所以不能用于高层建筑和地震区的建筑。

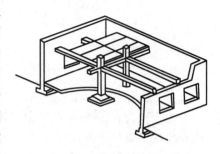

图 6-4　内框架结构

底层框架结构的特点是底层采用钢筋混凝土框架，其余各层采用墙承重结构。这种结构为底层提供了较灵活的空间划分，因而常用在临街的商住楼和办公楼中。然而，这种结构体系"上刚下柔"，对抗震不利，所以在地震区须采取抗震加固措施，如在底层增加抗震墙。这种结构体系也不宜建高层建筑。此外，还有做二层或三层框架，上面再用墙承重结构的，其特点与底层框架结构体系近似。

（4）悬挑结构体系

悬挑结构采用的材料一般为钢筋混凝土和钢。悬挑的方式可分为单面、双面、四面等(图 6-5～图 6-7)。若干个四面悬挑的结构组合起来，也可以覆盖大面积空间。悬挑结构的特点是立柱少，四周不设墙，空间开敞、通透，建筑形象轻巧活泼，但造价一般稍高，施工难度稍大。这种结构常用于雨篷、敞廊和挑台中(图 6-8)。

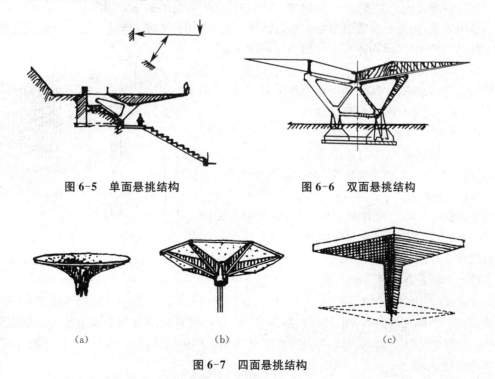

图 6-5　单面悬挑结构　　　　图 6-6　双面悬挑结构

（a）　　　　　　　（b）　　　　　　　（c）

图 6-7　四面悬挑结构

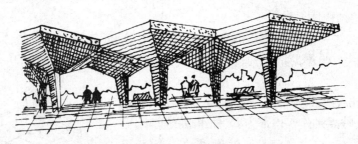

图 6-8 天津水上公园候船码头休息廊

(5) 框架-剪刀墙结构体系

由于风荷载、地震荷载的影响,高层建筑结构不但要承受竖向压力,还要承受水平荷载所产生的弯矩和剪力,因而必须有足够的抗侧力刚度。框架结构虽然有较高的承载能力和一定的抗侧移能力,但随着层数的增多,抗侧力刚度便显不足。据分析,一幢18层高的房屋,若采用框架结构,则底层柱的截面尺寸约需950 mm×950 mm,这显然是不经济的。如果在框架之间增加一些刚度很大的墙,用以承担巨大的剪力(这种墙被称为剪力墙),这样组成的结构形式便称为框架-剪力墙结构体系。在这种体系中,竖向荷载由框架和剪力墙共同承担,而水平荷载的80%~90%都由剪力墙承担,因而它具有更好的抗侧移能力。这种结构体系适用于15~25层建筑,最高不宜超过30层,最经济的范围是12~15层(图6-9)。

图 6-9 框架-剪力墙结构体系
平面布置举例

(6) 剪力墙结构体系

当房屋层数进一步增加(一般超过25层)时,水平荷载不断增大,如果仍然采用框架-剪力墙结构体系,则需要设置很多剪力墙,此时框架的作用已很小;当剪力墙完全取代了框架时,就成为一种新的结构体系——剪力墙结构体系。

剪力墙结构体系适用于15~50层的建筑。由于这种结构有很多横墙,空间的划分相对受限制,所以适用于住宅、旅馆等需要很多小房间的建筑。

(7) 筒体结构体系

由若干片纵横交接的剪力墙围合成筒状封闭形骨架,这样的受力体系称为筒体结构体系(图6-10)。筒体结构有很大的抗侧力刚度和抗扭能力,所以能承受更大的水平荷载。筒体结构有很多种形式,如框架与筒体结合、筒套筒、群筒等。筒体结构造价高,主要用于高层和超高层公共建筑,如办公楼等。

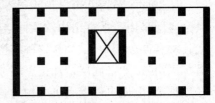

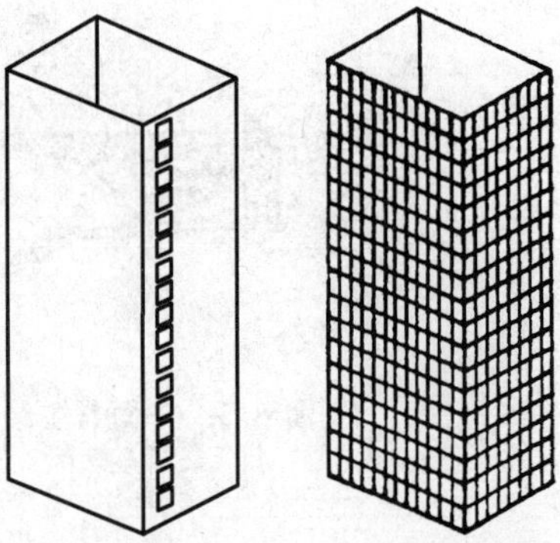

(a) 实腹筒体　　(b) 空腹筒体

图 6-10 筒体结构体系示意

(8) 大跨度建筑的结构体系

大跨度建筑的结构体系主要表现在屋顶结构形式的不同。屋顶结构形式很多,有穹隆、桁架、折板、刚架、拱、壳体(图6-11)、悬索(图6-12)、网架(图6-13)以及近年来出现的充气结构(又称气承式结构)等,它们各具特点。建筑师应根据具体情况与结构工程师配合,选择恰当的结构形式。

图 6-11 双曲面壳体结构

图 6-12 马鞍形悬索结构

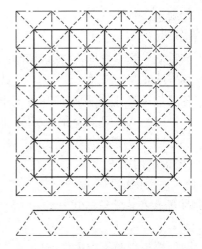

图 6-13 平板网架结构的平面和剖面

6.1.3 结构布置

结构布置的总原则是:既满足使用功能和造型美观的要求,又使结构合理,施工方便,造价经济。

1) 砖混结构

(1) 墙体布置方案

墙体布置方案主要有横墙承重方案(图 6-14)、纵墙承重方案(图 6-15)、纵横墙承重方案(图 6-16)三种。不论选用哪种方案,都应遵守以下原则:

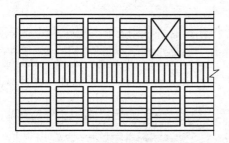

图 6-14 横墙承重方案

优点是房屋横向刚度好,外纵墙开洞限制小。缺点是开间尺寸欠灵活。这种方案适用于开间不大,且较统一的民用建筑,如宿舍等。

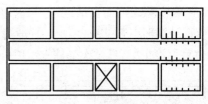

(a) 长向板方案

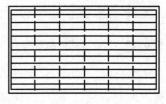

(b) 短向板方案

图 6-15 纵墙承重方案

优点是房屋分间灵活,墙体数量较少。缺点是房屋横向刚度差,外纵墙开门、窗受限制较大。它适用于需要较大房间的建筑,如办公楼等。

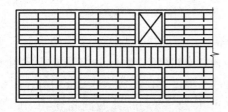

图 6-16 纵横墙承重方案

优点是平面布置较灵活,房屋双向刚度较好。缺点是楼板规格多。它适用于房间类型多的建筑,如住宅、幼儿园等。

① 在满足建筑功能的前提下,力求体形简单,受力明确,施工方便。

② 承重墙布置尽量均匀,横墙间距最好小于房屋宽度的1.5倍,并与纵墙相互贯通。

③ 各层承重墙、门窗洞口应尽量上下对齐。

④ 尽量避免小房间布置在大房间的直接上方;当难以避免时,上部隔墙应采用轻质墙,或在隔墙下设承墙梁(图 6-17)。

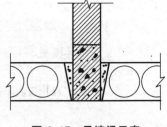

图 6-17　承墙梁示意

当隔墙上无门时,宜将梁的底面与板底面平齐,这样既美观,又增加了室内净高。

(2) 楼盖结构布置

楼盖一般采用钢筋混凝土结构。按施工方法可分为现浇式、预制装配式和装配整体式三种。

① 现浇式楼板

a. 肋形楼板　肋形楼板由主梁、次梁和板组成(图 6-18),是一种比较经济合理的楼盖结构形式,但板底不平整。各个构件常用尺寸如下:

板:经济跨度 1.7~2.5 m,一般不大于 3 m,板厚不小于板跨的 1/40,常用 60~80 mm。

次梁:经济跨度 4~7 m,截面高度一般为梁跨的 1/18~1/12,梁宽为梁高的 1/3~1/2。

主梁:经济跨度 5~8 m,截面高度一般为跨度的 1/18~1/14,梁宽为梁高的 1/3~1/2。

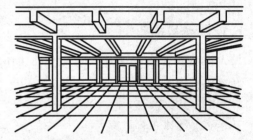

图 6-18　肋形楼板

悬臂板:厚度不小于挑出长度的 1/12。

悬臂梁:截面高度不小于挑出长度的 1/6。

另外,如果板四面支承,长边与短边长度之比小于 2,这种板可双向受力,其经济跨度为 3~6 m,板厚不小于板跨的 1/50,一般为 80~160 mm。如果房间一个方向的尺寸不大于 7 m 时,也可不设主梁,只设次梁(图 6-19)。

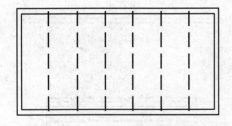

图 6-19　只设次梁的肋形楼板

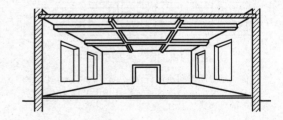

图 6-20　井字梁楼板

b. 井字梁楼板　两个方向梁的截面相同,且等位相交的楼板称为井字梁楼板。它的优点是顶棚形成整齐的方格,较为美观,缺点是施工较复杂(图 6-20)。井字梁楼板常用于门厅或大厅,且最适宜于正方形平面;如为矩形平面,长、短边之比不应大于 1.5。井字梁楼盖的板为双向受力板,其尺寸如上所述。梁的跨度可达 20~30 m,其截面高度约为跨度的 1/18~1/16。

除上述两种现浇式楼板外,还有无梁楼板和密肋式楼板,但在砖混结构中很少采用。至于小房间中所采用的不设梁楼板,厚度确定与肋形楼板相似。

② 预制装配式楼板

砖混结构常采用铺板式,即将许多预制楼板直接铺设在砖墙或楼面梁上。预制铺板有实心板、空心板、槽形板等,每种板都可以做成预应力或非预应力构件。现在应用最广泛的是预应力空心板,而实心平板和槽形板只用于走道、厕所、厨房、楼梯平台等处。各种预制铺板一般都采用定型构件。例如:西南地区预应力空心板的标准跨度为 2.4~6.0 m,按 300 mm 的整倍数进级;板的标准宽度有 0.6 m、0.75 m、0.9 m、1.2 m 四种;板的截面高度当跨度为 2.4~4.2 m 时为 120 mm,当跨度为 4.2~6.0 m 时为 180 mm。

在多开间的房间中,需设楼面梁。楼面梁的截面有矩形、T 形、倒 T 形、十字形、花篮形等几种(图 6-21),其中后三种有利于提高房间的净空尺寸,但施工较矩形为复杂。楼面梁一般为简支梁,截面高度约为跨度的 1/12~1/8,截面宽度约为截面高度的 1/3~1/2。当砖墙厚度为 240 mm、梁的跨度≥6 m 时,或者采用砌块墙、石墙,而梁的跨度≥4.8 m 时,宜在大梁支承处设壁柱,并加混凝土梁垫。

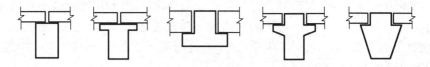

图 6-21　楼面梁的截面形式

(3) 屋盖结构布置

屋顶有平屋顶、坡屋顶、曲面屋顶及其他屋顶形式。平屋顶屋盖结构与楼盖基本相同。坡屋顶的屋盖结构包括承重构件(如屋架、屋面梁)和覆盖构件(如屋面板、檩条、瓦)两部分。

屋面梁施工方便,高度较小。普通钢筋混凝土梁的跨度是 6~12 m,预应力混凝土梁可达 12~18 m。屋面梁可做成单坡,也可为双坡,坡度为 1/15~1/10(图 6-22)。

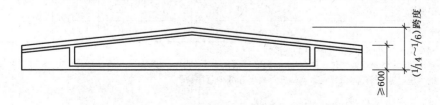

图 6-22　L 形截面薄腹屋面梁(mm)

当跨度较大时,屋盖承重构件一般采用屋架。按材料分,屋架有木屋架、钢屋架、钢筋混凝土屋架、组合屋架等类型。木屋架一般为三角形,跨度为 9~18 m,现在已较少采用。钢屋架有三角形、梯形、多边形以及平行弦桁架等类型(图 6-23)。钢屋架跨度为 18~36 m,按 3 m 的整倍数进级。三角形钢屋架的高度一般为跨度的 1/6~1/4,上弦坡度 $i = 1/3 \sim 1/2$,适用于瓦材屋面。梯形钢屋架跨中高度为跨度的 1/10~1/6,端部高度为 500~1 000 mm(陡坡)或 1 800~2 100 mm(缓坡),屋架上弦坡度 $i = 1/12 \sim 1/10$,适用于大型屋面板。

 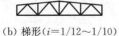  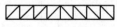

(a) 三角形($i=1/3\sim1/2$)　　(b) 梯形($i=1/12\sim1/10$)　　(c) 多边形($i=1/10\sim1/5$)　　(d) 平行弦桁架

图 6-23　钢屋架常见形式

钢筋混凝土屋架常见形式如图 6-24 所示。高度尺寸与钢屋架相似。上弦坡度与屋面材料有关,采用卷材防水时,坡度宜缓($i \leqslant 1/5$);采用瓦材时,坡度宜陡($i > 1/5$)。钢筋混凝土屋架跨度为 9～36 m,有全国通用标准图可选用。

 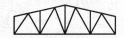  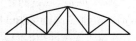

(a) 三角形(跨度 12～18 m)　(b) 梯形(跨度 18～36 m)　(c) 拱形(跨度 18～24 m)　(d) 折线形(跨度 18～36 m)

图 6-24　钢筋混凝土屋架常见形式

(4) 砖混结构的抗震构造措施

砖混结构房屋抗震性能较差,无筋砌体结构在设计地震烈度六度时就开始有破坏,八度时就会倒塌。因而在地震区应采取抗震措施。

① 控制房屋高度与高宽比

多层砌体房屋的总高度和层数应符合表 6-1 的规定,并且砖房的层高不宜超过 4 m,砌块房屋的层高不宜超过 3.6 m。房屋的总高度与总宽度之比(即高宽比)应满足:地震烈度六度、七度时不大于 2.5;八度时不大于 2.0;九度时不大于 1.5。计算房屋总宽度时,单面走廊房屋不包括走廊的宽度。

表 6-1　砌体房屋总高度和层数限值

砌体类别	最小墙厚(m)	烈　度							
		六		七		八		九	
		高度(m)	层数	高度(m)	层数	高度(m)	层数	高度(m)	层数
黏土砖	0.24	24	8	21	7	18	6	12	4
混凝土小砌块	0.19	21	7	18	6	15	5	不宜采用	
混凝土中砌块	0.20	18	6	15	5	9	3		
粉煤灰中砌块	0.24	18	6	15	5	9	3		

注:(1) 房屋总高度指室外地面到檐口的高度。
　　(2) 对医院、教学楼等横墙较少的房屋,总高度限值比表中规定相应降低 3 m,层数应相应减少一层;各层横墙很少的房屋,应根据具体情况再适当降低总高度和减少总层数。

② 采用有利于抗震的结构布置和构造

a. 优先采用横墙承重或纵横墙承重体系。

b. 平、立面体形力求简单,纵横墙最好均匀对称,平面内尽量无凹凸转折,墙沿竖向上下连续,同一轴线上的窗间墙尽量等宽均匀布置。

c. 在地震烈度为八度和九度地区,当房屋立面高差在 6 m 以上,或房屋有错层且楼板高差较大,或各部分结构刚度、质量截然不同时,宜设置防震缝,缝宽 50～100 mm,缝两侧均应设置墙体,使房屋分成若干体形简单、刚度均匀的独立单元(图 6-25)。

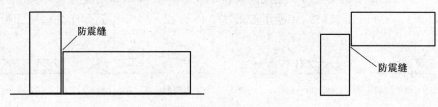

图 6-25　防震缝设置示意

d. 楼梯间不宜设置在房屋的尽端和转角处,并应用圈梁和构造柱加强。对突出屋顶的楼、电梯间,构造柱应伸到顶部,并与顶部圈梁连接。楼梯间在平面上也不要突出房屋布置。

e. 烟道、风道、垃圾道等不应削弱墙体,否则应对墙体采取加固措施,也不宜采用无竖向配筋的附墙烟囱和出屋面的烟囱,以及无锚固的钢筋混凝土预制挑檐。

③ 控制抗震横墙的间距

多层砌体房屋应按所在地区的地震烈度和楼(屋)盖的类型来限制横墙的最大间距(表6-2)。能承担地震力的横墙称为抗震横墙。

表6-2 抗震横墙的最大间距(m)

楼、屋盖类别	黏土砖房屋				中砌块房屋			小砌块房屋		
烈　　度	六	七	八	九	六	七	八	六	七	八
现浇和装配整体式钢筋混凝土	18	18	15	11	13	13	10	15	15	11
装配式钢筋混凝土	15	15	11	7	10	10	7	11	11	7
木	11	11	7	4	不宜采用					

④ 限制房屋的局部尺寸

多层砌体房屋的局部尺寸应符合表6-3的规定,以避免这些部位成为地震破坏的薄弱环节。

表6-3 房屋的局部尺寸限值(m)

部　　位	烈　　度			
	六	七	八	九
承重窗间墙最小宽度	1.0	1.0	1.2	1.5
承重外墙尽端至门窗洞边的最小距离	1.0	1.0	1.5	2.0
非承重外墙尽端至门、窗洞边的最小距离	1.0	1.0	1.0	1.0
内墙阳角至门、窗洞边的最小距离	1.0	1.0	1.5	2.0
无锚固女儿墙(非出入口处)的最大高度	0.5	0.5	0.5	—

⑤ 采取抗震加固措施

抗震加固措施主要有墙体配筋、设置圈梁及构造柱等。设置圈梁和构造柱是最有效、最重要的措施。

a. 设置圈梁　圈梁又称腰箍,有钢筋混凝土和钢筋砖圈梁两种,常用钢筋混凝土圈梁。装配式钢筋混凝土结构或木结构的多层砖房,采用横墙承重时应按表6-4的要求设置圈梁,采用纵墙承重时应每层设置圈梁,并且抗震横墙上的圈梁间距应比表内要求适当加密;现浇或装配整体式钢筋混凝土结构与墙体有可靠连接的房屋可不另设圈梁,但楼板应与相应的构造柱用钢筋可靠连接;抗震烈度为六～八度的砖拱房屋,各层所有墙体均应设置圈梁。圈梁的截面高度不应小于120 mm。圈梁最好与预制板设在同一标高处或紧靠板底。圈梁应闭合,遇有洞口时应上下搭接。

b. 设置构造柱　多层砖房,应在表6-5要求的部位设置钢筋混凝土构造柱。外廊式和单面走廊式的多层砖房,以及教学楼、医院等横墙较少的建筑,应根据在现房屋层数的基础上再增加一层后的层数,按表6-5的要求设置构造柱,并且单面走廊两侧的纵墙都应按外墙处理。

表 6-4 多层砖房现浇钢筋混凝土圈梁设置要求

墙 类	烈 度		
	六,七	八	九
外墙及内纵墙	屋盖处及隔层楼盖处	屋盖处及每层楼盖处	屋盖处及每层楼盖处
内横墙	同上;屋盖处间距不应大于7 m;楼盖处间距不应大于15 m;构造柱对应部位	同上;屋盖处沿所有横墙,且间距不应大于7 m;楼盖处间距不应大于7 m;构造柱对应部位	同上;各层所有横墙

表 6-5 砖房构造柱设置要求

	烈 度				设 置 部 位	
	六	七	八	九		
房屋层数	4、5	3、4	2、3		外墙四角,错层部位横墙与外纵墙交接处,较大洞口两侧,大房间内外墙交接处	地震烈度为七、八度时,楼、电梯间四角
	6～8	5、6	4	2		隔开间横墙(轴线)与外墙交接处,山墙与内纵墙交接处,地震烈度为七～九度时,楼、电梯间四角
		7	5、6	3、4		内墙(轴线)与外墙交接处,内墙局部较小墙垛处,地震烈度为七～九度的楼、电梯间四角,九度时内纵墙与横墙(轴线)交接处

(5) 砖混结构中的其他问题

① 墙、柱尺寸估算

墙、柱尺寸一般应经过结构计算确定,但在初步设计阶段可按构造要求和经验估算。

根据构造要求,用于承重的砖墙厚度不小于 180 mm。用于承重的独立砖柱截面尺寸不小于 240 mm×370 mm;毛石墙的厚度不宜小于 350 mm,毛料石柱截面较小边尺寸不宜小于 400 mm,对于围护作用无特殊要求的一般民用建筑,当房屋开间、进深、层高都不大时,承重砖墙 4 层以下可用 180 mm 厚,4～6 层可用 240 mm 厚,7 层时最底端 1～2 层宜用 370 mm 厚。隔墙可用 120 mm 厚砖墙或轻质墙。

② 变形缝

变形缝包括伸缩缝、沉降缝和防震缝。设置条件见《建筑构造》课程。当采用一定措施防止墙体开裂时,伸缩缝要尽量少设或不设。

③ 楼梯

从结构和施工方法分,钢筋混凝土楼梯主要有以下数种:

a. 现浇式钢筋混凝土楼梯:包括板式和梁式两类。

b. 装配式钢筋混凝土楼梯:包括大中型构件装配式和小型构件装配式两类。

小型构件装配式钢筋混凝土楼梯常用的形式有墙承式、梁承式、悬臂式。

现浇式楼梯整体性好,能适应各种形式和尺寸,但耗用人工和模板较多,施工速度慢;装配式楼梯克服了现浇式的不足,但整体性较差。在实际工程中应用较多的是现浇式和小型构件装配式楼梯。但应注意地震区建筑不能采用悬臂式楼梯;采用现浇梁板式或预制梁承式楼梯时,不宜将踏步板的一端嵌固在楼梯间墙上;采用墙承式时,不宜将踏步板的竖肋插入墙内。

墙承式、悬臂式楼梯一般不设平台梁。平台板常采用预制空心板,板厚约 120 mm。其

他楼梯有平台梁,截面高度约为平台梁跨度的
1/12(图6-26)。

　　2)框架结构

　　(1)结构布置方案

　　根据承重框架的布置方向不同,框架结构布
置方案有以下三种(图6-27):

　　① 主要承重框架横向布置　优点是横向刚
度好,纵向只设连系梁,对开窗的限制较小。此种
方案运用最多。

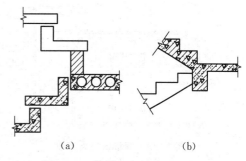

图6-26　楼梯平台梁的结构高度

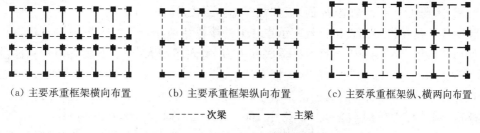

(a) 主要承重框架横向布置　　(b) 主要承重框架纵向布置　　(c) 主要承重框架纵、横两向布置

－－－－－－次梁　　－－－－主梁

图6-27　框架结构布置方案

　　② 主要承重框架纵向布置　优点是有利于通风管道的纵向布置,且房间布置较灵活。
缺点是横向刚度差。一般应用在层数不多、无抗震设防要求、采用集中空调的房屋中。

　　③ 主要承重框架纵、横两向布置　优点是房屋纵横两向都有较好的刚度。主要适用于
楼面有较重设备或楼面开洞多而大,无法沿一个方向布置框架的厂房。

　　(2)柱网布置

　　框架的柱网布置形式和尺寸,在满足使用功能的前提下,应尽量简单、规则、对称、整齐。
柱网尺寸还应符合经济原则和建筑模数要求。

　　由于使用功能和空间组合形式不同,柱网尺寸相差很大,一般柱距为3.3~6 m,跨度为
6~12 m。对于办公楼、旅馆、宿舍等房间划分整齐、开间进深不大的建筑,柱网常布置成四
列、三列或两列。采用四列柱时,一般开间3.6~4.2 m,跨度4.8~6.6 m;采用三列柱时,开
间3.6~4.2 m,跨度4.8~8.1 m;采用两列柱时,一般两开间设一柱,柱距7.2~8.4 m,跨
度6.6~8.1 m(图6-28)。对于商业建筑,由于功能上要求柱不能太密,且应与柜台的布置
相协调,所以柱网尺寸常为6 m×6 m、7.2 m×7.2 m、7.5 m×7.5 m、8 m×8 m,也有采用
9 m×9 m、12 m×12 m 的(图6-29)。当底层与上部房屋用途不相同时,应尽量兼顾两者对
空间划分的要求,尽量使隔墙放在框架梁或次梁上,否则,宜采用轻质墙放在楼板上。

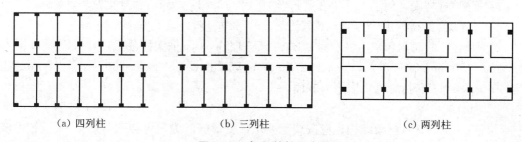

(a) 四列柱　　　　　　(b) 三列柱　　　　　　(c) 两列柱

图6-28　框架的柱网布置

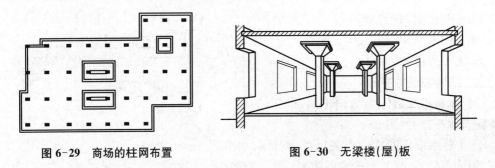

图 6-29　商场的柱网布置　　　　　　　图 6-30　无梁楼(屋)板

（3）楼、屋盖的结构形式与布置

框架结构的楼(屋)盖除可采用前述现浇肋形楼(屋)板、井字梁楼(屋)板和预制铺板式楼(屋)板外，还可采用无梁楼(屋面)板和装配整体式楼(屋面)板。

无梁楼板指不设梁而直接将板支承在柱上的楼板结构(图 6-30)。它可以现浇，也可以在地面预制后用升板法施工。这种楼盖底部平整，室内净空大，便于安装管道与顶棚，所以常用于冷藏库、仓库、商场、多层厂房等楼面活荷载超过 5 kN/m² 的建筑。无梁楼板的柱网常为正方形，以 6 m 左右柱距为经济。当采用矩形柱网时，长跨与短跨的比值不应大于4/3。板的厚度一般为跨度的 1/40～1/32，常用 160～200 mm，通常不小于 120 mm。

装配整体式楼板常用于整体性要求高，而又需节省模板和缩短工期的建筑。装配整体式楼板又可分为叠合式板、密肋空心板、预制小梁现浇板等形式。应用最多的是叠合式板，它是在预制板面再现浇一层 30～50 mm 厚的钢筋混凝土，或将预制板缝加大到 60～150 mm，然后再现浇连接板带而形成的一种结构。它的整体性优于预制装配式，模板消耗又少于现浇式。

（4）框架结构体系的其他问题

① 构件形式与尺寸

框架主梁截面在全现浇框架中一般做成矩形并与板整浇，在装配式框架和半现浇式框架中多做成 T 形或花篮形，在装配整体式框架中一般做成花篮形。连系梁的截面在装配式框架中一般做成 T 形、厂形、L 形、倒 T 形、Z 形，当现浇楼板时为矩形(图 6-31)。

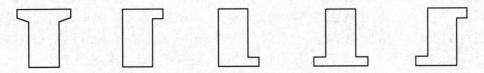

图 6-31　连系梁的截面形状

框架柱的截面一般为矩形，为满足造型需要，也可为圆形、多边形、十字形等。

各构件截面尺寸可参照以下数值：

a. 框架主梁：梁高约 1/12～1/8 梁跨，梁宽约 1/3～1/2 梁高，并且梁宽≥250 mm。

b. 连系梁：梁高约 1/12 梁跨，梁宽约 1/3～1/2 梁高，并且梁宽≥250 mm。

c. 框架柱：截面宽和高均可取为 1/20～1/15 层高，多层框架柱截面尺寸常取400 mm×400 mm、450 mm×450 mm、500 mm×500 mm、550 mm×550 mm、600 mm×600 mm；当横向布置承重框架时，也可采取矩形截面。

② 变形缝

与砖混结构一样，框架结构也应按规范要求设变形缝。为避免伸缩缝过多，可设置后浇带，即施工时在需要设缝的地方留出 700～1 000 mm 宽暂不浇筑混凝土，待混凝土大部分收缩稳定后再浇这部分混凝土。

③ 梁的布置

进行框架结构布置时,应尽量简化各构件的传力途径,使结构受力明确、直接、合理。一般应避免框架梁抬框架梁,也要尽量避免二级次梁甚至三级次梁。

(5) 抗震构造措施

① 限制房屋高度和高宽比

现浇钢筋混凝土框架结构房屋最大高度为:地震烈度七度 55 m,八度 45 m,九度 25 m。不规则框架和不利场地上的框架,最大高度还应适当降低。

房屋的高宽比一般应控制在 5~6 以下。在地震烈度八度以上时,高宽比还应适当减小。

② 尽量采用平面布置简单、规则、对称、刚度均匀连续的结构形式,最好设计成规则框架,即应符合下列条件:

a. 平面局部突出部分长度不大于其宽度,且不大于该方向平面总长的 30%。

b. 立面局部收进的尺寸,不大于该方向立面总尺寸的 25%。

c. 竖向刚度均匀连续,避免刚度、层高、柱截面尺寸等突变。

d. 平面内质量分布和抗侧力的框架、填充墙布置基本均匀对称,避免楼梯、电梯、大型设备、砌体隔墙等偏置于房屋的一端。

e. 应双向布置正交的框架,不应采取纵向连续梁的框架体系;建筑平面呈斜交时,框架轴线应尽量正交(图 6-32);避免出现错层或局部形成短柱,以及抽梁或抽柱,使荷载传递路线改变。

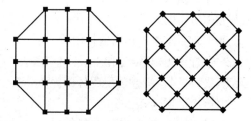

图 6-32　框架的正交布置

f. 框架中砌体填充墙在平面和竖向布置中最好均匀对称。

③ 控制构件截面尺寸

框架构件尺寸估算已如上述。另外,还应尽量减少框架上的偏心距,如偏心距较大时,应加大构件截面尺寸。

3) 半框架结构

半框架结构应分别按上述砖混结构和框架结构的要求进行设计。在地震区,还应满足以下要求:

(1) 平面形状和立面布置尽量对称、规则。

(2) 房屋的总高度和层数不宜超过表 6-6 的规定。

表 6-6　半框架砖房的总高度(m)和层数限值

房屋类型	烈　度							
	六		七		八		九	
	高度	层数	高度	层数	高度	层数	高度	层数
底层框架砖房	19	6	19	6	16	5	11	3
多排柱内框架砖房	16	5	16	5	14	4	17	2
单排柱内框架砖房	14	4	14	4	11	3	不宜采用	

(3) 设置抗震横墙,其最大间距见表 6-7。

表 6-7 半框架砖房抗震横墙的最大间距(m)

房屋类型		烈 度			
		六	七	八	九
底层框架砖房	上部各层	同表 6-2 砖房部分			
	底 层	25	21	18	15
多排柱、内框架砖房		30	30	30	20
单排柱、内框架砖房		同表 6-2 砖房部分			

（4）底层框架砖房的底层与第二层的侧移刚度不应过分悬殊。为增大底层刚度，可在纵、横两个方向布置一定数量的抗震墙。抗震墙最好采用钢筋混凝土墙，但在地震烈度为六度和七度时允许采用嵌砌于框架之间的黏土砖墙或混凝土小砌块墙。抗震墙应均匀、对称布置，优

图 6-33 半框架抗震墙布置

先考虑房屋的外墙（特别是山墙）、电梯井及楼梯间周围的墙作为抗震墙（图 6-33）。

（5）设置圈梁和构造柱的要求：

① 底层框架砖房和多层内框架砖房，凡采用装配式钢筋混凝土楼、屋盖的楼层，均应设置圈梁；采用现浇或装配整体式钢筋混凝土楼板时，可不另设圈梁，但楼板应与相应的构造柱用钢筋可靠连接。

② 底层框架砖房的上部各层，应根据房屋总层数按照多层砌体房屋的规定设置钢筋混凝土构造柱。

③ 多层内框架砖房，应在下列部位设置构造柱：外墙四角和楼、电梯四角；地震烈度为六度不低于 5 层时，七度不低于 4 层时，八度不低于 3 层时和九度时，抗震墙两端和无组合柱的外纵、横墙对应于中间柱列轴线的部位。

④ 底层框架砖房的底层楼盖和多层内框架砖房的屋盖，应采用现浇或装配整体式钢筋混凝土板。

⑤ 多层内框架砖房的纵向窗间墙宽度不应小于 1.5 m；外墙上梁的搁置长度不应小于 300 mm，当墙的厚度不能满足搁置长度要求时，应在梁的支承处设壁柱。

4）影剧院设计中的特殊结构

影剧院观众厅一般为单层建筑，且跨度较大，有时还设夹层，所以结构较特殊。

（1）柱与屋盖结构

除跨度≤15 m，且高度不大的观众厅可采用附壁砖柱承重外，一般多采用钢筋混凝土柱承重。采用附壁砖柱时，柱距为 4～6 m。采用钢筋混凝土柱时，柱距常采用 6 m 和 12 m，以便采用标准屋面构件。

小跨度屋盖可采用屋面梁。跨度大时，为了便于安装管道和人工检修，常采用梯形屋架。

（2）挑台结构

① 梁板体系

这种体系通常采用横跨大厅跨度方向的钢梁、钢筋混凝土梁或桁架做主要支承结构，形式简单，施工方便，挑出长度较大，但大梁和桁架的截面高度较大（梁高一般为跨度的

1/12～1/8,桁架高度为跨度的 1/8～1/6),与建筑空间处理容易产生矛盾,所以一般用于跨度较小的观众厅。根据结构平面布置,这种方案又分为以下三种:

a. 利用挑台栏板设置大梁(图 6-34(a)):优点是可以提高挑台下的净空高度。适用于跨度 10～12 m,栏板为直线形的挑台。

b. 把主梁(或桁架)放在挑台靠近栏板 1/4～1/3 跨度处(图 6-34(b)):这种形式适用于长方形平面或者后墙、栏板呈平缓弧形的观众厅,跨度 15～25 m。

c. 采用辅助梁或桁架,减少主梁(或桁架)的跨度(图 6-34(c)):这种形式用于跨度较大或楼座平面有较大凹凸变化时。

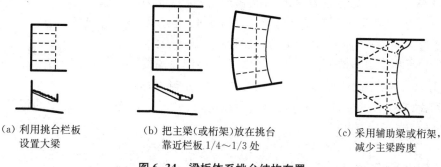

(a) 利用挑台栏板　　　(b) 把主梁(或桁架)放在挑台　　　(c) 采用辅助梁或桁架,
设置大梁　　　　　靠近栏板 1/4～1/3 处　　　　减少主梁跨度

图 6-34　梁板体系挑台结构布置

② 悬臂挑梁(桁架)

这种结构(图 6-35)出挑长度与厅的跨度无关,故适应性强,同时构造简单,造价较低,特别适合于后退式楼座。

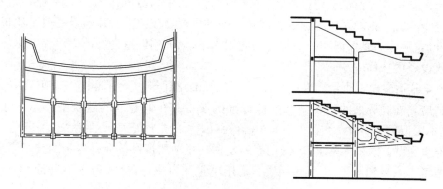

图 6-35　悬臂挑梁(桁架)式楼座结构

③ 空间薄壁结构

这是一种三边支承的空间薄壁结构,可以跨过很大的跨度,并可满足提高挑台下净空高度的要求。

(3) 防震缝与圈梁

观众厅与休息厅、舞台之间最好不设防震缝,观众厅与两侧附属房屋间也可不设防震缝,但应加强相互间的连接。

在非地震区,采用砖墙承重且墙厚≤240 mm、檐口标高为 5～8 m 时,要在墙顶设置一道圈梁,檐口标高超过 8 m 时,还应在墙的中间部位增设一道圈梁。在地震区,除在柱(墙)顶标高处设置圈梁外,沿墙高每隔 3 m 左右最好增设一道圈梁;梯形屋架端部高度大于

900 mm时,还应在上弦标高处增设一道圈梁。圈梁截面高度不小于 180 mm,宽度最好与墙厚相同。

5) 框架-剪力墙结构

柱网和剪力墙的布置既要满足使用功能要求,又要尽量使房屋开间、进深、层高统一,并尽可能采取构造或施工措施达到少设或不设变形缝。一般非地震区仅沿横向布置剪力墙,此时应优先将房屋的山墙、楼梯和电梯的墙做成剪力墙。地震区的高层建筑,常需在纵横两个方向设置剪力墙,此时应尽量将两个方向的剪力墙相互联系起来,以增强剪力墙的刚度和抗扭、抗弯能力(图 6-36)。剪力墙的平面布置应均匀、对称,竖向宜上、下贯通。变形缝两侧不能同时设剪力墙,否则应将缝宽加大,以便施工和拆模。剪力墙的厚度应大于或等于墙体净高的1/30,且不小于 120 mm。为确保抗侧力刚度,楼、屋盖不宜采用装配式;高度在 50 m 以上的建筑,宜用现浇楼、屋盖;高度在 50 m 以下的建筑,可用装配整体式楼、屋盖。

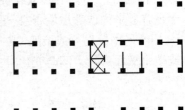

图 6-36　框架-剪力墙结构中剪力墙的布置

6.2　建筑设备与建筑设计

6.2.1　建筑设备的作用与选择原则

建筑设备主要包括给水与排水、采暖通风与空气调节、建筑电气三大系统。此外,随着技术的进步,通信、智能系统等也成为建筑设备的重要组成部分。建筑设备属于建筑的物质技术条件,它的作用是保证和提高建筑的使用质量,为人们创造良好的生活和工作环境。

建筑设备的选择应遵循以下原则:

(1) 充分适应建筑质量标准的要求。设备标准是建筑质量标准的一个重要方面,两者必须相适应。在高标准的建筑中选择低标准的设备和在低标准的建筑中选择高标准的设备,都是不可取的。

(2) 满足设备的技术要求,确保功能的发挥。每种建筑设备都有自身的技术要求,如给水系统要考虑水量和水压,电气系统要考虑用电量和电压等,这些条件不具备,建筑设备就不能发挥应有的作用。

(3) 应做到经济、合理、安全、方便。

(4) 应满足建筑空间组合与艺术处理的要求。

6.2.2　室内给水与排水系统

1) 给水系统

民用建筑的给水系统主要有生活给水和消防给水。需要设置消防给水系统的建筑有:厂房、库房、高度超过 24 m 的科研楼;超过 800 个座位的影剧院、俱乐部和超过 1 200 个座位的礼堂、体育馆;体积超过 5 000 m^3 的商店、医院、学校等建筑物;超过 7 层的单元式住宅;超过 6 层的塔式住宅、通廊式住宅、底层设有商业网点的单元式住宅;超过 5 层或体积超过 1 000 m^3 的其他民用建筑;国家级文物保护单位的重点砖木或木结构的古建筑。

一般室内消防给水是在各层适当位置布置消防箱,以保证消防水枪能喷射到建筑物的任何角落。有特殊要求的建筑和部位还应采取其他消防措施。

多层民用建筑一般由市政管道直接给水。当设有消防给水系统时,最好与生活给水系统合并共用。高层建筑和防火要求特别高的建筑,可采用水箱供水、水泵供水或水泵与水箱联合供水等形式。生活给水和消防给水必须各自独立,甚至可将生活给水分成饮用水与非饮用水两个单独的系统。高层建筑常需分层供水,一般可以每十层左右设一给水系统,水箱设在设备层内。消防给水系统沿高度分区,控制消防水压不大于 80 m 或建筑高度不超过 50 m。消防给水系统可以与生活给水系统合用水箱,但应有单独的水泵和电源。

有的建筑还设有热水供应系统。给水方式多为下行上给式或上行下给式。

2) 排水系统

民用建筑的室内排水系统包括生活污水与雨水,一般采取分流制,也可以采用合流制。卫生要求高的,可以将厕所的排污与其他生活污水排放分开。雨水管的间距一般为 8~16 m。

3) 建筑设计与给排水系统的关系

用水房间在平面上应尽量集中布置,在竖向上下对齐,以利于布置和节省管道。应避免将用水房间,特别是厕所布置在其他使用房间的直接上方,否则应设置设备层或采取其他措施以避免漏水。

竖向管道在室内有明装和暗藏两种。暗藏又可分为设管道井或采取后包做法两种。管道井的断面应符合管道安装、检修所需空间的要求,并尽可能在每层靠走道一侧设检修门或可拆卸的壁板。同一管道井内不应敷设在安全、防火和卫生方面互有影响的管道。南方地区可将雨水管布置在室外,顺墙而下,并注意不要影响立面美观,必要时可藏入外墙的凹槽内。

当建筑物内需设水泵间时,应考虑振动和噪声的不利影响,尽可能将其设在底层、地下室或半地下室内。如果在楼层中设水泵间,则最好将水泵间上下重叠,以免供水主管弯曲。

6.2.3 室内电气系统

1) 电气照明

室内照明方式有一般照明(即整个场所或场所某部分照度基本均匀的照明)、局部照明(即局限于工作部位的照明)和混合照明三种。照明线路的供电一般为单相交流 220 V 二线制,当负载电流超过 30 A 时,应考虑采用 380 V/220 V 的三相四线制供电。室内照明线路的安装方式有明敷、暗敷两种方式。明敷采用瓷夹板、瓷珠、瓷瓶、铝卡片、木槽板或塑料槽板布线。暗敷可以穿塑料管、钢管敷设或采用塑料护套线直接埋入。

配电箱(盘)是接受或分配电能的装置,应安装在干燥、通风、采光良好、操作方便,同时又不影响美观的地方,通常设在门厅、楼梯间或走廊的墙壁内。它也有明装与暗藏两种安装方式,现多采用嵌墙暗装,暗装时箱底距地面 1.5 m。明装电度表板底口距楼地面不小于 1.8 m。

当建筑内有用电量较大的电气设备时,也可以单独设立供电系统。

2) 建筑防雷

建筑物的防雷包括对直击雷、感应雷击和侵入波的防护,以防直击雷为主。防直击雷的保护装置由接闪器(避雷针、避雷带或避雷网)、引下线和接地极组成。由于避雷带较避雷针美观、安全,因而应用较多。

3) 建筑设计与电气系统的关系

灯具的造型与安装高度对建筑空间处理与美观有一定影响,用灯光来烘托环境气氛也是建筑艺术处理的一种手段,所以建筑师与电气工程师应密切配合,精心设计。

在现浇楼板中,导线穿管可埋入板内。如采用预制楼板,穿管有困难时,可在板上设60~80 mm 厚找平层,或置入吊平顶内。

在高层建筑中,有时需将各户电度表集中装置在一间房内,称为电表房。电表房大多设在底层的电梯井或楼梯附近。为检修方便,有时还在每一层楼设分配电间或分配电箱。电表房的面积视电表数量而定,分配电间的面积不小于 2 m^2,二者门都应外开。分配电箱应嵌墙暗装。

要注意电源进户线和防雷装置引下线对建筑立面的影响。架空电源进户线的位置不宜选在建筑物的正面,必要时应采用埋地电缆引入。防雷装置引下线必要时可藏入墙面凹槽内,或利用柱内钢筋作引下线。

6.2.4　采暖通风与空气调节系统

1) 采暖系统

根据热媒不同,采暖系统可分为热水采暖、蒸汽采暖和热风采暖三种。热水采暖适用于长时间采暖的建筑,如住宅、医院、幼儿园、旅馆等。蒸汽采暖适用于短时间或间歇采暖的建筑,如学校、影剧院、食堂等。热风采暖多应用于局部采暖的建筑。根据作用范围不同,采暖系统又可分为局部采暖(热源和散热设备设在同一房间)和集中采暖(由一个热源同时向多个房间供热)。前者主要用于南方地区,后者主要用于北方地区。

2) 通风系统

某些工业生产过程会产生大量余热、粉尘、蒸汽和有害气体,在人员集中的公共建筑中人会产生大量热、湿和二氧化碳,为了改善室内空气环境,需要不断向室内送入新鲜空气,同时把污浊空气排出室外,这就是通风,又称换气。按通风方式不同,通风可分为全面通风和局部通风。按通风机制不同,通风又可分为自然通风和机械通风。

3) 空气调节系统

某些高标准的民用建筑,如宾馆、商店、影剧院等,往往要求室内的温度、湿度和清洁度全年都保持在一定范围内,此时用换气的办法已不能满足,而必须对送入的空气进行净化、加热或冷却、干燥或加湿等处理,这种通风方式就是空气调节,简称空调。按送风方式不同,空调系统可分为集中式空调、局部式空调和混合式空调三种。集中式空调是将各种空气处理设备和风机集中布置在专用房间内,通过风管同时向多处送风。它适用于风量大而集中的大空间建筑,如影剧院、体育馆、大会堂等。局部式空调是将空调机组直接放在需要空调的房间或相邻房间,就地局部处理房间的空气。它适用于住宅、宾馆、办公楼等。目前空调机组已大量定型生产,各种型号、规格的产品很多,用户可根据需要选用。混合式空调就是既有局部处理,又有集中处理的空调系统,适用于空间组成复杂,又要求能调节空气环境的公共建筑,如高级宾馆等。

4) 建筑设计与采暖通风及空调系统的关系

采用集中式采暖和空调时,要妥善安排设备及管道的位置,既要满足自身的要求,又要不影响美观。建筑层高要考虑设备与管道占用的空间。要充分利用吊顶空间、桁架上的空间、下弦之间的空间来布置设备与管道。

暖通设备系统对建筑物的围护结构提出了较高的要求。建筑的围护结构要进行热工计算,以确定其构造做法。门、窗也要做适当的密闭处理。

采用集中式采暖和空调时,需要有相应的设备用房(如锅炉房、冷冻机房、空调机房等)和设施(如风管、管道、地沟、管道井、散热器、送风口、回风口等)。在建筑布局中,要恰当安排设备用房的位置和大小。各种设施的布置要与装修设计紧密配合。

采用局部空调时,应考虑空调机组的位置,并与建筑立面处理结合起来。

为了解决各种设备管网布置的衔接问题,高层建筑往往要设设备层。高度在 30 m 以下的建筑通常利用底层或地下室、顶层作为设备层;高度在 30 m 以上的建筑还应根据给排水、暖通和电气的分区情况在适当层位上设设备层。设备层竖向布置的典型方式是:从楼地面上 2.0 m 内布置机器设备,以上 0.75~1.0 m 高度内布置空调风道和各种管道,再上面 0.6~0.75 mm 高度内布置给排水管道,最上面 0.6~0.75 m 范围为电气配线区。如果没有机器设备,或者将机器设备布置与管道布置错开,设备层的层高为 2.6 m 左右。

6.3　技术经济分析与技术经济指标

6.3.1　建筑经济分析评价方法

经济是我国建筑技术政策的重要组成部分。建筑从选址、勘察基地、设计、施工,直到使用与维修管理,无不包含着经济问题。因而,建筑师应从方案构思开始,便把经济问题放在一个重要位置来考虑。

目前,评价单体民用建筑设计的经济性,主要根据技术经济指标来进行,而每平方米建筑面积的造价是最重要的指标。但是,仅仅根据技术经济指标来评价建筑的经济性是很片面的,全面评价应从以下几方面进行:

1)建筑技术经济指标

这些指标包括建筑面积、建筑系数、每平方米造价等。它是评价建筑经济性的重要指标。其中,每平方米造价指标最重要,它是建筑所消耗的工日、材料、机械以及其他费用的综合反映。在保证建筑的功能和质量标准的前提下,每平方米造价越低越经济。建筑系数也是一个重要的衡量指标。在保证安全的前提下,减小结构面积;在保证使用的条件下,提高有效面积系数,减少有效面积的体积系数或增加单位体积的有效面积系数,都能取得经济效果。但是,进行建筑经济分析时必须具有全面观点,不能为追求较低的每平方米造价而降低建筑质量标准,也不能因为追求各项建筑系数的表面效果而影响使用功能。过窄的楼梯,过低的层高,过小的辅助面积,既不方便使用,又会因为需改建等原因造成更大的浪费。

此外,为了增加可比性,我国还将平均每平方米建筑面积的主要材料(钢材、木材、水泥和砖)消耗量作为衡量建筑经济性的一项指标。

2)长期经济效益

要取得良好的长期经济效益,就需要恰当地选择建筑的质量标准。片面追求建筑费用的节约而降低质量标准,不但影响建筑的使用水平,而且会增加使用期的维修费用,降低使用年限,从而造成浪费。一幢建筑使用期内各项费用的总和,通常比一次性建设投资大若干倍。由此可见,注重建筑的长期经济效益,是取得良好经济效果的一个重要途径。基于这种原因,在建筑设计中,选择建筑的质量标准时,具有适当的超前意识是必要的。

　　3)结构形式与建筑材料

　　分析表明,砖混结构房屋各部分造价占总造价的比例约为:基础 6%～15%,墙体 30%～40%,楼、屋盖 20%～40%,门窗 10%左右,设备 5%～10%。可见,结构部分对建筑的经济性影响很大。因此,在建筑设计时必须合理选择结构形式,并做好结构设计。

　　建筑材料的费用一般占工程总造价的 60%～70%。因此,合理选择材料,尽量就地取材和利用工业废料,并注意材料的节省,也是降低建筑造价的重要内容。

　　4)建筑工业化

　　在建筑设计中,采用标准设计越多,工业化程度越高,对加快施工进度,提高劳动生产率,从而减少建设投资就越有利。

　　5)适用、经济、技术和美观的统一

　　一切设计工作,都应力求在节约的基础上达到实用的目的,在合理的物质技术基础上努力创新,设计出既经济实用,又美观大方的建筑来。一幢不适用的建筑实质上是一种浪费。技术上不合理的节约会带来不良后果。片面强调经济而不注意美观也不可取。

　　为了更科学地做好建筑的技术经济评价工作,原建设部于 1988 年制定了《住宅建筑技术经济评价标准》(JGJ 47—1988)。这个标准,建立了住宅建筑的评价指标体系,确定了评价指标的计算方法以及综合评价的方法,对搞好建筑的技术经济评价工作具有重要意义。

6.3.2　建筑设计中主要技术经济指标

　　1)建筑面积

　　建筑面积是指建筑物勒脚以上各层外墙墙面所围合的水平面积之和。它是国家控制建筑规模的重要指标,是计算建筑物经济指标的主要单位。

　　对于建筑面积的计算规则,目前全国尚不统一。1995 年,原建设部颁布的《建筑面积计算规则》是国家基本建设主管部门关于建筑面积计算的指导性文件。各地根据这个文件也制定了实施细则。根据规定、地下室、层高超过 2.2 m 的设备层和储藏室,阳台、门斗、走廊、室外楼梯以及缝宽在 300 mm 以内的变形缝等,均应计入建筑面积,而突出外墙的构件、配件、附墙柱、垛、勒脚、台阶、悬挑雨篷等,不计算建筑面积。具体计算方法见《建筑经济评价与法规》课程。

　　2)每平方米造价

　　每平方米造价也称单方造价,是指每平方米建筑面积的造价。它是控制建筑质量标准和投资的重要指标。它包括土建工程造价和室内设备工程造价,不包括室外设备工程造价、环境工程造价以及家具设备费用(如教室的桌凳、实验室的实验设备、影剧院的坐椅和放映设备)。

　　影响单方造价的因素有很多,除建筑质量标准外,还受材料供应、运输条件、施工水平等因素影响,并且不同地区之间差异很大,所以只在相同地区才有可比性。

　　要精确计算单方造价较困难,通常在初步设计阶段可采用概算造价,在施工图完成后再采用预算造价。工程竣工后,根据工程决算得出的造价,是较准确的单方造价。

　　3)建筑系数

　　(1)面积系数

　　常用的面积系数及其计算公式如下:

$$有效面积系数 = \frac{有效面积(m^2)}{建筑面积(m^2)} \times 100\%$$

$$使用面积系数 = \frac{使用面积(m^2)}{建筑面积(m^2)} \times 100\%$$

$$结构面积系数 = \frac{结构面积(m^2)}{建筑面积(m^2)} \times 100\%$$

有效面积是指建筑平面中可供使用的全部面积。对于居住建筑,有效面积包括居住部分、辅助部分以及交通部分楼地面面积之和。对于公共建筑,有效面积则为使用部分和交通系统部分楼地面面积之和。户内楼梯、内墙面装修厚度以及不包含在结构面积内的烟道、通风道、管道井等应计入有效面积。使用面积等于有效面积减去交通面积。

民用建筑通常以使用面积系数来控制经济指标。使用面积系数的大小,同时也反映了结构面积和交通面积所占比例的大小。中小学校建筑,使用面积系数约为60%左右,住宅则可达65%~85%。

提高使用面积系数的主要途径是减小结构面积和交通面积。减小结构面积,可采取以下三种措施:一是合理选择结构形式,如框架结构的结构面积一般小于砖混结构;二是合理确定构件尺寸,在保证安全的前提下,尽量避免肥梁、胖柱、厚墙体;三是在不影响功能要求的前提下,适当减少房间数量,减少隔墙。为了达到减小交通面积的目的,在设计中应恰当选择门厅、过厅、走廊、楼梯、电梯间的面积,切忌过大;此外,合理布局,适当压缩交通面积也是方法之一。

(2) 体积系数

常用的体积系数及计算公式如下:

$$有效面积的体积系数 = \frac{建筑体积(m^3)}{有效面积(m^2)}$$

$$单位体积的有效面积系数 = \frac{有效面积(m^2)}{建筑体积(m^3)}$$

显然,即使面积系数相同的建筑,体积系数不同,经济性也不同。因此,合理进行建筑剖面组合,恰当选择层高,充分利用空间,是有经济意义的。

4) 容量控制指标

(1) 建筑覆盖率,又称建筑密度,计算公式如下:

$$建筑覆盖率(\%) = \frac{建筑基底面积之和(m^2)}{总用地面积(m^2)} \times 100\%$$

(2) 容积率计算公式如下:

$$容积率 = \frac{总建筑面积(m^2)}{总用地面积(m^2)}$$

基地上布置多层建筑时,容积率一般为1~2;布置高层建筑时,可达4~10。

(3) 建筑面积密度计算公式如下:

$$建筑面积密度(m^2/hm^2) = \frac{总建筑面积(m^2)}{总用地面积(hm^2)}$$

(4) 人口密度计算公式如下:

①　　　　　　　人口毛密度$(人/hm^2) = \dfrac{居住总人口数(人)}{居住区用地总面积(hm^2)}$

②　　　　　　　人口净密度$(人/hm^2) = \dfrac{居住总人口数(人)}{住宅用地总面积(hm^2)}$

5) 高度控制指标

(1) 平均层数计算公式如下:

$$平均层数(层) = \dfrac{总建筑面积(m^2)}{建筑基底面积之和(m^2)}$$

或　　　　　　　　　　　　$$平均层数(层) = \dfrac{容积率}{建筑覆盖率}$$

(2) 极限高度

极限高度是指地段内最高建筑物的高度(m),有时也用最高层数来控制。城市规划对此往往有控制要求。

6) 绿化控制指标

(1) 绿化覆盖率

绿化覆盖率有时又称绿化率,指基地内所有乔、灌木和多年生草本所覆盖的土地面积(重叠部分不重复计算)的总和,占基地总用地的百分比。一般新建筑物基地绿化率不小于30%,旧区改扩建的绿化率不小于 25%。

(2) 绿化用地面积

绿化用地面积指建筑基地内专门用作绿化的各类绿地面积之和,包括公共绿地、专用绿地、宅旁绿地、防护绿地和道路绿地,但不包括屋顶和晒台的绿化,面积单位为平方米。

7) 用地控制指标及有关规定

(1) 用地面积

用地面积是指所使用基地四周红线框定的范围内用地的总面积,单位为公顷,有时也用亩或平方米。

(2) 红线

红线可分为道路红线和建筑红线两种。道路红线是指城市道路(包括公用设施)用地与建筑用地之间的分界线。建筑红线是指建筑用地相互之间的分界线。红线由城市规划部门划定。

(3) 建筑范围控制线

建筑范围控制线是指城市规划部门根据城市建设的总体需要,在红线范围内进一步标定可建建筑范围的界线。建筑范围控制线与红线之间的用地归基地执行者所有,可布置道路、绿化、停车场及非永久性建筑物、构筑物,也计入用地面积。

(4) 征地线

征地线表示建设单位(业主)需办理建设征用土地范围的控制线。征地线与红线之间的土地不允许建设单位使用。

6.3.3　影响建筑设计经济的主要因素及提高经济性的措施

1) 建筑物平面形状与建筑物平面尺寸的影响

建筑物的平面形状与建筑物的平面尺寸(主要是面宽、进深和长度)不同,其经济效果也

不同,主要表现在以下三个方面:

(1)用地经济性不同

用地经济性可用建筑面积的空缺率来衡量。空缺率越大,用地越不经济。建筑面积的空缺率计算公式如下:

$$建筑面积的空缺率 = \frac{建筑平面的长度(m) \times 建筑平面最大进深(m)}{底层平面建筑面积(m^2)} \times 100\%$$

图 6-37 为两幢住宅单元组合示意。它们建筑面积相同,但显然图 6-37(b)建筑面积空缺率大。这表明,建筑平面越方正,用地越经济。

图 6-37　面积相同的两幢建筑占地的比较

建筑物的进深也会影响用地经济性。建筑物的进深越大,越能节约用地。对居住建筑来说,每户面宽越小,用地也越省。

(2)基础及墙体工程量不同

基础及墙体工程量的大小,可用每平方米建筑面积的平均墙体长度来衡量。该指标越小越经济。考虑到内墙、外墙、隔墙造价不同,通常分别统计,以利比较。由于外墙造价最高,因而缩短外墙长度对经济性影响最显著。一般来说,建筑物平面形状越方正,基础和墙体的工程量越小;建筑物的面宽越小,进深越大,基础和墙体工程量也越小。

(3)设备的常年运行费用不同

方正的建筑平面,较大的进深和较小的面宽,可使外墙面积缩小,建筑的热稳定性提高,这对减少空调与采暖费用是有利的。

综上所述,进行建筑平面设计时,应力求平面形状简洁,减少凹凸;适当增大建筑的进深与缩小面宽;另外,减少建筑幢数,增加建筑长度也可节省用地。

2)建筑层数与层高的影响

适当增加建筑层数,不仅可以节约用地,而且可以减小地坪、基础、屋盖等在建筑总造价中所占的比例,还可降低市政工程造价。表 6-8 是对 1~6 层砖混结构住宅每平方米造价的比较。从表中可以看出,单层房屋最不经济,5 层最经济。层数更多时,虽可节省用地,但因公共设施增加和结构形式的改变而影响经济性。

表 6-8　1~6 层砖混结构住宅每平方米造价的比较

层　　　数	1 层	2 层	3 层	4 层	5 层	6 层
每平方米造价的相对比值	1.000	0.916	0.869	0.819	0.795	0.838

层高的增加,不但增加了房屋的日照间距,还增大了墙体工程量和房屋使用期间的能源消耗,增加了管线长度。分析表明,住宅层高每降低 100 mm,大约可节约造价 1.2%～1.5%;层高由 2.8 m 降低到 2.7 m,可节约用地 7.7% 左右。

由此可见,在保证空间使用合理性的前提下,适当降低层高,选择经济的建筑层数,是降低建筑造价的有效措施。

　　3）建筑结构的影响

　　从上部结构来看,应选择合理的结构形式与布置方案。例如,对 6 层及其以下的一般民用建筑,选用砖混结构是经济合理的,但对需要大空间的建筑,则可能采用框架结构更经济合理。再如,在对住宅的厕所、厨房进行结构布置时,是采用小开间的墙支承小跨度板的方案,还是采用大跨度板支承隔墙的方案,应通过技术经济比较后确定。

　　对于基础,一是选择基础材料要因地制宜,二是要采用合理的基础形式,三是要确定安全而经济的基础尺寸与埋深,以降低造价。

　　4）门、窗设置的影响

　　从单位面积来看,门、窗的造价大于墙体,特别是铝合金门、窗的造价可高出墙体 10 余倍。据分析,在一套面积为 42 m^2 的住宅中,墙厚 240 mm,如果将采光系数由 1/8 提高到 1/6,使用普通木窗,则每平方米造价将上升 0.5% 左右。此外,门、窗的数量与面积还将影响采暖和空调系统的运行费用。因此,设计中应避免设置过多、过大的门、窗。

　　5）建筑用地的影响

　　增加用地,不但会增加土地征用费,还会增加道路、给排水、供热、燃气、电缆等管网的城市建设投资。除上面已提到的节约土地措施外,在建筑群体布置中,也应合理提高建筑密度,选择恰当的房屋间距,使布局紧凑。

7 文化馆建筑设计

7.1 概 述

7.1.1 文化馆建筑的分类与作用

文化馆建筑包括文化馆、群众艺术馆和文化站。文化馆是国家设立的县(旗)、市辖区的文化事业机构,隶属于当地政府,是开展社会宣传教育、普及科学文化知识、组织辅导群众文化活动和艺术活动的综合性文化事业机构。群众艺术馆是国家设立的省(自治区)、直辖市以及地、市一级的文化事业机构,是组织与指导群众文化艺术活动及研究群众艺术的部门。文化站是乡(镇)人民政府、城市街道办事处、区公所一级的基层文化事业机构,是当地开展综合性群众文化宣传娱乐活动、普及科学文化知识的组织辅导部门和活动场所。它们在我国社会主义精神文明建设中起着重要作用。

7.1.2 文化馆建筑的规模

1) 建筑面积

文化馆的建筑面积可参考表7-1,文化站的建筑面积可参考表7-2。另外,也可根据5~7 m²/千人来估算。我国幅员广大,各地情况差别很大,所以还应作相应调整。一次性难以建成的,也可分期建设。

表7-1 文化馆建筑面积参考规模

建筑面积(m²)	2 000~3 000	3 000~4 000	4 000~5 000	5 000 以上
适用条件	县城,20万人,经济欠发达地区	中等城市,20万~25万人,经济稍发达地区	大城市,50万~100万人,经济较发达地区	特大城市,100万人以上,经济发达地区

注:(1) 表中所列各种规模的文化馆,其面积均指下限,上限不作规定。
(2) 人口数及经济发达情况较复杂,依此确定规模时,应灵活掌握。

表7-2 乡镇、居住区、居住小区文化站建筑面积参考规模

建筑面积(m²)	500~700	700~1 000	1 000~1 500	1 500~2 000
适用条件	1万人以下	1万~1.5万人	1.5万~2万人	2万人以上

注:(1) 表中所列各种规模,其面积均指下限,上限不作规定。
(2) 人口情况较为复杂,依此确定规模时应灵活掌握。

2) 占地面积

文化馆建筑的占地面积可以根据建筑面积和容积率推算出来。经过对建筑实例和1987年全国文化馆设计竞赛获奖方案的调查分析表明,文化馆的容积率宜取0.4~0.8,文化站的容积率宜取0.3~0.6。例如,某文化馆建筑面积为3 000 m²,容积率取0.5,则占地面积为6 000 m²。

7.1.3　文化馆建筑的组成

文化馆建筑一般由群众活动部分、学习辅导部分、专业工作部分和行政管理部分等组成。不同规模的文化馆建筑,具体房间组成区别很大,一般如表 7-3 所示。

表 7-3　文化馆建筑的组成

序号	组成部分		房间名称	规模 (m²)							
				500~700	700~1000	1000~1500	1500~2000	2000~3000	3000~4000	4000~5000	5000以上
1	群众活动部分	观演用房	门厅				√	√	√	√	√
2			观演厅				√	√	√	√	√
3			休息厅					√	√	√	√
4			卫生间			√	√	√	√	√	√
5			管理室					√	√	√	√
6			放映室					√	√	√	√
7			化妆室					√	√	√	√
8		游艺用房	大游艺室	√	√	√	√	√	√	√	√
9			中游艺室	√	√	√	√	√	√	√	√
10			小游艺室	√	√	√	√	√	√	√	√
11			儿童活动室			√	√	√	√	√	√
12			老人活动室	√	√	√	√	√	√	√	√
13			管理室			√	√	√	√	√	√
14		交谊用房	存衣室					√	√	√	√
15			小卖部		√	√	√	√	√	√	√
16			舞厅		√	√	√	√	√	√	√
17			歌厅						√	√	√
18			茶座	√	√	√	√	√	√	√	√
19			卫生间								
20			管理室	√	√	√	√	√	√	√	√
21		展览用房	准备室							√	√
22			展览厅				√	√	√	√	√
23			储藏室							√	√
24		阅览用房	阅览室	√	√	√	√	√	√	√	√
25			儿童阅览室						√	√	√
26			资料室			√	√	√	√	√	√
27			书报储存间						√	√	√
28	学习辅导部分		普通教室	√	√	√	√	√	√	√	√
29			视听教室						√	√	√
30			音乐教室					√	√	√	
31			书法教室							√	√

续表 7-3

序号	组成部分	房间名称	500~700	700~1000	1000~1500	1500~2000	2000~3000	3000~4000	4000~5000	5000以上
32	学习辅导部分	美术教室						√	√	√
33		综合排练厅				√		√	√	√
34		教师休息室							√	√
35		管理室							√	√
36	专业工作部分	文艺工作室							√	√
37		舞蹈工作室							√	√
38		音乐工作室			√	√	√	√	√	√
39		美术、书法工作室			√	√	√	√	√	√
40		摄影工作室	√	√	√	√		√	√	√
41		摄影室						√	√	√
42		暗室	√	√		√		√	√	√
43		戏曲工作室						√	√	√
44		录音室						√	√	√
45		录音工作室	√	√	√	√		√	√	√
46		录像室							√	√
47		录像控制室							√	√
48	行政管理部分	馆长室	√	√	√	√		√	√	√
49		接待室	√	√	√	√	√	√	√	√
50		办公室	√	√	√	√		√	√	√
51		经营室					√	√	√	√
52		配电室		√	√	√				
53		维修间					√	√	√	√
54		车库				√	√	√	√	√
55		仓库		√	√	√	√	√	√	√
56		值班室	√	√	√		√	√	√	√
57	设备用房	按需要设置								

有些文化馆建筑除设置上述用房外，还设有影剧院和体育活动用房。

文化馆建筑各部分用房使用面积所占的比例可以参考表 7-4。

表 7-4　文化馆建筑各类用房的使用面积占总使用面积的百分比(建议)(%)

用房名称	观演用房	游艺用房	交谊用房	展览用房	阅览用房	学习辅导用房	专业工作用房	行政管理用房	设备用房
文化馆	20	14	10	10	8	18	8	12	另设
文化站	10	30	26		10	8		16	

7.2 文化馆建筑基地选择与总平面设计

7.2.1 基地选择

文化馆建筑基地选择的条件包括：

（1）文化馆基地选择应符合文化事业和城市规划布局的要求。

（2）文化馆宜有独立的建设基地。

（3）文化馆的位置应考虑便于群众前来参加活动，一般宜设在某地区中心地段或靠近公共绿地之处，交通要方便。

（4）面积适当，地形较完整，便于布置建筑和活动场地。

（5）日照、通风条件好，附近无污染源。

7.2.2 总平面设计

文化馆建筑总平面设计除布置建筑外，还应结合地形和使用要求布置室外休息娱乐场地、庭院、道路（包括人行道、车行道、消防通道）、停车场（以自行车为主）、绿化、环境小品等（图 7-1）。

总平面设计应注意以下问题：

（1）大、中型文化馆建筑至少应设两个出入口。主要出入口位置应明显。观演用房规模大时，宜有单独出入口。学习辅导用房、专业工作用房及行政管理用房宜另设辅助出入口。食堂、车库、职工宿舍用房可设后勤出入口。出入口与城市道路间应有缓冲地段，以满足城市交通安全的需要。

（2）基地内应进行功能分区，合理安排。各种场地和用房要处理好闹静关系。学习辅导用房、专业工作用房（除音乐、舞蹈外）、阅览用房应有安静的环境。游艺用房、交谊用房、观演用房宜靠近主要出入口。在布置建筑时，应为主要用房有良好朝向、日照、通风创造条件。

（3）安排好各种流线，如观演流线、游艺流线、学习流线、专业工作流线、内部管理流线等，使其不交叉混杂，但又要便于管理。

（4）有利于创造具有地方特色的建筑形象，绿化率尽可能较高。

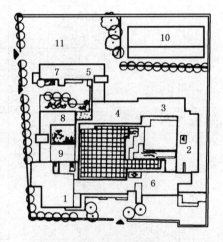

图 7-1　文化馆建筑总平面示例

1—观演用房；2—游艺用房；3—阅览用房；
4—展览用房；5—办公业务用房；
6—多用途活动室；7—排演厅；
8—老年人活动室；9—培训用房；
10—家属住宅；11—停车场

7.3 文化馆建筑设计一般原则与各部分用房设计

7.3.1 一般原则

1）要体现文化馆建筑的特点

（1）使用功能的多样性

文化馆建筑中要为群众提供各种文化活动场所,包括观演、游艺、交谊、展览、阅览、学习、专题研究等。它们要求的建筑空间各有不同,既要各得其所,又要减少相互间的干扰。此外,随着社会的发展,文化活动的内容与形式也会发生变化,所以文化馆的建筑空间要有一定的灵活性和适应性。

(2)建筑内容与形式的乡土性

在文化馆建筑内开展的活动是普及型的,强调群众参与,为群众喜闻乐见。文化馆建筑内的活动内容应根据当地的社会环境、文化背景和习俗风尚来确定,做到因地制宜、因时制宜,不应千篇一律。文化馆建筑是群众接触较多的建筑,也是在一定地段中比较重要的公共建筑;由于功能的多样性,建筑造型往往较丰富。所以,应精心设计,突出地域特点和个性特征,表现浓郁的乡情。

2)提高环境质量,满足使用要求

(1)采光

采用天然采光时,各使用房间的窗地面积比不应低于表 7-5 中的数值。展览、阅览、教室最好北面采光,并要避免产生眩光和直射光。美术与书法、摄影等用房要求光线柔和,也可考虑顶部采光。当采用人工照明时,各类用房工作面上的平均照度值建议按表 7-6 采用。

表 7-5　窗洞口与房间地面面积之比

房间名称	窗地比	房间名称	窗地比
展览、阅览用房 美术书法工作室、美术书法教室	1/4	游艺、交谊用房 文艺、音乐、舞蹈、戏曲等工作室 站室指导,群众文化研究部 普通教室、大教室、综合排练室	1/5

注:本表按单层钢侧窗计算,采用其他类型窗时应作调整。

表 7-6　各类用房工作面上的平均照度推荐值

房　间　名　称		平均照度(lx)	备　注
观演用房	观演厅	75~150	舞台应设工作照明
	舞台、侧台	50~100	
	化妆室	50~100	
	放映室	20~50	
游艺用房	游艺室		
交谊用房	舞厅、茶座	50~100	
展览用房	展览厅(廊)	50~100	宜设局部照明
阅览用房	阅览室	75~150	宜设局部照明
专业工作用房	美术书法工作室	75~150	
	摄影工作室	75~150	应设局部照明
	录音工作室	50~100	应设工作照明
	其他部室	50~100	
学习辅导用房	综合排练室	75~150	
	普通教室	75~150	
	大教室	75~150	
	美术书法教室	100~200	应设局部照明

注:工作面高度为 0.8 m。

（2）采暖、通风与朝向

采暖地区宜用热水采暖，室内计算温度控制在 14～18℃。各使用房间应有良好的朝向和自然通风。条件好的，也可以使用空气调节。

（3）声学处理

观演用房应按厅堂设计进行声学处理。游艺室、舞厅等用房应在顶棚、地面、墙面等处适当布置吸声材料，以减少噪音干扰。各使用房间室内允许噪声级如表 7-7 所示。

表 7-7　室内允许噪声级

房间名称	允许噪声级(dB)	房间名称	允许噪声级(dB)
教室、阅览室等	50	录音室及其他要求安静的用房	30
游艺、交谊厅等	55		

（4）其他

文化馆设置儿童、老年人专用的活动用房时，应布置在当地最佳朝向和出入安全、方便的地方，并分别设有适于儿童和老年人使用的卫生间。在严寒地区，应做暖性地面。儿童活动室的设计应符合儿童心理特点，装饰活泼，色调明快。

7.3.2　文化馆建筑各部分房间的设计

1）群众活动部分

（1）观演用房

文化馆建筑的观演用房是综合性的演出和集会场所，主要供群众进行文艺演出和欣赏文艺演出，也可以集会、放映电影和录像，有时还用来举办讲座。观演用房由门厅、观演厅、舞台、放映室、化妆室等组成。观演厅的规模一般不大于 500 座。当观演厅规模在300 座以下时，地面可以不做坡度，舞台可做成开敞式，其屋面高度也可以和观演厅相同。当观演厅规模大于 300座时，其设计方法与影剧院相同，但舞台设备可简单一些。观演厅的使用面积（包括开敞式舞台）可按每个观众席 0.5～0.7 m² 计算。有时，观演厅也兼作交谊厅、游艺厅，

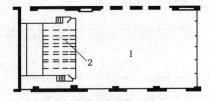

图 7-2　某文化馆观演厅

1—观演厅；2—舞台
（下部为折椅储放处）

此时地面不做坡度，实际上是一种多功能厅。观演厅的面积不宜小于 200 m²。当为矩形平面时，房间宽度不小于 10 m。多功能厅的坐椅应是可撤移的，但需考虑储存坐椅的地方（图7-2）。观演厅人流较集中，一般应单独设出入口和疏散通道。

（2）游艺用房

游艺项目较多时，游艺室宜大、中、小结合。大游艺室使用面积应大于或等于 65 m²，中游艺室使用面积应大于或等于 45 m²，小游艺室使用面积应大于或等于 25 m²。规模大的文化馆建筑还可以设儿童活动室、老年人活动室。各种游艺活动对活动室都有其不同要求，一般都应附设储藏间等用房。

① 台球室

台球台有三球台、四球台、波克线台、落袋式台等四种（图 7-3(a)）。台球台的布置要求见图 7-3(b)。在管理方式上，台球室可分为收门票和不收门票两种。如属收门票的，应在入口处设接待及收发票台。台球室的功能分析和示例见图 7-3(c)、图 7-3(d)。

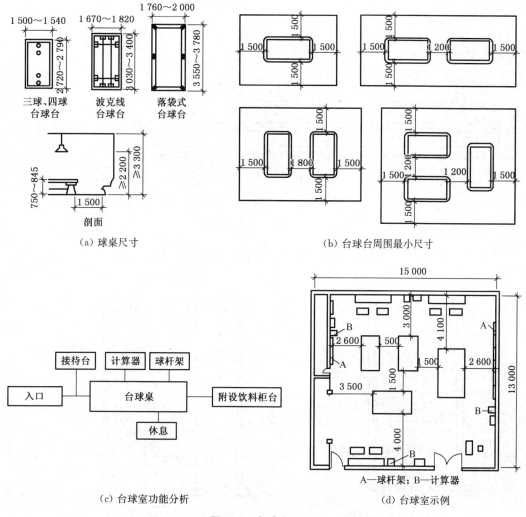

（a）球桌尺寸　　　　　（b）台球台周围最小尺寸

（c）台球室功能分析　　　　　（d）台球室示例

A—球杆架；B—计算器

图 7-3　台球室（mm）

② 棋牌室

棋牌室的空间处理以简洁宁静为宜。为防止相互干扰，各个牌桌之间可以设置隔断。桥牌游艺由于要叫牌，为防止影响其他游艺活动，可以设置专用房间（图 7-4）。

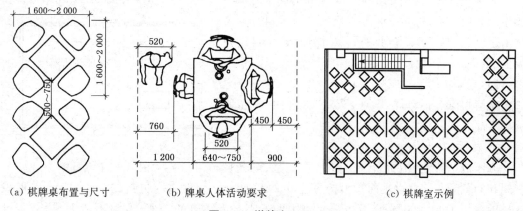

（a）棋牌桌布置与尺寸　　　　（b）牌桌人体活动要求　　　　（c）棋牌室示例

图 7-4　棋牌室（mm）

③ 保龄球室

保龄球既是娱乐活动,又能健身和竞技,近年来发展较快。保龄球需要较长的球道,因此房间的长度必须满足要求(图7-5)。

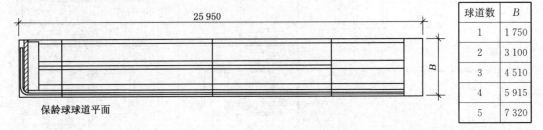

球道数	B
1	1 750
2	3 100
3	4 510
4	5 915
5	7 320

图7-5　保龄球球道平面(mm)

④ 电子游戏室

电子游戏深受青少年喜爱,很多文化馆建筑中都设有这项活动。为便于管理,入口处应设管理台(图7-6)。

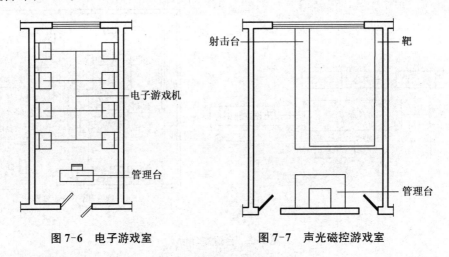

图7-6　电子游戏室　　　　　图7-7　声光磁控游戏室

⑤ 声光磁控游戏室

此类活动内容很多,如发光枪射靶等(图7-7)。

⑥ 乒乓球室

乒乓球台长2 740 mm,宽1 525 mm,高760 mm。台面上空至少要有3.24 m净空。比赛用的乒乓球室,每间平面至少应为7 m×14 m。文化馆建筑中的乒乓球室,其平面尺寸和净高都可酌情减少(图7-8)。

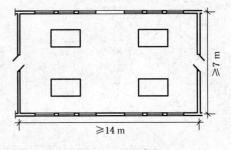

图7-8　乒乓球室

(3) 交谊用房

交谊用房包括舞厅、歌厅、茶室、管理间、卫生间及小卖部等。

① 舞厅

舞厅包括舞池、演奏台、存衣间、吸烟室、声光控制间和储藏间等。活动区面积可按每定员2 m² 计算。坐席占定员数的80%以上,一般设在乐池旁。面积大的舞厅,还可附设酒吧、茶座。为跳舞的需要,舞池不能太狭长,宽度宜大于 10 m。舞池应采用耐磨而光滑的地面,室内环境应亲切宜人。如考虑对外营业,应有单独出入口。舞厅会产生较大声响和闪烁的灯光,要避免影响其他房间的正常使用(图 7-9)。

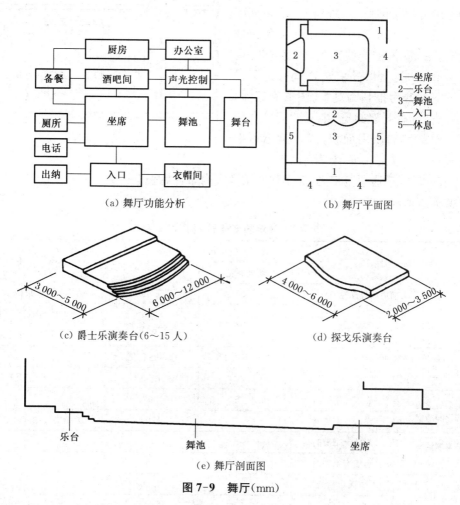

(a) 舞厅功能分析

(b) 舞厅平面图

1—坐席
2—乐台
3—舞池
4—入口
5—休息

(c) 爵士乐演奏台(6～15 人)

(d) 探戈乐演奏台

(e) 舞厅剖面图

图 7-9　舞厅(mm)

② 歌厅(歌舞厅)

设计方法与舞厅近似,但对音质条件要求较高,舞池可以小一些,也可不设(图 7-10)。

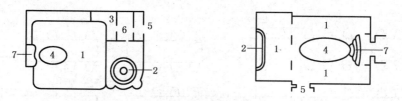

图 7-10　歌厅(歌舞厅)

1—坐席;2—酒吧;3—存衣;4—舞池;5—入口;6—门厅;7—乐台

③ 茶室

茶室内放置方桌、凳(椅)等,一般要附设茶水准备间、小卖部,配备消毒设备。近年来有些茶室还设有简单的演出台,表演曲艺或进行演奏。南方地区最好增加露天茶座。

茶室的顾客以老年人居多,环境宜幽静,风景应宜人(图7-11)。

（4）阅览用房

阅览用房包括阅览室、资料室、书报储存间及管理用房等。阅览用房应设在文化馆建筑内较安静的部位,要光线充足,照度均匀,避免眩光和直射光。为此,采光窗宜有遮阳设施。阅览室可分为报刊阅览室、图书阅览室。从管理方法分,有开架阅览、半开架阅览和闭架阅览。阅览室的使用面积,成人读者可按 $2.5 \sim 3.0$ m²/人,儿童读者可按 $1.5 \sim$

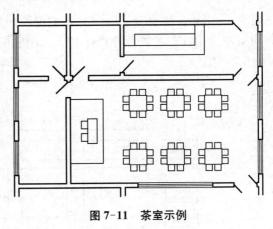

图 7-11　茶室示例

2.0 m²/人计算。普通阅览室桌、椅排列要求及室内布置见表7-8、图7-12。儿童阅览室桌、椅排列要求及示例见图7-13。

表 7-8　普通阅览室桌、椅排列要求

条　件		最小间隔尺寸(m)		备　注
		闭架阅览	开架阅览	
单面阅览桌前后间隔净宽		0.65	0.65	适用于单人桌、双人桌
双面阅览桌前后间隔净宽		1.30～1.50	1.30～1.50	四人桌不小于下限,六人桌不小于上限
阅览桌左右间隔净宽		0.60～0.90	0.60～0.90	
主通道净宽		1.20	1.50	
阅览桌后沿与端墙之间净宽	靠墙无书架时	1.05	—	靠墙书架深度0.25 m
	靠墙有书架时	—	1.60	
阅览桌侧沿与侧墙之间净宽	靠墙无书架时	0.60～0.90	—	同　上
	靠墙有书架时	—	1.30	
阅览桌与出纳台外沿净宽	单面桌前沿	1.85	1.85	
	单面桌后沿	2.50	2.50	
	双面桌前后沿	2.80	2.80	

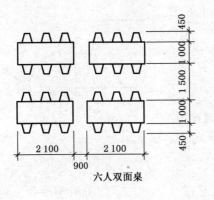

六人双面桌

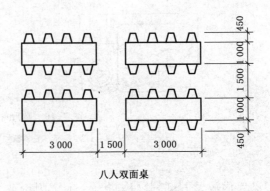

八人双面桌

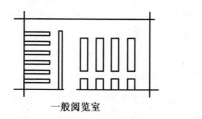
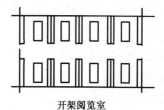

一般阅览室 开架阅览室

图 7-12 普通阅览室(mm)

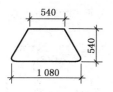

梯形阅览桌及组合

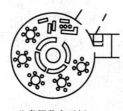

圆形阅览桌　　　　儿童阅览室示例一　　　　儿童阅览室示例二

图 7-13 儿童阅览室(mm)

儿童阅览室的家具应符合儿童的身体尺寸,设计时要考虑儿童心理特点。最好有单独出入口,并与室外庭院相通。

（5）展览用房

展览用房包括展览厅（或展览廊）、储藏间等。每间展览厅的使用面积不宜小于 65 m²。展览厅的参观路线和陈列布置形式见图 7-14。展览厅内观众通道不小于 2～3 m。展览厅

类　型	口　袋　式	穿　过　式	混　合　式
参观路线			
陈列布置形式			庭院

图 7-14 展览厅的参观路线和陈列布置形式

的跨度(或进深)单线陈列时不小于 4 m,双线陈列时不小于 7 m。展览厅的高度一般小于5 m。展览厅的参观路线应通畅,出入口宽度应符合安全疏散和搬运展品的要求。一般以自然采光为主,但要避免眩光和直射光。

2) 学习辅导部分

文化馆建筑的学习辅导部分由综合排练厅、普通教室、大教室及美术书法教室等组成。除综合排练厅外,均应布置在馆内较安静的区域。

(1) 综合排练厅

综合排练厅是辅导群众排练舞蹈、戏剧、音乐和开展健美运动的场所,通常与观演厅的舞台靠近,以便彩排,还可在演出时以排练厅暂代化妆室与演员休息室。排练厅不应靠近教室等要求安静的房间。排练厅宜采用木制地面,墙裙处安装照身镜和把杆(图 7-15)。

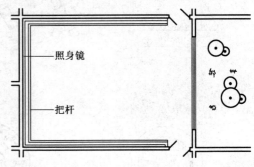

图 7-15　综合排练厅示例

(2) 普通教室和大教室

普通教室每间使用人数一般按 40 人计,大教室每间使用人数一般为 80 人。每人所占使用面积不小于 1.4 m²。课桌、椅尺寸宜大于或等于中学教室。其他要求与中学教室相同。

(3) 美术、书法教室

每室使用人数不宜超过 30 人,每人所占使用面积不小于 2.8 m²。美术与书法可以分设教室,也可合用教室。书法桌的平面尺寸为 700 mm×900 mm。美术、书法教室的其他设计要求与中、小学美术教室相同。

3) 专业工作部分

文化馆建筑的专业工作部分一般由文艺、美术、书法、音乐、舞蹈、摄影、录音等工作室,以及站室指导部、少年儿童指导部、群众文化艺术研究部等组成。

(1) 美术、书法工作室

使用面积不小于 24 m²。以北面采光为宜。室内设洗涤池、挂镜线。

(2) 音乐工作室

应附设 1～2 间琴房,每间琴房使用面积不小于 6 m²,并做隔声处理。

(3) 摄影工作室

应附设摄影室及洗、印暗室。暗室应有遮光及通风换气设施,并设置冲洗池和工作台。暗室可设 2～4 个工作小间供培训实习用,每个小间使用面积不小于 4 m²。

(4) 录音工作室

大、中型文化馆建筑设有专用录音工作室,由录音室、工作室、控制室组成,应布置在馆内安静部位。录音室和控制室的围护结构应作声学处理。

4) 行政管理部分

文化馆建筑行政管理部分由馆长室、办公室、经营室、配电室、接待室、值班室、维修间等组成,根据需要还可设置仓库、锅炉房、车库等。其位置应设在对外联系和对内管理都较方便的部位。行政管理部分的设计方法与办公建筑基本相同。

7.4 文化馆建筑的空间组合设计

7.4.1 空间组合方法

1）按功能分区进行空间组合

文化馆建筑一般分为群众活动部分、学习辅导部分、专业工作部分、行政管理部分四大功能区。群众活动部分又可分为观演、交谊、游艺、展览、阅览等小的功能区。这些功能区之间存在闹与静、主与次、内与外、联系与分隔等关系，其中尤以闹与静的关系对空间组合影响最大。为了避免闹干扰静，它们应相互分开，但又要便于管理，做到交通顺畅、疏散安全。其处理方法通常有以下三种：

（1）将闹和静的部分按楼层分开。

（2）从平面布置上先划分四大功能区，再将不同功能区中的闹、静部分采取相对隔离措施，如在两者间插入楼梯、过厅、卫生间、连廊等。

（3）综合运用前两种方法。

一般文化馆建筑的功能分区如图 7-16 所示。

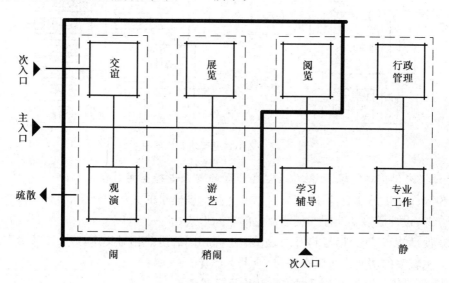

图 7-16 文化馆建筑功能分区图

2）按各房间的功能关系进行空间组合

在功能分区的基础上，进一步分析各房间的功能关系，以确定各个房间的位置。各个房间的功能关系如图 7-17 所示。

3）根据使用特点进行空间组合

很多使用房间都有配套的服务房间，如管理室、储藏间等，它们应成组布置。游艺活动内容多，趣味性强，吸引力大，人流往返频繁，并有一定噪音产生，应单独设区，靠近主要出入口。展览与阅览部分应安排在较醒目位置。学习辅导用房、专业工作用房大部分都需要安静的环境，宜有单独出入口，或与工作人员共用一个出入口。当文化馆建筑为多层建筑时，宜将使用人数多的房间，如观演厅、游艺厅、展览厅放在底层。

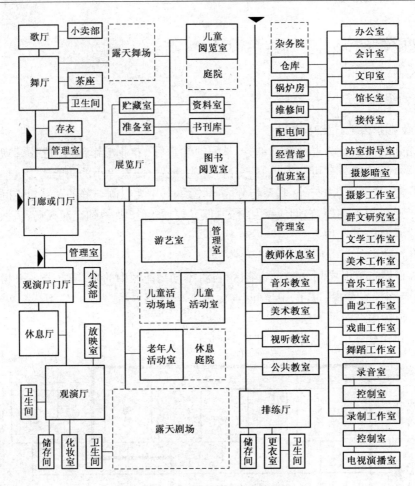

图 7-17　文化馆建筑功能关系图

4) 根据文化馆建筑规模、结构与设备布置的要求进行空间组合

规模大的文化馆建筑,房间划分可以细一些。规模小的文化馆建筑,宜将功能相近的房间进行合并,设计成多功能厅或灵活可变的空间形式。

为了使结构布置合理,宜将开间、进深、层高相同的房间相对集中,或上下重叠。卫生间或其他用水较多的房间宜布置在底层,或上下重叠。

5) 为尽可能多地使用房间创造良好的物理环境

空间组合应使大多数使用房间有良好的朝向、天然采光和自然通风条件。可以适当设置庭园,既可提供户外活动场地,丰富景观,又有利于改善采光、通风条件。

6) 满足安全疏散的要求

文化馆建筑使用人数多,安全疏散问题很重要,必须严格遵守防火规范中的有关规定。文化馆建筑的耐火等级对于高层建筑不应低于二级,对于多层建筑不应低于三级。当5层或5层以上设有群众活动、学习辅导用房时,文化馆建筑中应设电梯。观演厅、展览厅、舞厅、大游艺室等人员密集的用房宜设在底层,并有直接对外的安全出口。文化馆建筑内走道的净宽度不应小于表7-9中的数值。群众活动部分、学习辅导部分的门均不得设门槛。凡在安全疏散走道的门,一律向疏散方向开启,不得采用旋转门、推拉门和吊门。展览厅、舞厅、大游艺室的主要出入口宽度不应小于1.5m。屋顶做花园或做室外活动场地时,其护栏高度应大于1.2 m。疏散走道内不宜设置台阶。人员密集场所和门厅、楼梯间及疏散走道上,应设置事故照明和疏散指示标志。

表 7-9 走道最小净宽度(m)

部　　分	双面布房	单面布房
群众活动部分	2.10	1.80
学习辅导部分	1.80	1.50
专业工作部分	1.50	1.20

7.4.2　空间组合形式

文化馆建筑的空间组合形式主要有三类:集中式、庭院式、分散式。

1)集中式组合(图 7-18)

集中式组合布局紧凑,用地经济,适用于占地规模小的文化馆建筑。功能分区常按楼层进行划分。为了增加露天活动场地,可以设置屋顶花园,或在屋顶设儿童活动和老人活动场地,但应有必要的安全措施。

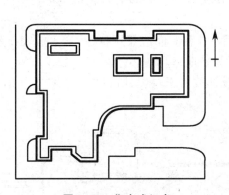 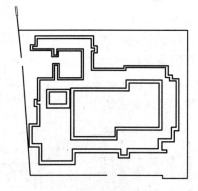

图 7-18　集中式组合　　　　　　　图 7-19　庭院式组合

2)庭院式组合(图 7-19)

庭院中可以设置绿化,也可适当安排室外活动场地,例如,有的文化馆建筑将庭院设计成露天观演厅,造价低,又增强了文化氛围。庭院可以是单院,也可以是多院。北方庭院一般较封闭,南方庭院宜开敞一些。如果在庭院上加玻璃顶盖,则形成中庭,活动不受气候影响,但造价会增加许多。

3)分散式组合(图 7-20)

在文化馆建筑占地较大,或基地被山坡、水面、树木分割得较破碎时,可以采用分散式组合。这种组合,房屋结构简单,施工方便,分区明确,可以分期建设,但占地较多,管线较长,管理也不方便。

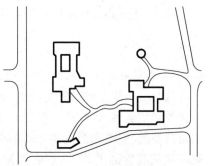

图 7-20　分散式组合

7.4.3　灵活空间设计

由于文化馆建筑开展的活动经常会发生变化,要求使用空间应有较大的灵活性和适用

性,所以有很多设计将若干小空间有意识地合并为大空间,这种大空间又称为灵活空间。灵活空间的设计手法常常有以下几种:

(1)流动式空间(图7-21) 用若干不到顶、不交接、不承重的墙按需要划分出若干个子空间。这些子空间互相穿插,似断非断,似连非连,具有流动感。这种手法特别适用于展览空间。

(2)幕隔式空间(图7-22) 在大空间适当位置装置可开闭的帷幕,分隔简便易行。

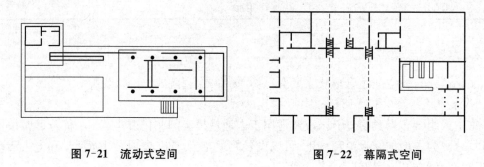

图7-21 流动式空间　　　　　　　　图7-22 幕隔式空间

(3)灵活隔断式空间(图7-23) 采用橱、书柜、屏风等可以移动的家具进行空间分隔,灵活性很大。

(4)多用途空间(图7-24) 又称多功能厅。这种空间应兼顾各种用途的需要。例如,当观演厅也兼作舞厅、大游艺室时,地面应设计为平地,坐椅应是活动的。

(5)灵活单元式空间(图7-25) 将空间设计成若干单元,既可按单元独立使用,也可将若干单元连通起来使用。

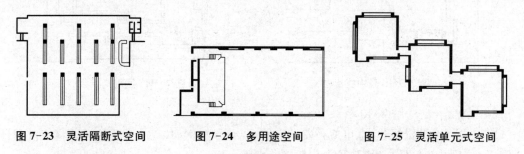

图7-23 灵活隔断式空间　　　图7-24 多用途空间　　　图7-25 灵活单元式空间

此外,还可以考虑室内空间向室外空间延伸的灵活性,如在茶室外设露天茶座。

7.4.4 实例

1)北京东城区文化馆(图7-26)

这是一个规模较大的文化馆,建筑共有5层。由于场地狭小,采用集中式布局。按照场地条件和功能要求,建筑分成三大块,以门厅作为三大块的交通枢纽。北面一块共3层,分别设置游艺、展览和多功能厅,同属稍闹的空间,跨度也较大。东北角设有疏散楼梯。东端一块底层为酒家,2、3层有摄影、美术、阅览、办公等需要安静的用房。西端共5层,安排有曲艺、音乐、舞蹈、戏剧、迪斯科舞厅等气氛热烈的活动用房。这样,功能分区明确,交通便捷,闹、静分开,是一个较好的设计。缺点是厨房油烟对部分办公室、工作用房有影响。

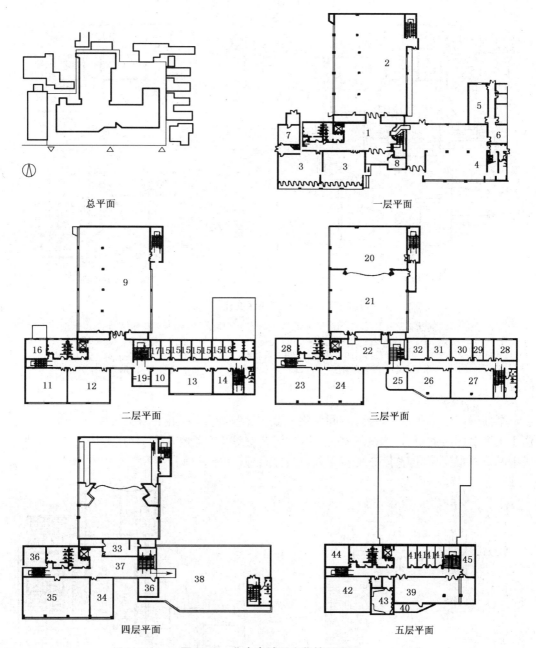

图 7-26 北京东城区文化馆平面图

1—门厅；2—游艺室；3—商店；4—酒家；5—厨房；6—备餐室；7—变配电室；8—传达室；9—展览室；
10—休息室；11—曲艺、戏剧室；12—阅览室；13—儿童阅览室；14—会议室；15—办公室；16—工作室；
17—总机室；18—开水室；19—小卖部；20—舞台；21—多功能厅；22—休息室；23—音乐排练室；24—录像厅；
25—暗室；26—美术摄影室；27—台球室；28—工作室；29—棋艺室；30—文艺室；31—民间文艺室；
32—书法室；33—放映电气室；34—健身房；35—舞蹈排练室；36—工作室；37—休息室；38—屋顶花园；
39—迪斯科舞厅；40—控制室；41—琴房；42—录音室；43—控制室；44—空调室；45—食品供应室

2）南京南湖小区文化馆（图 7-27）

这是一个规模稍小的文化馆。采用低层建筑，最高处为 3 层。高、低错落，建筑显得比较舒展。使用人数多的活动用房多在底层，较方便。有两个庭院，一个完整，一个不完整，使室外空间有变化。展览用房采用的是灵活单元式空间组合。

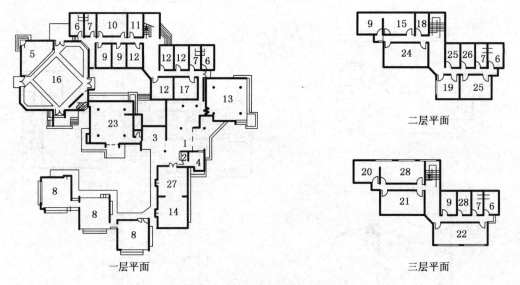

图 7-27　南京南湖小区文化馆平面图

1—敞厅；2—传达室；3—小卖部；4—售票室；5—舞台；6—男厕；7—女厕；8—展览厅；9—工作间；
10—会议室；11—休息室；12—办公室；13—阅览室；14—棋牌室；15—摄影室；16—观演厅；
17—资料室；18—摄影办公室；19—裱画室；20—乐器室；21—话剧室；22—舞蹈室；23—音乐茶座；
24—声乐活动室；25—美术活动室；26—美术品库；27—电子游戏室；28—乐器训练室

3）邯郸苏曹镇文化中心（图 7-28）

平面采用庭院式布局，室外空间变化丰富。建筑为 2 层，上下两层均设有较大的平台。使用人数多的活动用房，如棋牌室、冷饮厅、游艺室等均布置在底层，使用方便。人流量大而集中的科技报告厅、展览厅布置在主入口门厅附近，功能合理。

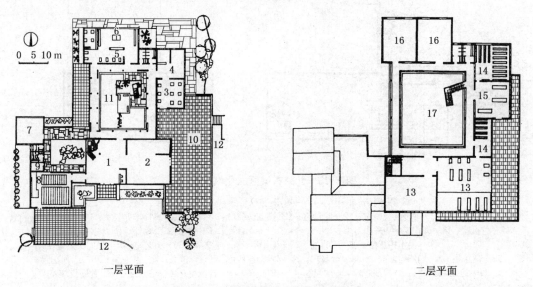

图 7-28　邯郸苏曹镇文化中心平面图

1—门厅；2—展览厅；3—棋奕室；4—冷饮厅；5—游艺室；6—乒乓球室；7—科技活动室；8—科技报告厅；
9—休息室；10—平台；11—水池；12—湖面；13—科技阅览室；14—书库；
15—文艺阅览室；16—录像室；17—庭院上空

8 托儿所、幼儿园建筑设计

8.1 概　述

8.1.1　托儿所、幼儿园的性质与任务

当前国内外教育发展的趋势是普遍重视儿童早期的智力开发,特别是随着社会经济的迅速发展和科学技术的日新月异,对人的素质提出更高的要求,人们比过去任何时候都更清楚地认识到人的智力开发的重要性,各国心理学和教育学研究的成果已经有力地证实了儿童早期是人的智力迅速发展的时期,如何在这一时期引导儿童心理向良性发展,提高儿童的智力水平,已成为各国教育改革中的重要课题,而这一重要使命责无旁贷地由各托、幼机构来完成。

"幼儿教育"是指从出生到入小学之前对婴幼儿进行的教育,或称"学前教育"、"早期教育"。"幼儿教育"主要在托儿所和幼儿园内完成。接纳不足 3 岁幼儿的为托儿所,接纳 3～6 岁幼儿的为幼儿园。中国幼儿教育的特点是:托儿所以养为主,幼儿园教、养并重,两者共同促进幼儿在德、智、体、美等方面和谐发展。

婴、幼儿总数中进入托、幼机构的百分数称为"入园率"(或入托率)。但在实际统计时,"入园(托)率"是按总人口的百分数或千人居民所占入园(托)人数(即"千人指标")来计算的。目前我国居住小区兴办的托儿所的千人指标为 8～10 人/千居民,幼儿园的千人指标为 12～15 人/千居民。"入园(托)率"是确定一个居住区、厂矿、学校等修建托、幼机构数量的根本依据。

8.1.2　托儿所、幼儿园建筑的分类与规模

1) 分类

(1) 按管理方式分

① 独立管理的托儿所或幼儿园　即托儿所和幼儿园分别自成一个独立单位。这种托、幼机构性质单一,设备少,投资小,管理方便,卫生保健工作简便。大部分托、幼机构采用这种方式。

② 混合管理的托、幼机构　即托儿所与幼儿园合并设置,甚至还包括哺乳班。这种形式比独立管理、较小规模的托、幼机构总体投资经济;但由于婴幼儿数量多,对防病隔离较为不利,管理较难。

(2) 按受托方式分

① 日托制托儿所和全日制幼儿园　日托制和全日制均指幼儿一天中早来晚归的幼托方式。孩子在所或园里吃一顿午饭,有的一日三餐均在托儿所或幼儿园里吃。采用这种日托制或全日制的管理,人员编制少,节省教育经费,也节省了建筑面积和有关设备,比较经济。同时,幼儿能更多接触家庭与社会,将会使他们视野开阔,性格活泼,兴趣广泛,善于思

考,从而尽快和尽早地开发儿童的智力,促使其身心健康地发育。因此,全日制的托、幼机构是普遍采用的形式。

② 全托制托儿所和寄宿制幼儿园　全托制和寄宿制是指收托的婴、幼儿昼夜都生活在托儿所或幼儿园内,每半周、一周或节假日回家与父母团聚。据调查资料反映,全托制幼儿往往生活单调,接触面窄,性格孤僻,反映问题迟钝。这种形式的托、幼机构建筑面积较大,设备较多,管理也较复杂,因此目前数量很少。

（3）按建筑形式分

① 在单独地段设置的独立托幼建筑　由于有与外界分隔的单独地段,可以不受外界干扰,便于管理和进行功能分区,能保证一定的活动场地与绿化,因此是一般新建托幼机构的主要形式。

② 附属于其他建筑的托幼建筑　适用于规模不大的日托制托、幼机构,但要保证儿童有一个不受干扰的活动场地。有些小型的托儿所常建于工厂车间的生活间和办公楼内,接送方便。

③ 利用原有建筑改建的托、幼机构　适用于各大城市的旧城区,那里人口密度较高,用地紧张,利用旧房改建或扩建为托儿所、幼儿园可以节省投资。改建时一般将民宅、小别墅、办公楼等的内部空间进行重新组合,而外部空间作相应变化,使之形成适宜托、幼建筑的环境。这样不仅能创造出社会、经济效益,而且还保持了旧城区原有的城市风貌。

2）规模

托、幼建筑规模的大小除考虑本身的卫生、保育人员的配备和经济合理等因素外,尚与托、幼机构所在地区的居民居住密度、合理的服务半径有关(服务半径一般以不超过 300 m 为宜)。

（1）幼儿园的规模

幼儿园的规模以 3、6、9、12 班划分为宜。大型幼儿园一般 10 个班以上,中型幼儿园 6～9 班,小型幼儿园 5 个班以下。从方便管理与卫生保健角度而言,一般以中型幼儿园为好。幼儿园按年龄分班。小班由 3～4 岁幼儿组成,每班可容纳 20～25 人;中班由 4～5 岁幼儿组成,每班可容纳 26～30 人;大班由 5～6 岁幼儿组成,每班可容纳 31～35 人。幼儿园规模详见表 8-1。

表 8-1　幼儿园规模(含托、幼合建)

规　模	班　数	人　数	规　模	班　数	人　数
大　型	10～12 班以上	300～360 人	小　型	5 班以下	150 人以下
中　型	6～9 班	180～270 人			

我国幼儿园以中、小型为主,大型较少。在居住区规划中,居民人数超过 1 万人时,宜采用托儿所与幼儿园分设。

（2）托儿所的规模

托儿所接纳的幼儿在 3 岁以下,自理能力差,体质较弱。为减少幼儿发病率和有效地控制疾病传染,确保婴、幼儿健康成长,因此在设计时要求托儿所的规模不宜超过 5 个班。根据儿童身心成长的规律,即 1 周岁以内儿童的身心变化以月龄计算,3 周岁以内儿童的发展变化以半年计算,因此,托儿所按年龄分为:乳儿班(初生到 10 个月以前)、小班(11 个月～18 个月)、中班(19 个月～2 岁)、大班(2～3 岁)。托儿所的乳儿班、小班、中班一般容纳15～

20 人,大班容纳 21～25 人。全托制和寄宿制托、幼机构,各班人数可酌情减少。

8.2 主要使用房间设计

独立建设的托儿所、幼儿园可分为建筑物和室外场地两部分。建筑中的使用空间可分为幼儿生活用房、服务用房、供应用房三大部分。

8.2.1 幼儿生活用房

1) 活动室

活动室也就是幼儿教室,是幼儿听课、做作业、做游戏、就餐的地方。幼儿大部分时间都生活在这里。

(1) 活动室的面积与形状

活动室面积应根据每班幼儿数以及开展各种活动的需要来确定。根据测定,每个幼儿所需的面积约为 1.3～2.7 m²,因此,每间活动室的使用面积为 50～60 m²,且不应小于 50 m²。

活动室的平面形状大多为矩形,也有采用其他形状的。采用矩形时,长宽之比不宜大于 2。开间与进深尺寸应根据结构选型和建筑模数协调统一标准来确定。

(2) 活动室中的家具与设备

为了开展各种活动,活动室要配置很多家具,包括桌、椅、黑板、玩具柜、书架等,它们都是根据儿童的尺寸设计的(图 8-1～图 8-4)。

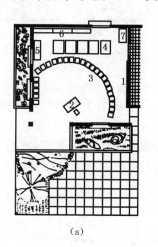

(a)

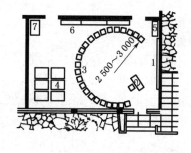

(b)

图 8-1 活动室平面布置

1—黑板;2—风琴;3—椅子;4—桌子;5—积木;6—玩具框;7—分菜桌

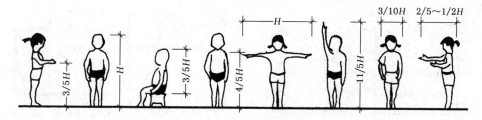

图 8-2 幼儿身量尺度

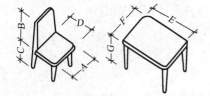

年龄(岁)	A	B	C	D	E	F	G
3～4	260	230	220	230	1 000	700	410
4～5	280	250	250	260	1 000	700	470
5～6	300	270	280	290	1 000	700	520
6～7	310	290	300	310	1 000	700	560

图 8-3　幼儿桌椅尺度(mm)

幼儿身高(mm)

年龄(岁)	3	4	5	6	7
男　孩	960	1 020	1 080	1 130	1 180
女　孩	950	1 010	1 070	1 120	1 160

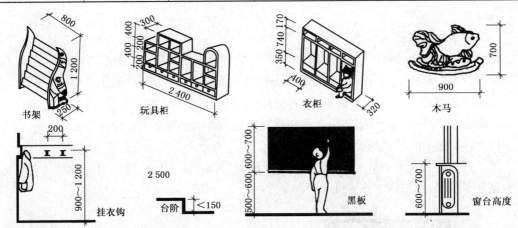

图 8-4　活动室家具、设备及其尺寸(mm)

(3) 活动室的卫生与安全

活动室应有良好的朝向和日照条件。冬至日满窗日照不小于 3 小时，夏季应尽量减少日光直射，否则应设有遮阳设施。天然采光可以用侧窗和天窗(图 8-5)，窗地面积比不小于1/5。单侧采光的活动室，其进深不宜超过 6.0 m。光线应均匀柔和，要避免眩光和直射光。要组织好自然通风(图 8-6、图 8-7)，使室内夏季有穿堂风，冬季无寒风侵袭。

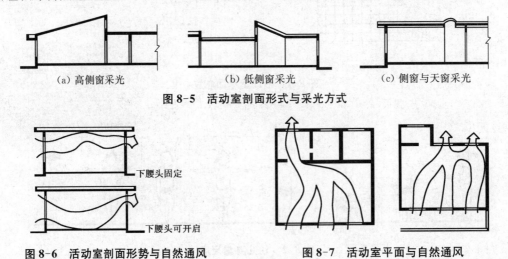

(a) 高侧窗采光　　　　　　(b) 低侧窗采光　　　　　(c) 侧窗与天窗采光

图 8-5　活动室剖面形式与采光方式

图 8-6　活动室剖面形势与自然通风　　　　**图 8-7　活动室平面与自然通风**

活动室的设计必须遵守防火规范的有关规定。房间最远一点到门的直线距离应小于14 m。门最好有两个,门宽大于1.2 m。如只有一个门时,宽度应大于1.4 m,最好外开。室内宜采用暖性、弹性地面。墙面应采用光滑易清洁的材料,墙下部最好做1.0～1.2 m高的木墙裙或油漆墙裙,所有棱角处都应做成圆角。不应设弹簧门和门槛。在距地0.6～1.2 m的高度内,门不要装易碎玻璃,并在距地0.7 m处装拉手。外窗窗台距地面高度不宜大于0.6 m。楼层无室外阳台时,外窗在距地1.3 m高的范围内要加护栏。在有蚊蝇的地方,门窗应装纱扇。

2) 寝室

全托和寄宿制托儿所、幼儿园必须设幼儿寝室。日托和全日制托儿所、幼儿园也宜有寝室,供幼儿午睡。

每间寝室的使用面积一般为50～60 m²,且不小于50 m²。寝室的主要家具是床(图8-8),其布置要求见图8-9。

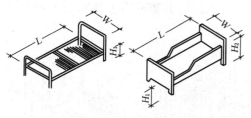

幼儿床尺寸(mm)

型 号	L	W	H_1	H_2
大	1 400	700	350	700
中	1 300	650	320	650
小	1 200	600	300	600

图 8-8 幼儿床尺寸

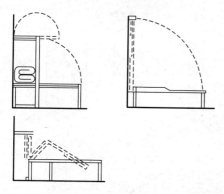

图 8-10 活动翻床示意

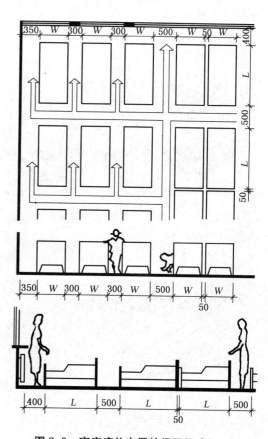

图 8-9 寝室床位布置的间距尺寸(mm)

寝室的卫生与安全要求与活动室基本相同,但天然采光要求可略低,窗地面积比不小于1/6。窗上要设窗帘。

全日制幼儿园可以将寝室和活动室合并设置,其面积可按两者面积之和的80%计算。为了节省面积,可以采用轻便卧具、活动翻床(图8-10),也可以在活动室旁布置一个小间安放统铺(图8-11)。

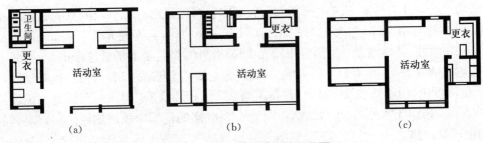

图 8-11　设固定统铺的单元平面

3）卫生间

幼儿使用的卫生间应分班设置,使用面积不小于 15 m²。每班卫生间至少应设置大便器(槽)4 个(位),小便槽 4 位,盥洗龙头 6～8 个,淋浴 2 位,污水池 1 个。此外,还可酌情设毛巾及水杯架、更衣柜、浴盆等。各种卫生设备的大小应符合幼儿尺度(图 8-12、图 8-13)。卫生间的布置如图 8-14 所示。卫生间应采用易清洗,不渗水,并防滑的地面,设排水坡和地漏。墙裙一般用瓷砖。

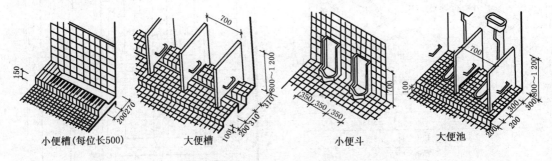

图 8-12　卫生间大小便器尺度(mm)

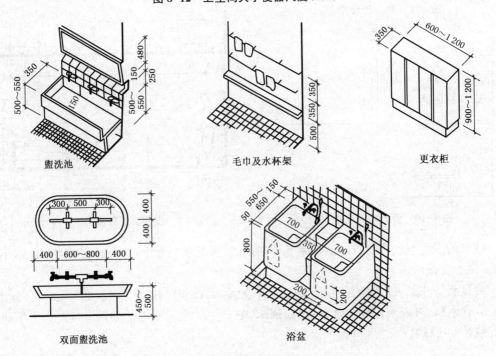

图 8-13　卫生器具尺度(mm)

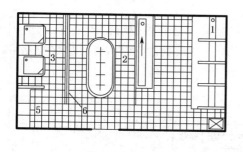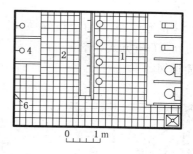

图 8-14　卫生间平面布置

1—厕所；2—盥洗；3—洗浴；4—淋浴；5—更衣；6—毛巾及水杯架

供保教人员使用的厕所可以另行集中设置，也可在班内分隔设置，其要求与一般公共建筑相同。

4）音体室

音体室供同年级或全园 2～3 个班儿童共同开展各种活动使用，如集会、演出、放映录像、开展室内体育活动以及开家长座谈会等。音体室的面积分大、中、小三类，每类使用面积分别不应小于 150 m²、120 m²、90 m²。音体室的平面可以为矩形，也可以采用其他形状（图8-15、图 8-16）。室内可以设小型舞台，应考虑演出、放映的有关要求。音体室与儿童活动室、寝室应有适当隔离，以防噪音干扰。音体室使用人数多，宜放在底层；如放在楼层，应靠近过厅和楼梯间。音体室至少应设两个门。音体室的其他要求和活动室基本相同。

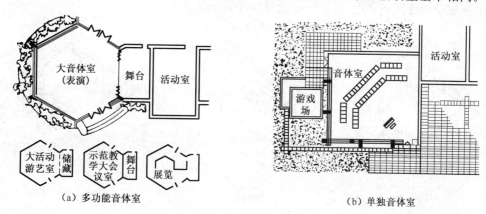

（a）多功能音体室　　　　　　　（b）单独音体室

图 8-15　音体室平面图

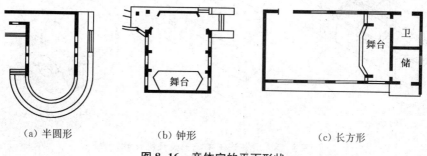

（a）半圆形　　　　　（b）钟形　　　　　（c）长方形

图 8-16　音体室的平面形状

5）储藏间

除全园的仓库外，每班应设储藏间。储藏物品包括衣帽、被褥、床垫等，其使用面积应不小于 9 m²，布置方式如图 8-17 所示。储藏间内可设壁柜、搁板，也可放存物家具。储藏时要注意通风。

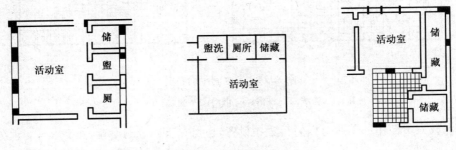

图 8-17　储藏室的布置

6）乳儿用房

1 岁半以下的婴儿应设乳儿班，其生活用房的设置与其他班级不同。

（1）乳儿室

乳儿室是乳儿班的主要使用房间，使用面积为 50～60 m²。乳儿室家具主要为婴儿床，同时也要留出一定面积放学步车、便盆椅等（图 8-18）。乳儿室的卫生与安全要求同幼儿寝室，但最好有通向室外平台或阳台的门，以便将婴儿床推到户外，让婴儿接受日光浴。乳儿室宜放在建筑物端部或靠近入口处，尽量减少外界干扰。

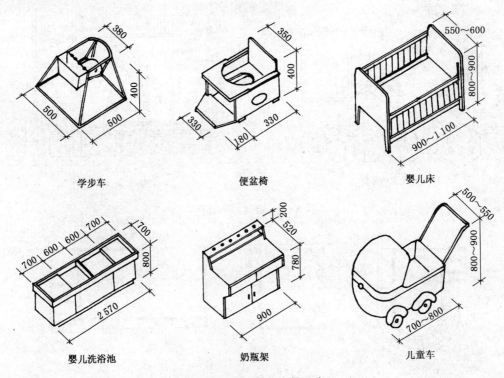

图 8-18　乳儿班设备与家具尺度（mm）

（2）喂奶室

为避免母亲进入乳儿室，带入病菌，因此应设喂奶室。喂奶室使用面积应大于 15 m²。喂奶室应紧靠乳儿室，并设门和观察窗与乳儿室相通，以便母亲探望。喂奶室应靠近出入口，最好有专用出入口，以减少对其他房间的干扰。室内应设洗涤池，并要防止冬季寒风吹入室内。

（3）配乳室

配乳室供调奶、热奶、配制食品用，使用面积不小于 8 m²。室内设备有各类加热器、冰箱、消毒柜、奶瓶架等。当使用有污染的燃料时，应有独立的通风、排烟系统。配乳室应紧靠乳儿室布置。

（4）卫生间

乳儿卫生间使用面积不小于 10 m²。卫生间内设倒便池、污洗池、婴儿洗浴池等。婴儿洗浴池也可兼洗衣用。另外，还可以配置洗衣机、烘干机等。为方便保教人员使用，可以附设一个成人蹲位。

（5）储藏间

使用面积不小于 6 m²，储藏物品有婴儿衣服、尿布、床单、睡袋等。

乳儿用房的平面布置如图 8-19 所示。

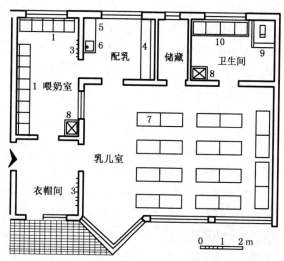

图 8-19　乳儿用户的平面布置

1—椅子；2—洗手盆；3—衣钩；4—奶瓶架；
5—消毒器；6—洗涤池；7—婴儿床；8—污水池；9—厕位；
10—婴儿洗浴池

8.2.2　服务用房

托儿所、幼儿园的服务用房包括医务保健室、隔离室、晨检室、办公室、资料会议室、传达值班室、职工厕所、储藏室等。它们的面积根据托儿所、幼儿园的规模大小而不同，一般不小于表 8-2 的规定。

表 8-2　服务用房的最小使用面积（m²）

规模 房间名称	大　型	中　型	小　型
医务保健室	12	12	12
隔离室	16	8	8
晨检室	15	12	10
办公室	36	24	12
资料会议室	20	15	15
传达值班室	15	12	12
职工厕所	15	15	12
储藏室	12	10	10

服务用房按性质可分为行政办公和卫生保健两大类。

1) 行政办公用房

行政办公用房指用于管理、教学及对外联系的使用空间。

（1）园长室　建筑标准高的可设计成套间式。

（2）办公室　包括会计室、出纳室、总务室等。

（3）教师备课室　墙上宜设黑板，以便备课。有时,备课室也可兼作图书阅览室。

（4）休息室　供职工午休、进餐等,也可兼作会议室、储藏室。

（5）传达、值班室　在入口附近,可与主体建筑合建,也可单独建。最好为套间式,以便夜间休息(图8-20)。

（6）储藏间　存放家具、清洁用具或其他杂物用。

（7）职工厕所　根据男、女职工人数设置。

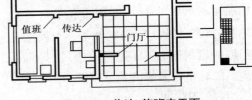

图8-20　传达、值班室平面

2) 卫生保健用房

卫生保健用房有医务保健室、隔离室、专用厕所和晨检室。医务保健室一间,使用面积至少 $10\sim12\ m^2$;隔离室 $1\sim2$ 间,每间至少 $8\ m^2$;专用厕所一间,至少设一个便池、一个污洗池。它们共同组成一个保健单元,位于建筑物端部,并有专用出入口。卫生保健用房应环境安静清洁,最好还有户外活动场地(图8-21、图8-22)。

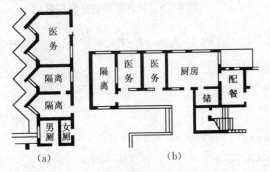

图8-21　保健单元布置

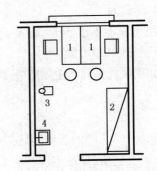

图8-22　医务室平面布置

1—桌；2—检查床；3—体重计；4—洗手盆

晨检室应靠近托儿所、幼儿园的入口布置,目的是检查进园儿童健康状况,避免传染疾病。晨检室的使用面积根据大、中、小规模应分别大于 $15\ m^2$、$12\ m^2$、$10\ m^2$。因晨检时幼儿要脱去外衣,因而需设挂衣设备或更衣室,室内冬季要采暖(图8-23)。

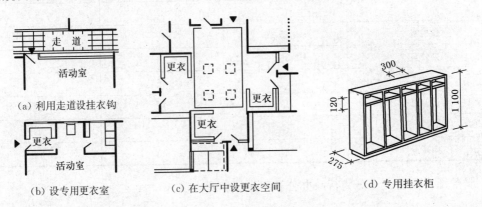

（a) 利用走道设挂衣钩　　（b) 设专用更衣室　　（c) 在大厅中设更衣空间　　（d) 专用挂衣柜

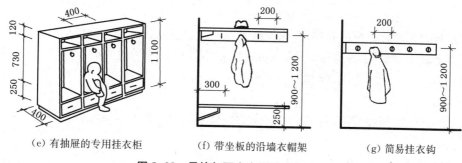

(e) 有抽屉的专用挂衣柜　　(f) 带坐板的沿墙衣帽架　　(g) 简易挂衣钩

图 8-23　晨检与更衣布置及设备（mm）

8.2.3　供应用房

供应用房是为幼儿和职工提供饭食、用水及洗衣等的配套设施,包括厨房、洗衣房、锅炉房、烘干室、消毒间和浴室等。它们的使用面积不应小于表 8-3 的规定。

表 8-3　供应用房最小使用面积（m²）

房间名称	规　模	大　型	中　型	小　型
厨房	主副食加工间	45	36	30
	主食库	15	10	
	副食库	15	10	15
	冷藏间	8	6	4
	配餐间	18	15	10
消毒间		12	10	8
洗衣房		15	12	8

1) 厨房

厨房由加工间、主食库、副食库、冷藏间、配餐间等组成。加工间应注意通风排气。地面应防滑耐冲洗,设排水坡和地漏。当托儿所、幼儿园为楼房时,宜设置小型垂直提升食梯。门、窗应装纱扇(图 8-24)。

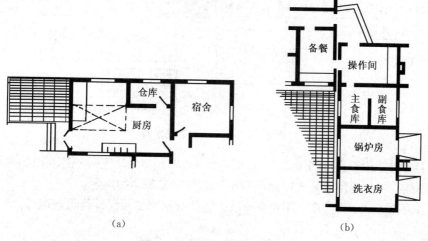

(a)　　　　　　　　　　　　　　(b)

图 8-24　厨房平面布置举例

2）洗衣房、锅炉房、烘干室、消毒间

寄宿制幼儿园宜专设洗衣房,室内设洗衣池或放置洗衣机。当有锅炉房时,可装高密度采暖管道于烘干室,对衣物进行烘干,也可在洗衣室外设晾晒场地。有条件的,可设专用的消毒间。

3）浴室

包括男女更衣室和淋浴间,供职工使用。其要求与其他公共建筑相同。

8.3 托幼建筑空间组合设计

8.3.1 托儿所、幼儿园空间组合的原则

（1）空间布置应功能分区明确,避免相互干扰,方便使用与管理（图8-25、图8-26）。

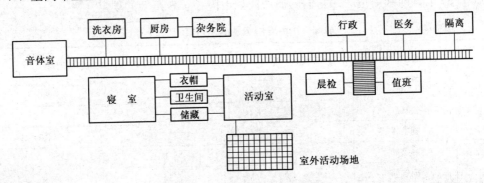

图8-25 幼儿园功能关系图

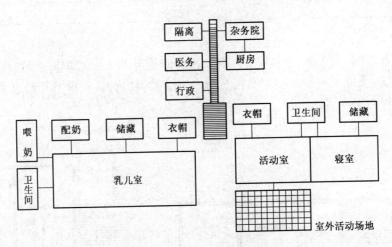

图8-26 托儿所功能关系图

（2）活动室、寝室、卫生间每班应为单独使用的单元。活动室、寝室应有良好的日照、采光、通风条件。各主要用房采光窗地面积比不应小于表8-4的规定。

（3）组织好交通系统,并保证安全疏散。除执行国家建筑设计防火规范外,尚应满足以下要求:

① 主体建筑走廊净宽度不应小于表8-5的规定。在幼儿安全疏散和经常出入的通道

上,不应设有台阶。必要时可设防滑坡道,其坡度不应大于1:12。

表 8-4 采光窗地面积比

房 间 名 称	窗地面积比
音体活动室、活动室、乳儿室	1/6
寝室、喂奶室、医务保健室、隔离室	1/6
其他房间	1/8

表 8-5 走廊最小净宽(m)

房间名称	双面布房	单面布房或外廊
生活用房	1.8	1.5
服务用房、供应用房	1.5	1.3

② 楼梯踏步高不大于150 mm,宽度不小于260 mm,除设成人扶手外,在靠墙一侧还应设幼儿扶手,其高度不大于600 mm,栏杆垂直杆件间的净距不大于110 mm,梯井大于200 mm时,必须采取安全措施。栏杆扶手要防止攀、滑。室外楼梯和台阶必须防滑。

③ 活动室、寝室、音体室都应设双扇平开门,宽度不应小于1.2 m。疏散通道不应使用转门、弹簧门和推拉门。

(4) 隔离室应与儿童生活用房有适当隔离。厨房宜设在主导风的下风向,靠近对外供应出入口,并有杂务院。

(5) 建筑的空间组合必须与总平面设计和室外场地设计配合,并为形成良好的建筑形象创造条件。

8.3.2 儿童生活单元设计

儿童生活单元是托儿所、幼儿园最重要的组成部分,一般分班设置。

1) 乳儿班单元

乳儿班单元由乳儿室、喂奶室、配乳室、储藏室、衣帽间、卫生间组成(图8-27)。有时,还增加收容室、观察室。

2) 全日制托儿单元

主要由活动室、衣帽间、储藏间、卫生间组成(图8-28、图8-29)。

3) 寄宿制托儿单元

与全日制托儿单元相比,应增加寝室、储藏间与浴室,面积相应也加大(图8-30、图8-31)。

4) 全日制幼儿单元

功能组成见图8-32。实例见图8-33。

5) 寄宿制幼儿单元

功能组成见图8-34。实例见图8-35。

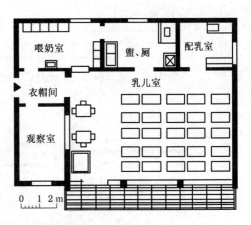

图 8-27 乳儿班单元平面举例

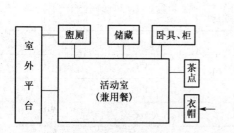

图 8-28　全日制托儿单位功能组成

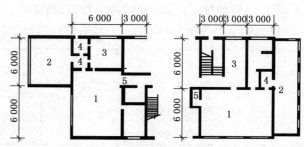

图 8-29　全日制托儿单位举例(mm)

1—活动室；2—平台；3—接收室；4—门斗；5—茶点

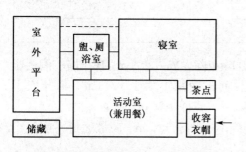

图 8-30　寄宿制托儿单元功能组成

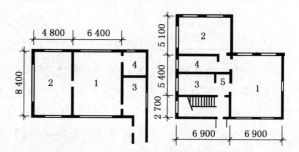

图 8-31　寄宿制托儿单元举例(mm)

1—活动室(兼用餐)；2—卧室；3—接收室；4—卫生间；5—橱柜

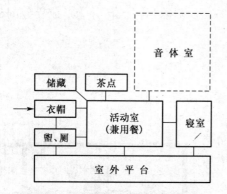

图 8-32　全日制幼儿单元功能组成

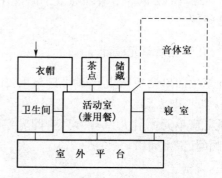

图 8-34　寄宿制幼儿单元功能组成

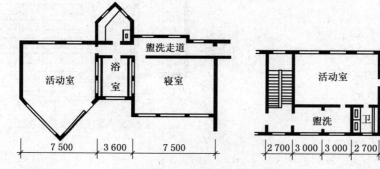

图 8-33　全日制幼儿单元举例(mm)

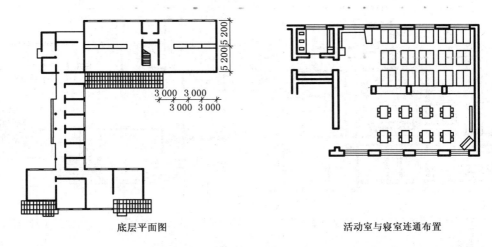

底层平面图   活动室与寝室连通布置

图 8-35 寄宿制幼儿单元实例（mm）

图 8-35，寄宿制幼儿单元实例，该方案的平面布局将活动室与寝室集中布置，中间用矮柜隔开，空间感觉好，通风不受阻，而且增加了储藏空间。缺点是寝室最远一点至大门较远，此外，两个活动室只有一个出口也不够恰当。

8.3.3 平面组合方式

托儿所、幼儿园平面组合方式很多。从平面形状来看，有一字形、工字形、曲尺形、风车形、圆形等。从儿童生活单元与其他房间的组合关系和交通组织来看，可大致分为以下数种：

1）走道式组合

这种组合方式的优点是各使用房间相对独立性好。走道又有内走道、外走道之分（图 8-36）。儿童活动单元以单面走道为主，可以减少干扰。管理部分采取内走道，可节约面积。

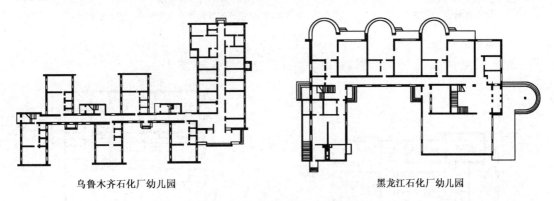

乌鲁木齐石化厂幼儿园   黑龙江石化厂幼儿园

图 8-36 走道式组合平面举例

2）大厅式组合

这种组合方式的优点是布置紧凑。大厅往往为门厅或多功能厅，便于组织儿童开展各种集体活动（图 8-37、图 8-38）。

图 8-37，某部队幼儿园，围绕大厅一层共布置了 5 个幼儿活动单元。平面紧凑，空间变化丰富。建筑共两层，大厅贯穿了两层。

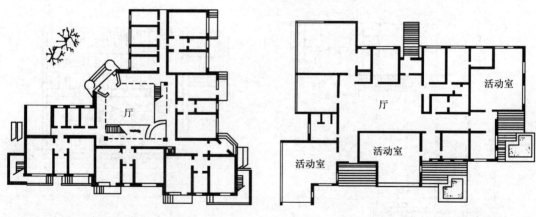

图 8-37 大厅式组合实例一(某部队幼儿园)　　图 8-38 大厅式组合实例二(德国某三班幼儿园)

3) 单元式组合

这种组合形式的优点是标准化程度较高,立面韵律感较强(图 8-39)。

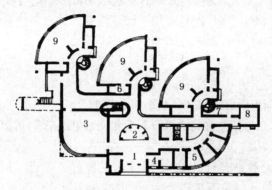

图 8-39 单元式组合实例(汕头市绿茵庄幼儿园)

1—门厅;2—水庭;3—多功能室;4—晨检室;5—办公室;6—光庭;7—储藏室;8—厨房;9—幼儿单元

建筑有两层。每层有三个幼儿园活动单元,大小相同,但错开布置。体形变化较多,空间自由活泼。

4) 庭院式组合

以庭院为中心进行空间布置,有利于室内外空间的结合(图 8-40)。

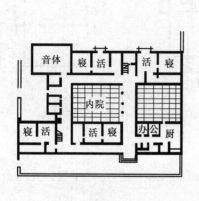

唐山市某幼儿园

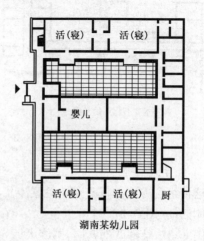

湖南某幼儿园

图 8-40 庭院式组合实例

5）混合式组合

这种组合方式兼有两种以上组合方式,适用于较大规模的幼儿园、托儿所(图8-41)。

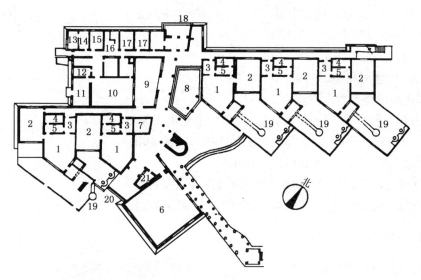

图 8-41 混合式组合举例(石家庄市联盟小区幼儿园)

1—活动室;2—寝室;3—衣帽间;4—厕浴;5—盥洗室;6—音体室;7—储藏室;
8—下沉式多功能厅;9—内庭院;10—厨房;11—烧火间;12—开水房;13—库房;14—休息室;
15—消毒间;16—厕所;17—办公室;18—主要入口;19—沙坑;20—次要入口;21—教具
该幼儿园共10个班。北面设置了主入口,南面设置了次要入口。两个入口之间布置了多功能
大厅,厅高两层,还有精致的小内庭院。平面采取不规则布局,但功能分区明确,互不干扰。

8.3.4 层数与层高

托儿所、幼儿园的层数一般不宜超过3层。根据防火安全的要求,在一、二级耐火等级的建筑中,不应设在4层及4层以上;三级耐火等级的建筑中,不应设在3层及3层以上;四级耐火等级的建筑中,不应超过1层。当平屋顶作为室外游戏场地和安全避难场地时,屋顶应有防护设施。

厨房和锅炉房应设在底层,最好为单层建筑。

活动室、寝室、乳儿室室内净高应大于2.8 m。音体室室内净高应大于3.6 m。厨房室内净高应大于3.0 m。锅炉房的面积和高度应根据锅炉的要求确定。厨房和锅炉房宜设天窗。

8.4 托儿所、幼儿园基地选择与总平面布置

8.4.1 基地选择

根据《城市居住区规划设计规范》(GB 50180—1993),我国城市居住区托儿所、幼儿园的服务半径不宜大于300 m。3个班及3个班以下的托儿所、幼儿园可混合设置,也可附设于其他建筑中,但应有独立院落和出入口。4个班和4个班以上的托儿所、幼儿园均应独立设置。每处托儿所、幼儿园的用地规模至少应大于:4个班的托儿所1 200 m²;6个班的托儿所1 400 m²;

8 个班的托儿所 1 600 m^2;4 个班的幼儿园 1 500 m^2;6 个班的幼儿园 2 000 m^2;8 个班的幼儿园 2 400 m^2。当超过 8 个班时,托儿所、幼儿园的用地至少分别按每个儿童 7 m^2 和 9 m^2 计算。

《托儿所、幼儿园建筑设计规范》(JGJ 39—1987)中规定:

6 个班:用地面积 2 700 m^2(15 m^2/生)。

9 个班:用地面积 3 780 m^2(14 m^2/生)。

12 个班:用地面积 4 680 m^2(13 m^2/生)。

另外,还规定建筑密度不宜大于 30%。

在进行托儿所、幼儿园基地选择时,一般应遵循以下原则:

(1) 远离各种污染源,并满足有关卫生防护标准的要求。

(2) 方便家长接送,避免城市交通的干扰。

(3) 日照充足,场地干燥,排水通畅,环境优美或接近城市绿化地带。

(4) 能为建筑功能分区、出入口、室外游戏场地的布置提供必要条件。

8.4.2 总平面布置

1) 托儿所、幼儿园的出入口

大、中型的托儿所、幼儿园宜设两个出入口,主入口供儿童和家长进出,次入口通向杂务院。小型托儿所、幼儿园可设一个出入口。出入口的布置应根据周围道路及地形条件确定(图 8-42)。主入口明显些,次入口隐蔽些。出入口不能靠近城市道路交叉口,以防发生交通事故。出入口宽度应至少大于 4 m。

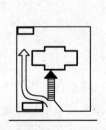 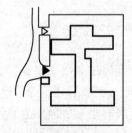 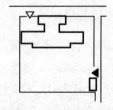

(a) 长方形地段,短边临街　　　(b) 长方形地段,长边临街　　　(c) 两边临街

图 8-42　出入口的布置

2) 建筑物的布置

建筑物的布置可分为集中式和分散式(图 8-43)两类。集中式布置管理方便,但一次性建设投资大。分散式布置便于分期建设,但管理不方便。在进行建筑物布置时,管理用房宜接近主入口,服务用房宜接近次入口并处于主导风下风向,儿童生活用房应有安静、卫生的环境,并与室外活动场地有良好联系。

3) 室外活动场地

(1) 分类与面积

室外活动场地分各班专用室外游戏场地和全园共用的游戏场地两类。每班的游戏场地面积不应小于 60 m^2。各游戏场地之间宜采取分隔措施。全园共用的室外游戏场地,其面积不宜小于下列计算值:

$$室外共用游戏场地面积(m^2) = 180 + 20(N-1)$$

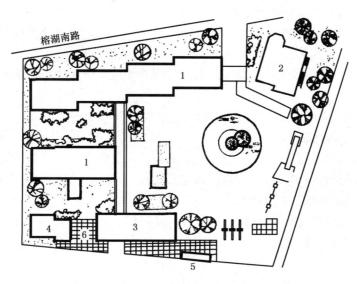

图 8-43 桂林某幼儿园总平面图

1—各班级活动室与寝室；2—办公、医务室；3—食堂、厨房、洗衣房、浴厕；4—家属宿舍；5—杂务院

其中 N 为班数。

乳儿班一般不设室外游戏场地。

（2）室外共用游戏场地的设施与游戏器具（图 8-44）

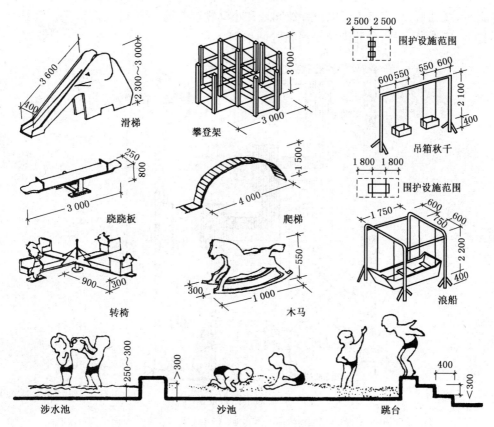

图 8-44 室外活动设施与游戏器具（mm）

① 跑道　一般长 30 m,宽大于或等于 3 m。

② 沙坑　深度大于 300 mm,长、宽约 3 000～4 500 mm。池中放沙或圆形塑料球。可以将滑梯和沙坑组合起来。

③ 涉水池、戏水池　深 250～300 mm,游泳池深小于或等于 800 mm,可设在室外,也可设在室内。

④ 大型玩具　滑梯、转椅、浪船、攀登架、跷跷板、秋千等。

（3）室外活动场地布置

分班活动场地最好与各班的活动室相连,成为活动室向室外的延伸。楼层的活动室可设在屋顶,但必须做好防护处理。当难以如此安排时,分班活动场地也可相对集中安排,但应进行分隔,使各班活动室能就近与活动场地联系。

全园共用活动场地宜相对集中,并有良好的日照和卫生条件,不少于 1/2 的活动面积应在标准的建筑日照阴影线之外。

4）杂务院

供应用房旁应设杂务院,用来存放燃料,堆放物品,晾晒衣物等。位置应较为隐蔽,最好有单独的出入口。

5）绿化与道路

绿化包括草坪、树木等。为了保护环境,改善景观,儿童人均绿化面积宜为 1～1.5 m²,全园绿化率应超过 50%。在选择树种时,要严禁种植有毒、带刺的植物。

车行道应满足行车和消防的要求,宽度大于或等于 3.5 m。步行道宽 1.5～2.0 m。

此外,托儿所、幼儿园还可以设种植园地和小动物饲养场。

图 8-45 是托儿所、幼儿园总平面布置的举例。

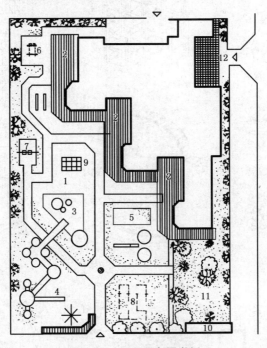

图 8-45　总平面布置举例

1—公共活动场地；2—班级活动场地；3—涉水池；4—综合游戏设施；5—沙地；6—浪船；
7—秋千；8—尼龙绳网迷宫；9—攀登架；10—动物房；11—植物园；12—杂物院

9 中、小学校建筑设计

9.1 概 述

9.1.1 中、小学校学制与班级人数

1）学制

我国现行教育体制规定，普通小学教育为六年，初中、高中教育各为三年。我国实行九年义务教育制。

根据学生类型，我国的普通中学分完全中学（既有高中，也有初中）和初级中学、高级中学几种。

2）班级人数

教育部规定：小学每班近期为 45 人，远期为 40 人；中学每班近期为 50 人，远期为 45 人。

9.1.2 中、小学校的规模

综合考虑社会效益、经济效益和我国的具体情况，一般认为，城市中的小学以 12～24 班为宜，中学以 18～24 个班为宜。农村中、小学校的规模可以小一些。

中、小学校规模与人数可以参照表 9-1。

表 9-1 中、小学校规模与人数（人）

学校种类	规模、人数									
	12班		18班		24班		30班		36班	
	近期	远期	近期	远期	近期	远期	近期	远期	近期	远期
完全中学	600	540	900	810	1 200	1 080	1 500	1 350	1 800	1 620
初级中学	600	540	900	810	1 200	1 080	1 500	1 350		
小　学	540	480	810	720	1 080	960	1 350	1 200		

注：粗线范围为教育部建议规模。

9.1.3 中、小学校的建筑构成

中、小学校建筑一般由教学用房、办公用房、辅助用房和生活服务用房四大部分组成。

1）教学用房

包括普通教室、专用教室（实验室、音乐教室、美术教室等）、公用教室（合班教室、视听教室、微机教室等）、图书阅览室、科技活动室及体育活动室（风雨操场）等。它们是中、小学校建筑的主体。

2）办公用房

分为教学办公用房和行政办公用房两部分。教学办公用房是提供给教师作为备课、批改作业、辅导学生、课间休息等用途的房间。行政办公用房包括党务、行政、教务、总务等各职能部门的办公室、会议室。

3）辅助用房

包括交通系统、厕所、取水点、储藏室等。

4）生活服务用房

包括传达室、收发室、教职工宿舍、食堂、浴室、烧水间等。

9.1.4 中、小学校建筑的面积指标

表9-2、表9-3、表9-4分别表示了中、小学校主要房间的使用面积参考指标。

表9-2 主要房间使用面积参考指标（m²）

房间名称	按使用人数计算每人所占面积			
	小学	普通中学	中专师范	幼儿师范
普通教室	1.10	1.12	1.37	1.37
实验室		1.80	2.00	2.00
自然教室	1.57			
史地教室		1.80	2.00	2.00
美术教室	1.57	1.80	2.84	2.84
书法教室	1.57	1.50	1.94	1.94
音乐教室	1.57	1.50	1.94	1.94
舞蹈教室				6.00
语言教室			2.00	2.00
微机教室	1.57	1.80	2.00	2.00
微机室附属用房	0.75	0.87	0.95	0.95
演示教室		1.22	1.37	1.37
合班教室	1.00	1.00	1.00	1.00

注：（1）本表按小学每班45人，中学每班50人，中师、幼师每班40人计算。
　　（2）本表不包括实验室、自然教室、史地教室、美术教室、音乐教室、舞蹈教室的附属用房面积指标。
　　（3）本表普通教室的面积指标，是按中、小学校课桌规定的最小值，小学课桌长度按1 000 mm，中学课桌长度按1 100 mm测算的。

表9-3 小学校舍使用面积参考指标（m²）

项目	每间面积	12班540人		18班810人		24班1 080人	
		间数	合计	间数	合计	间数	合计
普通教室	52～62	12	624～744	18	936～1 116	24	1 248～1 488
自然教室	75～89	1	75～89	1	75～89	1	75～89
教具仪器室	36～40	1	36～40	1	36～40	1	36～40
音乐教室	67	1	67	1	134	1	134
乐器室	18	1	18	2	36	2	36

项　目	每间面积	12班540人		18班810人		24班1080人	
		间　数	合　计	间　数	合　计	间　数	合　计
美术教室	75～89	1	75～89	1	75～89	1	75～89
教具室	36～40	1	36～40	1	36～40	1	36～40
教师阅览室		1	42	1	60	1	71
学生阅览室		1	50～63	1	74～82	1	98～103
书　库		1	36～40	1	56～63	1	56～63
科技活动室	18～20	2	36～40	2	36～40	3	54～60
合班教室		1	100	1	150	1	200
放映室	21	1	21	1	21	1	21
教师办公室	18	5	90	8	144	10	180
书法教室	75～89	1	75～89	1	75～89	1	75～89
语言教室	75～89	1	75～89	1	75～89	1	75～89
语言教室准备室	18～20	1	18～20	1	18～20	1	18～20
微机教室	75～89	1	75～89	1	75～89	1	75～89
微机教室准备室	18～20	1	18～20	1	18～20	1	18～20
风雨操场	360	1	360	1	360	1	360
体育器材、办公、更衣	18	4	72	4	72	5	90
行政办公室	18	6	108	7	126	8	144
总务室	18	2	36	3	54	3	54
开水、浴室			24		24		24
传达、值班室	22	1	22	1	22	1	22
厕所、饮水室			118～126		173～185		233～249
单身职工宿舍			28		42		56
职工食堂			33		48		63
合计使用面积			2 368～2 599		3 051～3 344		3 627～3 983
每生所占使用面积			4.39～4.81		3.77～4.13		3.36～3.69
每生所占建筑面积			7.32～8.02		6.28～6.88		5.60～6.15

表 9-4　中学校舍使用面积参考指标(m^2)

项　目	每间面积	18班900人		24班1200人		30班1500人	
		间　数	合　计	间　数	合　计	间　数	合　计
普通教室	63～72	18	1 134～1 296	24	1 512～1 728	30	1 890～2 160
音乐教室	70	1	70	1	70	1	70
乐器室	18	1	18	1	18	2	36
美术教室	96	1	96	1	96	1	96
教具室	48	1	48	1	48	2	96
教师阅览室		1	108	1	144	1	180

项 目	每间面积	18班 900人		24班 1 200人		30班 1 500人	
		间 数	合 计	间 数	合 计	间 数	合 计
学生阅览室		1	153	1	204	1	255
书 库			70		71		96
教师办公室	18	15	270	20	360	24	432
科技活动室	18	4	72	5	90	6	108
合班教室		1	150	1	200	1	300
放映室	18	1	18	1	18	2	36
化学实验室	96	2	192	2	192	3	288
物理实验室	96	2	192	2	192	3	288
生物实验室	96	1	96	1	96	2	192
演示室	75	1	75	2	150		150
实验辅助用房			292		327		459
微机教室	96	1	96	1	96	2	192
微机辅助用房		2～3	36	2～3	36	4～6	72
风雨操场		1	650	1	760	1	1 000
体育器材室		1	72		102		134
体育教师办公室		1	18	1	18	2	36
更衣室		1	18	1	18	1	18
语言教室	96	1	96	1	96	2	192
控制、换鞋室	15	2	30	2	30	2	60
史地教室	96	1	96	1	96	1	96
行政办公室	18	8	144	10	180	10	180
总务室		1	48	1	60	1	72
开水、浴室			36		36		36
传达、值班室			22		22		22
厕所、饮水室			187		250		318
单身职工宿舍	14	8	112	10	140	12	168
职工食堂		1	86	1	116	1	140
合计使用面积			4 802～4 964		5 844～6 060		7 708～7 978
每生占使用面积			5.34～5.52		4.87～5.05		5.14～5.32
每生占建筑面积			8.90～9.20		8.12～8.42		8.57～8.86

注:(1) 表 9-3、表 9-4 所列的参考指标是根据中华人民共和国国家标准《中小学校建筑设计规范》
  (GBJ 99—1986)和《学校课桌椅功能尺寸》(GB 3976—1983)的要求并考虑远期发展可能而制定的。
(2) 表 9-3、表 9-4 中所列各种专业教室可根据当地需要增加或减少。
(3) 表 9-3、表 9-4 中普通教室的上、下限是根据以上两个国家标准进行平面布置的:
  小学下限:教室轴线尺寸为 6.6 m×8.4 m,课桌尺寸选用 1 100 mm×400 mm;
      上限:教室轴线尺寸为 8.1 m×8.1 m,课桌尺寸选用 1 200 mm×400 mm。
  中学下限:教室轴线尺寸为 7.2 m×9.3 m,课桌尺寸选用 1 200 mm×400 mm;
      上限:教室轴线尺寸为 8.7 m×8.7 m,课桌尺寸选用 1 200 mm×400 mm。
(4) 表中无锅炉房、校办工厂、学生宿舍、自行车棚等面积指标。如需要,用地面积和建筑面积应根据实际情况相
  应增加。

9.2　各类教学用房设计

9.2.1　普通教室的设计

1) 普通教室的设计要求

(1) 教室必须容纳规定人数所需的课桌、椅,课桌、椅的排列要有利于学生听讲、书写、教师辅导和安全疏散。

(2) 教室应有良好的朝向、通风、采光条件。

(3) 教室应隔绝外部噪声干扰,保证室内有良好的音质条件。

(4) 教室内的家具、设备、装修,都应考虑青少年特点。

2) 教室中的家具及布置要求

教室中的主要家具是课桌、椅,小学和中学尺度不相同,一般按单桌排或双桌排,布置要求见图 9-1。另外,课桌、椅排列还受视距和视角控制。小学最大视距应小于 8 m,中学最大视距应小于 8.5 m。水平视角和垂直视角的要求见图 9-2。

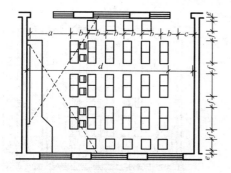

图 9-1　教室布置及有关尺寸

布置应满足视听及书写要求,便于通行并尽量不跨座而直接就座。

$a > 2\,000$ mm; $b_{小学} > 850$ mm, $b_{中学} > 900$ mm; $c > 600$ mm; $d_{小学} < 8\,000$ mm, $d_{中学} < 8\,500$ mm; $e > 120$ mm; $f > 550$ mm

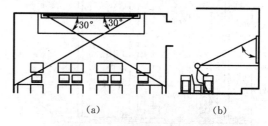

图 9-2　座位的良好视角

(1) 水平视角,前排边座的学生与黑板远端形成的水平视角大于 30°;(2) 垂直视角,第一排学生眼睛与黑板垂直面上边缘形成的夹角大于 45°。

普通教室的平面形状有矩形、多边形、正方形等。矩形平面结构简单,施工方便,造价低廉,采用较多。多边形平面可改善视听条件,造型新颖,但造价偏高。正方形平面可以缩短视距,减少外墙和走道长度,但要注意水平视角控制的要求和采光的均匀性(图 9-3)。

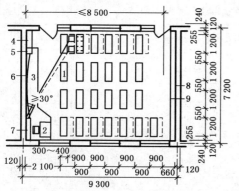

(a) 矩形教室

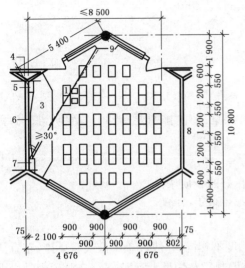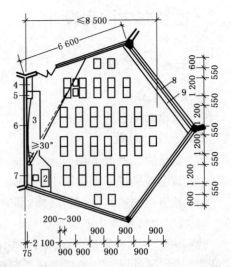

（b）多边形教室

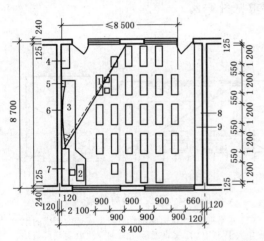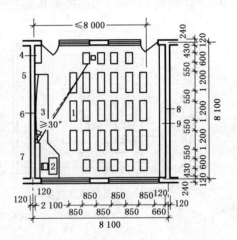

（c）正方形教室

图 9-3 教室的平面形式及课桌椅布置（mm）

左为中学教室，右为小学教室。

1—课桌；2—讲课桌；3—讲台；4—清洁柜；5—音箱；6—黑板；7—书柜架；8—墙报布告板；9—衣服雨具架

表 9-5 是矩形或正方形教室的建议尺寸及面积。

表 9-5　矩形或正方形教室建议尺寸及面积

类别	容量（人/班）		序号	单人课桌尺寸（mm）	双人课桌尺寸（mm）	教室轴线尺寸（mm）（进深×开间）	教室净尺寸（mm）（进深×开间）	使用面积（m²）	每生占使用面积（m²/人）	
	近期	远期							近期	远期
小学	45	40	1	550×400	1 100×400	6 600×8 400	6 360×8 160	51.90	1.15	1.30
			2	600×400	1 200×400	6 900×8 400	6 660×8 160	54.35	1.21	1.36
			3	600×400	1 200×400	7 200×8 400	6 960×8 160	56.79	1.26	1.42
			4	600×400	1 200×400	8 100×7 200	7 860×6 960	54.71	1.22	1.36
			5	600×400	1 200×400	8 100×8 100	7 860×7 860	61.78	1.37	1.54

类别	容量(人/班)		序号	单人课桌尺寸(mm)	双人课桌尺寸(mm)	教室轴线尺寸(mm)（进深×开间）	教室净尺寸(mm)（进深×开间）	使用面积(m²)	每生占使用面积(m²/人)	
	近期	远期							近期	远期
中学	50	45	1	600×400	1 200×400	6 600×9 300	6 360×9 060	57.62	1.15	1.28
			2	600×400	1 200×400	7 200×9 000	6 960×8 760	60.97	1.22	1.35
			3	600×400	1 200×400	8 100×8 400	7 860×8 160	64.14	1.28	1.42
			4	600×400	1 200×400	8 400×8 400	8 160×8 160	66.59	1.33	1.48

注：为了有利于中、小学生身体健康发展及满足课桌、椅卫生标准与要求，小学宜采用长度为 1 100～1 200 mm 的课桌，中学宜采用长度为 1 200 mm 的课桌。

普通教室室内设施有黑板、讲台、清洁柜、银幕挂钩、电视箱、学习园地栏、衣钩及雨具陈放处等，其形式、尺寸及布置要求可参考图 9-4～图 9-6。

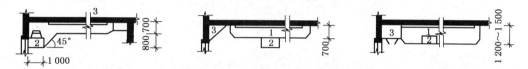

图 9-4　讲台形式及尺寸要求(mm)

1—讲台；2—讲桌；3—清洁柜

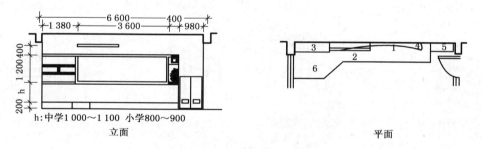

h:中学1 000～1 100　小学800～900

立面　　　　　　　　　平面

图 9-5　普通教室前部布置示意(mm)

1—拱面黑板；2—银幕挂钩；3—书柜；4—广播喇叭箱；5—清洁柜；6—讲台

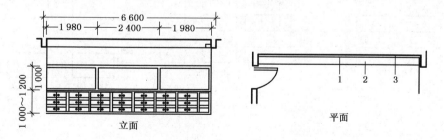

立面　　　　　　　　　平面

图 9-6　普通教室后部布置示意(mm)

1—壁画；2—存衣柜；3—学习园地栏。壁画和存衣柜也可不设。

黑板的宽度小学不小于 3 600 mm，中学不小于 4 000 mm。讲台的长度至少比黑板宽度每边多 200 mm 以上。

黑板高度不应小于 1 000 mm。建筑标准不高的教室可适当减少一些设施。黑板也可以为平面。

9.2.2　实验室及其附属用房的设计

　　中学实验室包括化学、物理、生物等专用教室。小学一般设自然教室。化学、物理实验室可分为边讲边实验室、分组实验室及演示室三种类型。生物实验室可分显微镜实验室、生物解剖实验室及演示室三种类型。实验室一般可容纳一个班,并以2～4人为一组,以便进行分组操作实验。实验室的附属用房有准备室、仪器室、化学药品室、标本室、天平室、保管员休息室等。根据建设标准,这些房间可分设,也可合并兼用。

　　各类实验室的家具和实验桌的布置要求详见图9-7、图9-8。

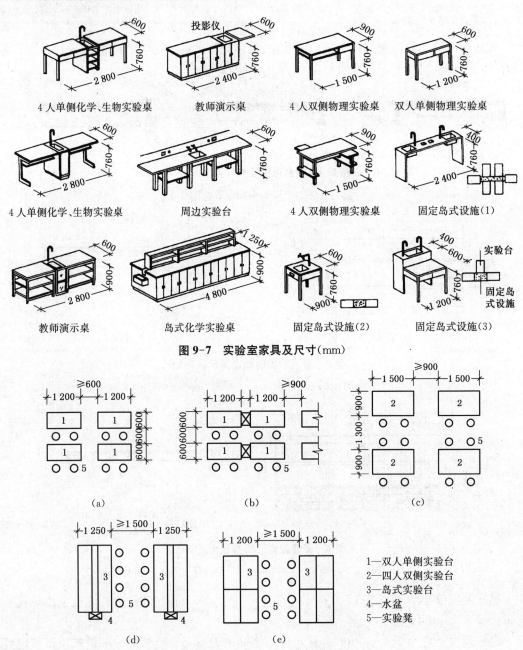

图9-7　实验室家具及尺寸(mm)

1—双人单侧实验台
2—四人双侧实验台
3—岛式实验台
4—水盆
5—实验凳

图9-8　各种类型实验室实验桌布置的相关尺寸(mm)

第一排实验桌前沿距黑板不应少于2 500 mm,排距不应小于1 200 mm。最后一排实验桌后沿距黑板不应大于11 000 mm,距后墙不应小于1 200 mm。实验桌端部与墙面(或壁柱、设备管道)净距离均不应小于550 mm。

1) 化学实验室

化学实验室实验桌布置常采用如图9-9所示的三种方式。化学实验室应设有机械排风,排风扇应设在外墙靠地面处,风扇中心距地面不宜小于300 mm,风扇洞口靠室外一面应设挡风装置,室内一面应设防护罩。化学实验室还应设通风柜;当有两个或两个以上化学实验室时,至少有一间化学实验室应设通风柜。通风柜内宜有给排水装置,但不得在柜内设电源插座、照明和电气开关。除实验桌旁的水盆外,还应设置一个事故急救冲洗水咀。实验桌表面材料应耐腐蚀,地面和墙裙也宜采用耐腐蚀材料,如瓷砖等饰面。地面应设地漏。

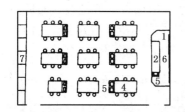 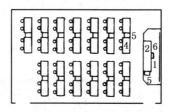 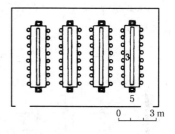

图9-9　化学实验桌常用的几种布置方式

1—教师工作台;2—教师演示桌;3—岛式实验台;4—实验台;5—水盆;6—黑板;7—柜子

化学实验室的附属用房有仪器室、准备室、实验员室、药品储藏室等。危险化学药品储藏必须注意安全,防止阳光直射。

化学实验室宜布置在底层,最好朝北,要避免西向和东向。当阳光可能直射入室内时,应设置遮阳装置。图9-10为化学实验室平面布置示例。

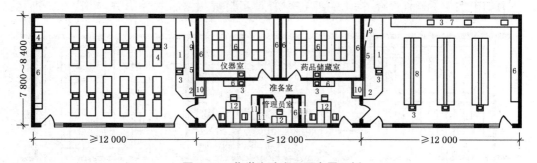

图9-10　化学实验室平面布置示例

1—教师演示桌;2—讲台;3—水盆;4—化学实验桌;5—黑板;6—柜子;7—周边实验台;
8—岛式试验台;9—幻灯银幕;10—毒气柜;11—书架;12—教师桌

2) 物理实验室

物理实验室实验桌布置形式及尺寸与化学实验室基本相同,但一般不在实验桌旁设水盆。当需要做光学实验时,实验室应有遮光通风窗,并设暗室,内墙面宜用深色,实验桌应有局部照明。

实验室的附属用房有仪器准备室、实验员室等。图9-11为物理实验室平面布置示例。

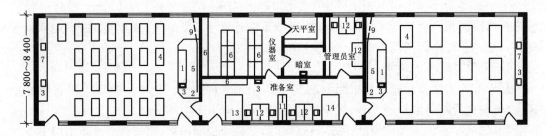

图 9-11　物理实验室平面布置示例

13—工作台；14—准备桌。注：其他家具、设备编号同图 9-10。

3）生物实验室

生物实验室实验桌布置同化学实验室，但水盆可以少一些。地面也应设地漏。实验室的窗宜为南向或东南向布置。实验室的向阳面宜设室外阳台和宽度不少于 350 mm 的内窗台。有显微镜的实验桌应有局部照明。图 9-12 为生物实验室平面布置示例。

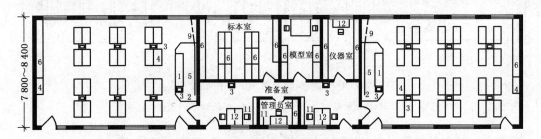

图 9-12　生物实验室平面布置示例

注：家具、设备编号同图 9-10。

生物实验室的附属用房有准备室、标本室、仪器室、模型室、实验员室等。

有的中学为了节省投资，将化学实验室、物理实验室、生物实验室合并，如图 9-13 所示。

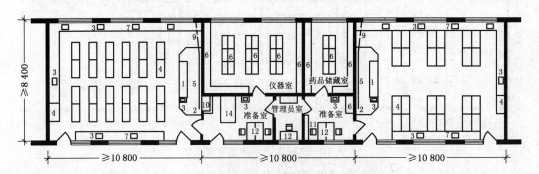

图 9-13　化学、物理、生物实验室平面布置示例（mm）

注：家具、设备编号同图 9-10。

9.2.3　自然教室的设计

自然教室中的教学内容是各种自然现象的观测和简单的实验。自然教室一般按容纳一个班进行设计。四人课桌的尺寸一般为 800 mm 宽，1 200 mm 长。课桌排列的要求可参考

图 9-14。室内还应设置银幕挂钩、透视银幕、仪器标本柜、窗帘盒、挂镜线、水池及弱电源插座等。自然教室应有良好的朝向和通风，向阳面宜设较宽的长窗台，以摆放植物和标本。

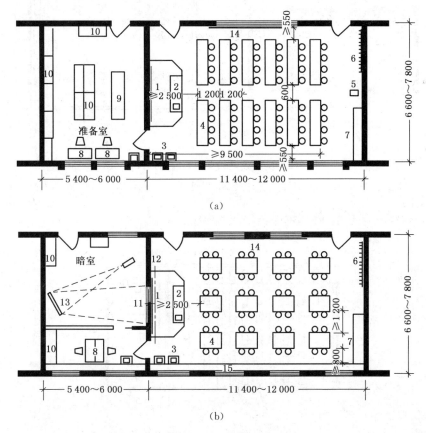

图 9-14　小学自然教室平面布置示例(mm)

1—黑板；2—演示桌；3—水盆；4—学生桌；5—放映机；6—挂衣钩；7—仪器柜；8—教师桌；
9—准备桌；10—柜子；11—透视银幕；12—幻灯银幕挂钩；13—反射镜；14—布告栏；15—搁置花盆的挑窗台

自然教室的附属用房为准备室，也可附设暗室。

自然教室的设计视点应定在教师演示台面中心(图 9-14)。

9.2.4　美术教室、书法绘画教室的设计

1) 美术教室

中、小学美术课需分组进行，每组不大于 10 人，画架围绕模型台布置，距离 2~5 m，一个教室放 2~4 组。室内设窗帘盒、银幕挂钩、挂镜线和水池等。兼作书法教室时，还应有书法桌。美术教室采光要求较高，照度较大，光线要柔和均匀，所以宜北向采光或顶部采光，教室的四角应装一组电源插座。

美术教室的附属用房是教具陈列室。

美术教室的平面布置与尺寸见图 9-15。

2) 书法绘画教室

教室内应安装电教设备及窗帘、水池等，地面应易于清洗。

中学书法课桌宜采用 700 mm×900 mm 的较大尺寸。教室面积宜接近于实验室，较小

时可分组上课。

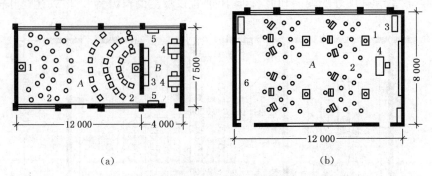

（a）　　　　　　　　　　　（b）

图 9-15　美术教室的平面布置与尺寸（mm）

1—模型台；2—画凳；3—工具柜；4—教师桌；5—水池；6—展板；A—素描教室；B—教师室

有条件时应设准备室、教师备课室和作业展室。

书法绘画教室的平面布置见图 9-16。

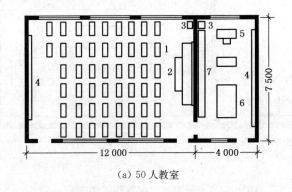

（a）50 人教室

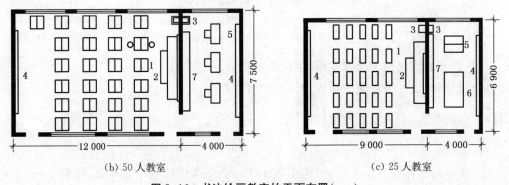

（b）50 人教室　　　　　　　　　　　（c）25 人教室

图 9-16　书法绘画教室的平面布置（mm）

1—书画桌；2—讲桌；3—水池；4—展板；5—教师桌；6—准备桌；7—工具柜

9.2.5　音乐、舞蹈教室的设计

为了使室内声场均匀，音乐教室的平面形状常采用正方形、扇形或多边形，也有采用矩形的。室内设五线谱黑板和教师示教琴。为了保证学生能看清教师的示教，教室内地面应设 2~3 个阶梯，或做成阶梯教室。音乐教室发出的声响大，可达 90~100 dB，同时本身又希望不受其他噪声影响，噪声级不大于 50 dB。因此，音乐教室宜设置在建筑的尽端或顶

层,不应直接对其他教室开窗,宜设置前室、隔音廊或隔音厅(图 9-17)。

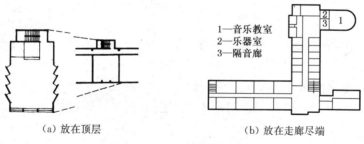

（a）放在顶层　　　　　　　　　（b）放在走廊尽端

图 9-17　音乐教室的位置

音乐教室的附属用房是乐器室。中师、幼师还应设琴房数间,每间面积约 8 m²,室内有电源插座,并进行声学处理。音乐教室的平面布置见图 9-18。

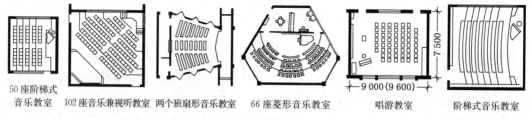

50 座阶梯式　　102 座音乐兼视听教室　两个班扇形音乐教室　66 座菱形音乐教室　唱游教室　阶梯式音乐教室
音乐教室

图 9-18　音乐教室的平面布置(mm)

小学应设低年级唱游教室和中高年级的乐理兼声乐教室,面积应比普通教室稍大。

中学除乐理兼声乐教室外,宜另设乐器教室和一间较大的音乐欣赏室,面积相当于实验室。乐器教室应能安放每生一台电子琴桌。

小学律动课,中学、中幼师的舞蹈课宜有专用舞蹈教室,中学还应男女分设。每生面积约为 4～6 m²。教室的端墙面应设高 1.8～2.0 m 的通长照身镜,其他墙面均安装练功把杆,距地 0.8～0.9 m,距墙面 0.4 m。窗台应升高至 1.8 m,以避免眩光。地面应铺设弹性木地板。吊顶应考虑吸声。

舞蹈、乒乓球、体育室可共同组成文体中心。

舞蹈教室的平面布置见图 9-19。

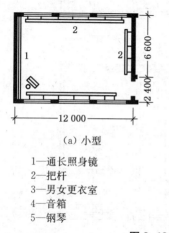

（a）小型

1—通长照身镜
2—把杆
3—男女更衣室
4—音箱
5—钢琴

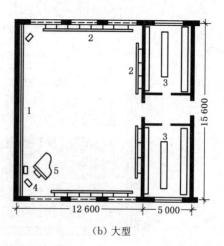

（b）大型

图 9-19　舞蹈教室的平面布置(mm)

9.2.6　语言教室、微机教室的设计

1）语言教室

语言教室是通过电化教学设备如录音机、对话式耳机、电视机、录（放）像机、控制台等进行语言教学的专用教室。一般按容纳一个班设计。教室内布置语言学习桌（图9-20）。控制台可设在教室内，也可设在控制室内，但此时两者之间应有玻璃观察窗（图9-21）。

图9-20　语言学习桌形式及尺寸（mm）

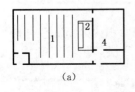 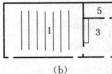 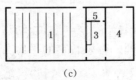 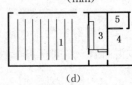

(a)　　　　　　(b)　　　　　　(c)　　　　　　(d)

图9-21　语言教室与控制台的相互位置

1—语言教室；2—控制台；3—控制室；4—准备室；5—录音室

布置语言学习桌时，第一排前沿距前墙不应小于2 500 mm（控制台设于控制室内时可缩小），纵向走道宽度不小于600 mm，后部横走道宽度不小于600 mm，学习桌端部与墙面或突出墙面的壁柱、管道的净距不应小于120 mm，前后排学习桌净距不小于600 mm（图9-22）。教室地面应设暗装电缆槽通向各学习桌。语言教室宜设控制室、换鞋处等附属用房。

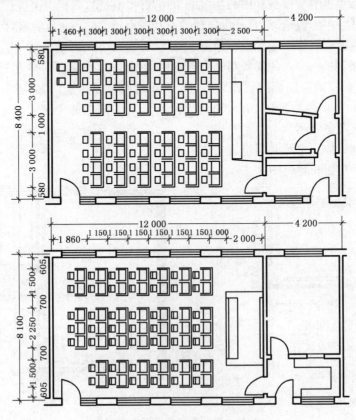

图9-22　语言教室的座位布置（mm）

2）微机教室

微机教室一般按一个班的容纳量设计（图 9-23）。计算机操作台或沿墙四周布置，或平行教室前墙布置。操作台前后排之间和纵向走道的净距均不应小于 700 mm。微机操作台应设置电源插座。

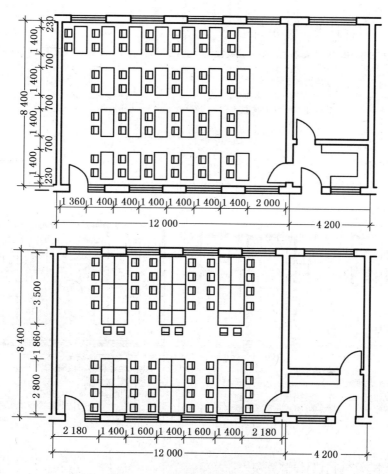

图 9-23　微机教室座位布置（mm）

当操作台平行墙面布置时，楼地面应设暗装电缆槽。室内地面宜采用能导出静电功能的材料。当室外附近有强电磁场干扰时，教室内应有屏蔽措施。微机教室最好有空调，大门入口处有换鞋处。此外，还应设置书写白板、窗帘杆及银幕挂钩等。

微机教室的附属用房有教师办公室、资料储存室、换鞋处等。

9.2.7　历史教室、地理教室的设计

1）历史教室

专用历史教室的面积应大于普通教室，以便安放陈列柜和挂图板（图 9-24）。

文物、史料较多时宜另设陈列室，内放单面和双面陈列柜、方形柜和低平柜。玻璃柜和画柜框应垂直窗面排列，避免眩光。

讲桌内安放电教设备和电源，黑板上部悬挂卷帘式银幕。

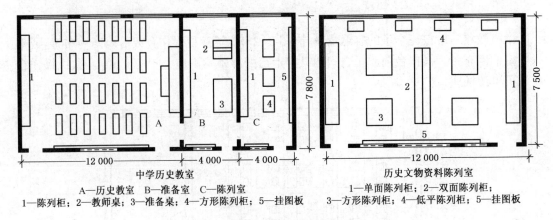

中学历史教室
A—历史教室　B—准备室　C—陈列室
1—陈列柜；2—教师桌；3—准备桌；4—方形陈列柜；5—挂图板

历史文物资料陈列室
1—单面陈列柜；2—双面陈列柜；
3—方形陈列柜；4—低平陈列柜；5—挂图板

图 9-24　历史教室布置(mm)

2）地理教室

专用地理教室的课桌应适当加长，以便安放地球仪，沿后墙安放长模型柜，侧墙设挂图展板（图 9-25）。

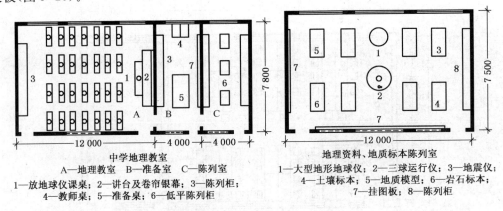

中学地理教室
A—地理教室　B—准备室　C—陈列室
1—放地球仪课桌；2—讲台及卷帘银幕；3—陈列柜；
4—教师桌；5—准备桌；6—低平陈列柜

地理资料、地质标本陈列室
1—大型地形地球仪；2—三球运行仪；3—地震仪；
4—土壤标本；5—地质模型；6—岩石标本；
7—挂图板；8—陈列柜

图 9-25　地理教室布置(mm)

教具、标本较多时宜另设陈列室。

中学宜在教学楼制高点设置直接观察宇宙天体的小型天文观测台。

有条件时，中学可设置天象放映厅，安装小型天象仪和半球形天幕，关注仰视。

9.2.8　合班教室的设计

合班教室是供两个班或一个年级使用的公用教室，有时也兼作视听教室或集会使用。合班教室的平面形状有矩形、正方形、扇形、多边形等（图 9-26）。当只容纳两个班时，室内可采用水平地面。当容量较大时，地面应作坡或阶梯形。视线设计的视点一定定在黑板底边，隔排视线升高值宜取 120 mm，前后排座位错位排列。视线设计方法可参照电影院建筑设计中的相关内容。

合班教室宜采用固定座位，翻板椅，固定课桌。座位宽度不小于 450～550 mm。座位排距，小学不小于 800 mm，中学不小于 850 mm，纵向走道净宽度不小于 900 mm，靠墙纵向走道净宽度不小于 550 mm，第一排课桌前沿与黑板的水平距离不小于 2 500 mm。最后一排课桌后沿与黑板的水平距离不大于 18 000 mm。前排边座与黑板远端所形成的水平视角应大于 30°。

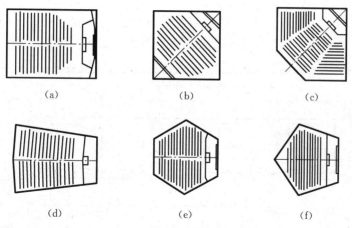

图9-26　合班教室的体型及座位布置

当教室设普通电影放映室时,放映孔底边与最后排座位地面的高差不应小于1 800 mm,最后排地面与顶棚或结构突出物的距离不应小于2 200 mm,当要求放映白昼电影时,放映室的净宽度宜为教室长度的1/4~1/2,透射幕洞口的宽度应为教室长度的1/6,洞口的高宽比为1∶1.34,洞口的底面与讲台面的距离不小于1 200 mm,放映室的墙面及顶棚面宜采用无光泽的暗色材料。装备电教设施的合班教室前墙应设黑板和银幕,前、后墙均应设电源插座,室内应设安装电视机的设施,并装窗帘。

合班教室面积大,使用人数多,至少应有两个出入口,并符合防火规范的有关要求。

合班教室的附属用房有放映室、器材陈放室及修理室等。

图9-27是兼有视听功能的合班教室示例。

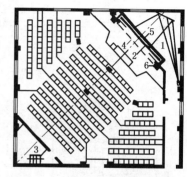

图9-27　视听合班教室示例

1—后放式电影放映室;2—升降式黑板;
3—前放式电影放映室;4—卷帘式银幕;
5—透射幕;6—电视机;7—投影仪

9.2.9　风雨操场的设计

风雨操场也就是室内运动的体育教室。室内活动场地类型、规模等见表9-6。

表9-6　室内活动场地类型、规模

项目 类型	面积 (m²)	宽×长 (m×m)	净高 (m)		上课班级	
			规范要求	建议	小学	中学、中幼师
小型	360	15×24	≥6.0	7.6	1~2	—
中型(甲)	650	18×36	≥7.0	7.7	—	1~2
中型(乙)	760	18×42	≥8.0	8.8	—	2~3
大型	1 000	24×42	≥8.0	8.8	—	3~4

场地布置方案有三种：

(1) 以篮球场为中心，排球场和羽毛球场与之重叠布置，四周布置其他活动场地（图 9-28）。此外，场地四周上方还可以设夹层，作为看台之用。

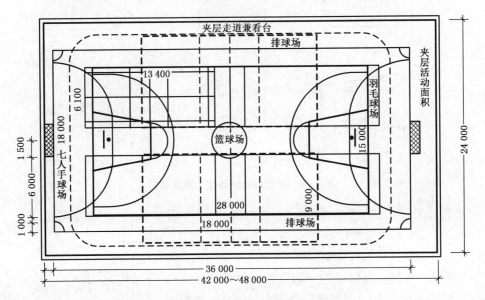

图 9-28 各种球类场地重叠布置的风雨操场(mm)

(2) 各种场地分散，可以分期建设，一次性投资少（图 9-29）。

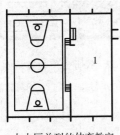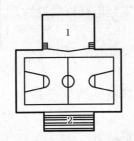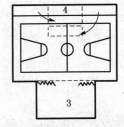

大小厅并列的体育教室　　有固定小看台的大小厅体育教室　　设活动小型简易舞台大小厅体育教室

图 9-29 大小厅结合的风雨操场

1—舞台兼小活动室；2—小型看台（下部为更衣室）；3—小活动室；4—移动式小型舞台

(3) 大型集中式，教学条件好，但一次性投资大（图 9-30）。

风雨操场可单独修建，并离其他教学用房 30 m 以上。如与教学楼组合在一起时，多位于建筑物端部，或相隔一段距离再用走廊相连。风雨操场的朝向以南北向为宜，即球场长轴指向东西向。

风雨操场的设施、设备根据教学要求和具体条件而定。窗台高度不低于 2 100 mm。门、窗玻璃，灯具等均应设置护网或护罩。室内地面宜有弹性，预埋件不能高出地面。

风雨操场的附属用房有教师办公室、体育器材室、男女更衣室等，条件好的还可设卫生

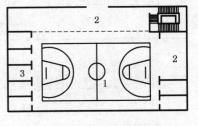

图 9-30 集中组合式风雨操场

1—球类活动；2—乒乓球及器械活动；3—办公及辅助用房

间,一般标准至少要设洗手盆和挂衣钩。

9.2.10　图书阅览室的设计

中、小学校图书阅览室包括教师阅览室、学生阅览室、书库及管理人员办公室(兼借书处),条件允许时还可设卫生间。

阅览室应设在环境安静,并与教学用房联系方便的地方,朝向以南北为宜,但不要有阳光直射入室内。

教师阅览室和学生阅览室宜分设。学生阅览室又可分为报刊阅览室和图书阅览室,可分设,也可布置成套间。图书管理可采取开架,也可采取闭架。教师阅览室座位数为全校教师人数的 1/3。学生阅览室座位数中学为全校学生人数的 1/12;中师、幼师为全校学生数的1/6;小学为全校学生数的 1/20。阅览室每个座位的使用面积教师应大于 2.1 m^2,学生应大于 1.5 m^2。阅览室的附属用房至少应有一间办公室,以便管理人员使用。

书库藏书量和面积定额见表 9-7。书架垂直于有窗外墙面布置,通道宽 750~800 mm。书库内可设少量座位,供教师使用。书库应有良好的通风、防火、防潮、防鼠及遮阳设施。

表 9-7　书库藏书量和面积定额表

项目　　校别	册/生	册/m^2
中　学	30~40	500~600
小　学	20~30	500~700
中师、幼师	80~100	400~500

9.3　办公、生活及交通空间设计

9.3.1　办公用房设计

1) 教学办公用房

教学办公用房包括教研室、休息室等,应与教室有方便的联系。使用面积可按 3~3.5 m^2/人计算,小型办公室 16~18 m^2/间,中型办公室 26~30 m^2/间,大型办公室 40~60 m^2/间。办公桌平面尺寸约 600 mm×120 mm。办公室朝向以南向为宜。

2) 行政办公用房

行政办公用房包括党政办公室、会议室、保健室、广播室、社团办公室和总务仓库等。

行政办公用房的使用面积定额为 3.5~4.0 m^2/人。办公室间数根据中、小学校规模而定。广播室应面向操场开窗。保健室小学设一间,中学设两间,有条件的还可设观察室。行政办公用房宜靠近学校入口,一般设在一、二层,以便对外联系。

3) 办公用房的布置

办公用房的布置大致分为两类:一类是独立布置,也可以用走廊与教学楼连接起来;一类是与教学用房布置在同一幢教学楼中,为避免相互干扰,应形成一个功能分区,使其有相对独立性。

在图 9-31 中,(a)相对独立的布置,用走廊相连;(b)办公用房布置在教学楼中,独立成区。

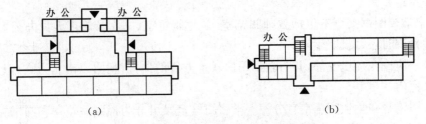

图 9-31　教学用房与办公用房的位置关系

9.3.2　生活服务用房设计

中、小学校的生活服务用房包括厕所、淋浴室、饮水处、学生宿舍、食堂等。下面重点介绍厕所和饮水处。

1) 厕所

学生厕所与教职工厕所宜分设。教学楼每层都应设厕所。厕所卫生器具数量与使用面积定额见表 9-8。此外,当室外运动场地中心距教学楼厕所超过 90 m 时,还应设室外厕所,其面积可按学生总人数的 15% 计算。教学楼中厕所的布置见图 9-32,其布置要求是既要方便使用,又要减少对其他使用房间的不利影响。厕所宜设前室或设遮挡视线的隔断。

表 9-8　厕所卫生器具数量与使用面积定额

项　目	男　厕	女　厕	附　注
每个大便器使用人数	40 人(50 人)	20 人(25 人)	或 1 m(1.1 m)大便槽
每米长小便槽使用人数	40 人(50 人)		
洗手盆	每 90 人设一个或 0.6 m 长洗手槽		
面积指标	4 m²/大便器	4 m²/大便器	

注:括号内数字为中学指标。

2) 饮水处

教学楼每层宜设一个小面积饮水间,内放饮水器,饮水龙头可按每 50 人一个考虑。饮水处不应占用走道宽度。

9.3.3　交通空间设计

1) 出入口

教学楼出入口数量与总宽度应符合防火规范的要求。教室宜前后设门,门洞宽度不小于 1 000 mm,如设两扇门有困难时,可采用一扇门,门洞宽度不小于 1.5 m。合班教室应至

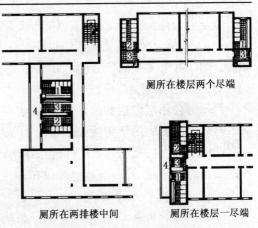

图 9-32　教学楼中厕所的布置

1—男厕;2—女厕;3—盥洗室;4—阳台

少有两扇门,门洞宽度不小于1.5 m。

2) 门厅(图9-33)

门厅应与校园大门及室外活动场地联系方便。门厅的使用面积指标以0.06~0.08 m²/生为宜,当兼做其他活动空间时,面积尚应适当加大。在寒冷和风沙大的地区,门厅入口应设门斗或双道门,门斗深度大于2.1 m。如教学楼采取开敞的外廊式布置,也可不设门厅。

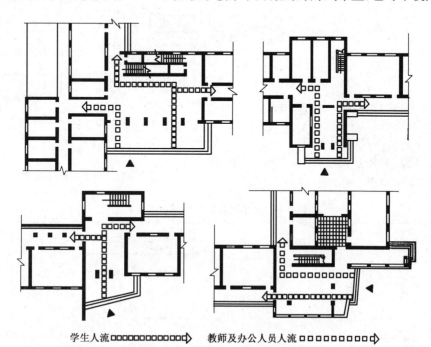

学生人流 □□□□□□□□□□□□□□▷   教师及办公人员人流 □ □ □ □ □ □ □ □ ▷

图9-33 门厅交通分析

3) 走道

教学用房内走道净宽不应小于2.1 m,外走道净宽不应小于1.8 m,办公用房的走道净宽不应小于1.5 m。当教学用房向走道方向设窗时,应保证在2 m高度范围内不影响人的通行,不减少走道宽度。走道内如有台阶,不应少于3级,并有良好的采光条件。外廊栏杆扶手高度应大于1.1 m。

4) 楼梯(图9-34)

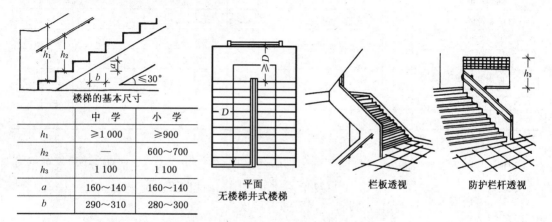

楼梯的基本尺寸

	中 学	小 学
h_1	≥1 000	≥900
h_2	—	600~700
h_3	1 100	1 100
a	160~140	160~140
b	290~310	280~300

平面
无楼梯井式楼梯   栏板透视   防护栏杆透视

图9-34 教学楼楼梯

楼梯坡度不应大于 30°。梯段净宽大于 3 m 时宜设中间扶手，梯井宽大于 200 mm 时应考虑设防护措施。栏杆高度在室内不小于 0.9 m，在室外或水平栏杆不小于 1.1 m。栏杆要不便攀爬。疏散楼梯不得采用螺旋形或扇形踏步。

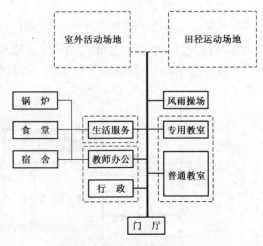

图 9-35　中、小学校建筑功能关系

9.4　中、小学校教学楼空间组合设计

9.4.1　教学楼平面组合设计的原则

（1）各类不同性质的用房应分区设置，做到功能分区合理，相互联系方便，大部分房间的功能要求都能得到满足（图 9-35、表 9-9）。

表 9-9　教学楼各功能空间设计要求

各部分名称 \ 设计要求	好的朝向	安静的环境	对外联系方便	靠近门卫	靠近运动场	可为独立单元	考虑彼此干扰问题				可通室外出口	紧靠校门	有专用场地	通风
							教室	专业教室	试验室	教师办				
低年级教室	△	△	△			△				△	△			△
普通教室	△	△				△		△	△	△				△
试验室	△	△					△			△				△
音乐教室						△			△					△
专业教室						△	△							△
学生休息室			△											
图书阅览室	△	△												
科技活动室			△		△		△		△					
体育用房					△		△		△		△		△	
教师办公室		△	△				△	△	△					
行政办公室			△											
校办工厂、劳动实习			△	△		△	△	△	△	△	△		△	
医务室	△		△								△			
传达室			△	△									△	
职工食堂						△				△	△	△		
学生厕所							△	△	△					△

注："△"为所需的设计要求。

中、小学校建筑功能分区：校园可分为教学活动区、行政办公区、生活服务区、室外活动场所四大部分。应处理好主次、内外、动静等矛盾，并建立合理的关系。

（2）应以教学年级为单位，设计平面及布置层次。

（3）组织好交通，处理好各个房间的联系和隔离要求（图9-36、图9-37），满足安全疏散的要求。

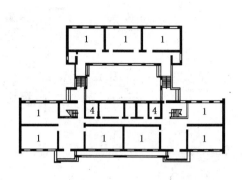

（a）同层布置。这种方式联系方便，有利于对学生的管理，但易产生相互干扰，适用于小学

（b）独立分区布置。教师办公相对独立，受干扰少，适用于中学

图9-36　教室与教师办公用房的关系

1—教室；2—实验室；3—准备室；4—办公室；5—休息厅；6—女厕；7—男厕

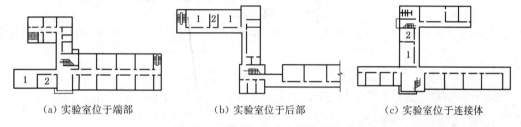

（a）实验室位于端部　　　（b）实验室位于后部　　　（c）实验室位于连接体

图9-37　教室与实验室的组合关系

1—实验室；2—准备室

以上三种处理都宜独立成区，同时又要有良好的联系。第三种布置往往朝向较差，应作必要的处理。

（4）布局紧凑，结构合理，施工方便，有利于设备布置。

（5）与校园总平面设计相适应，并符合城市规划的有关要求。

9.4.2　教学楼平面组合类型与组合方式

1）组合类型

常用的组合类型有以下五种（图9-38）：

（1）一字型　体型简单，施工方便，但教室不宜布置过多，否则易产生干扰。楼梯间、走道常常是各功能分区的分界。

（2）折线型　功能分区明确，相互干扰少，但要注意处理好各部分之间的间距，以解决好采光、通风等问题。

（3）天井型（或庭院型）　室外空间可以处理得更加丰富活泼，但天井不宜过小，以免产生噪声干扰和影响采光通风。此外，要处理好东西向房间的防晒问题。

（4）不规则型　不拘一格，有很强的适应性，但应注意处理好变化与统一的关系。

（5）单元组合型　由若干教室组成一个教学单元，再进行空间组合，有较大的灵活性，而且便于教学管理，但应注意公共联系交通的组织。

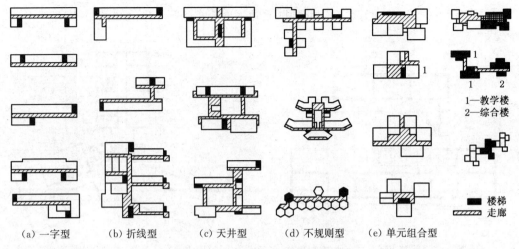

(a) 一字型　　(b) 折线型　　(c) 天井型　　(d) 不规则型　　(e) 单元组合型

图 9-38　教学楼平面空间组合类型

2) 组合方式

(1) 内廊式组合(图 9-37(a))　布置紧凑,房屋进深大,较经济,但教室之间干扰较大。

(2) 外廊式组合(图 9-37(b)、(c))　教室之间干扰小,走廊便于课间休息,通风条件也好,但经济性稍差。这种形式在南方地区采用较普遍。

(3) 内、外廊混合式组合(图 9-39)　内、外廊结合减少了教室之间的干扰,并有利于走廊的采光通风,但外墙面积会增加。

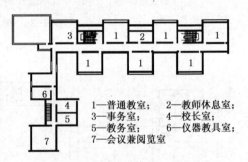

1—普通教室;　　2—教师休息室;
3—事务室;　　4—校长室;
5—教务室;　　6—仪器教具室;
7—会议兼阅览室

图 9-39　内、外廊混合式组合

(4) 厅式组合(图 9-40)　将教室和其他房间围绕成一个大厅布置,大厅可作为公共活动空间。特点是平面紧凑,联系方便,有利于学生间的交往,但易产生相互干扰。

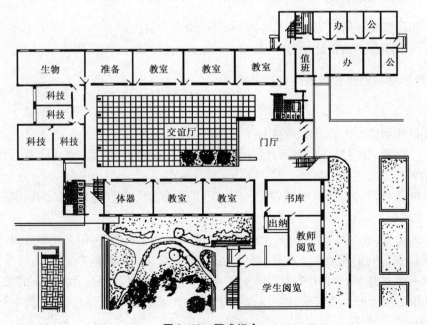

图 9-40　厅式组合

（5）院落式组合（图 9-41） 与厅式组合相似，但院落上无顶盖。院落不宜太小。

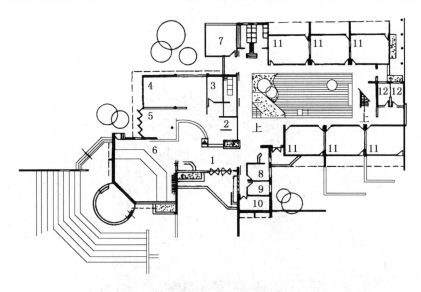

图 9-41 院落式组合

1—入口门厅；2—展览室；3—社团办公室；4—教师阅览室；5—学生阅览室；6—多功能大厅；
7—体育器材室；8—传达室；9—广播室；10—会客室；11—教室；12—教师办公室

（6）组团式组合（图 9-42） 属单元组合型。

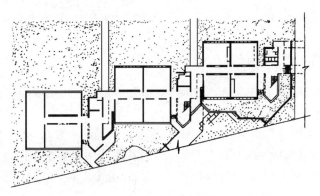

（a）规整式中廊教室组团

（b）规整式有活动空间教室组团

（c）自由式核心型教室组团

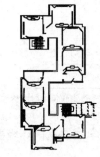

（d）自由式散开型教室组团

图 9-42 组团式组合

（7）整体组群式组合（图 9-43）　综合采用几种组合方式，适用于较大型的教学楼。

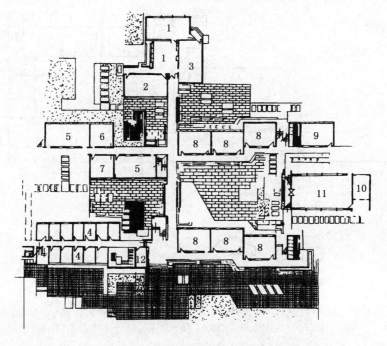

图 9-43　整体组群式组合

1—学生阅览室；2—教师阅览室；3—书库；4—办公室；5—化学试验室；6—仪器准备室；
7—化学仪器准备室；8—教室；9—体育器材室；10—电教器材储存室；11—阶梯教室；12—传达室

9.4.3　层数与层高

小学教学楼不应超过 4 层。中学、中师、幼师教学楼不应超过 5 层。3 层以上的教学楼宜设垃圾井道。

教学楼主要用房的净高应符合表 9-10 的规定。根据这个要求，普通教室部分的层高小学常为 3.3～3.6 m，中学常为 3.6～3.9 m。由于各部分层高要求不同，所以在组合时应将层高相同的房间相对集中，并处理好不同高差之间的连接。

表 9-10　教学楼主要用房的净高表

房 间 名 称	净 高(m)	房 间 名 称	净 高(m)
小学教室	3.10	舞蹈教室	4.50
中学、中师、幼师教室	3.40	教学辅助用房	3.10
实验室	3.40	办公及服务用房	2.80

注：合班教室的净高根据跨度决定，但不应低于 3.6 m。

9.4.4　教学楼的室内环境要求

1）天然采光

各类教学用房都应有充足而均匀的光线，并避免阳光直射入室内，否则应设遮阳设施。采光系数和玻地比（采光玻璃与地面面积之比）的最低要求见表 9-11。

表 9-11 教学楼主要房间采光系数最低值和玻地比

房 间 名 称	采光系数最低值(%)	玻地比	规定采光系数的平面
普通教室,美术、书法教室,语言教室,音乐教室,史地教室,合班教室,阅览室	1.5	1:6	课桌面
实验室、自然教室	1.5	1:6	实验桌面
微机教室	1.5	1:6	机台面
琴房	1.5	1:6	谱架面
舞蹈教室、风雨操场	1.5	1:6	地 面
办公室、保健室	1.5	1:6	桌 面
饮水处、厕所、淋浴	0.5	1:10	地 面
走道楼梯间	0.5		地 面

注:(1) 全年阴天数在 200 天以上,早上 8 时的云量在七级以上地区,教学及教学辅助用房工作面(或地面)的采光系数最低值不应低于 2%,其玻地比不应低于 1:4.5;临界照度不应低于 4 000 lx。
(2) 走道、楼梯间应直接采光。

教室光线应从学生座位左侧射入。采光面以北向窗为佳。教室、实验室窗间墙宽度不应大于 1.2 m。窗台高度 0.8~1.0 m。

2)照明

普通教室、实验室、合班教室及办公室桌面平均照度不应低于 150 lx。教室黑板应装黑板灯,其垂直照度的平均值不应低于 200 lx,黑板面上的照度均匀度不低于 0.7。黑板灯对学生和教师不得产生眩光。教室照明灯具宜用荧光灯,不宜用裸灯。灯具距桌面的最低悬挂高度不应低于 1.7 m(阶梯教室除外)。灯管排列长轴垂直于黑板方向。坡地面和阶梯教室的前排灯不应遮挡后排学生视线和产生眩光。

3)通风换气

教学楼中主要房间换气次数不应低于表 9-12 的规定,并应采取有组织的自然通风措施,使室内 CO_2 浓度低于 1.5‰。温暖地区应利用门、窗组织自然通风。寒冷和严寒地区,可采用在教室外墙和过道上开小气窗或室内做通风道的换气方式。小气窗设在外墙时,面积不小于房间面积的 1/60;小气窗开向走道时,面积应大于外墙小气窗面积的两倍。如设通风道,换气口可开在顶棚或内墙上部,并安装可开关的活门。

表 9-12 各主要房间换气次数

房 间 名 称	换气次数(次/h)	房 间 名 称	换气次数(次/h)
教室,物理、生物实验室	3	保健室	2
风雨操场、厕所	10	学生宿舍	2.5

4)噪声控制

教学楼应远离噪声声源,并在两者间设隔噪屏障,如建筑物、围墙、枝叶茂密的乔木等。音乐教室宜做吸声处理,不向相邻房间开窗。主要使用房间内噪声级应低于 50 dB。

9.5 中、小学校址选择和总平面设计

9.5.1 中、小学校址选择的基本原则

(1) 校址选择应结合城市规划要求,使中学的服务半径不大于 1 000 m,小学的服务半

径不大于 500 m,使走读小学生不跨过城镇干道、公路及铁路。

（2）校址应选在阳光充足、空气流通、场地干燥、排水通畅、地势较高的地段,有设置运动场的条件,有足够的校园面积。

（3）学校宜设在无污染地段,与各类污染源的距离应符合国家有关防护距离的规定。

（4）学校校址有良好的给水、排水、供电等条件,校区内不得有架空高压输电线穿过。

（5）学校要避免交通和工业噪声的干扰。主要教学用房的外墙面与铁路的距离不应小于 300 m;与机动车流量超过 270 辆/h 的道路同侧路边的距离不应小于 80 m,当小于 80 m时,必须采取有效的隔声措施。

（6）学校不宜与市场、公共娱乐场所、医院太平间、传染病医院和精神病医院毗邻,以免影响学生的身心健康与安全。

9.5.2 中、小学校总平面设计

1）中、小学校用地面积

我国中、小学校用地指标一般如下:小学 17.6~21.8 m²/生;中学 22~28.8 m²/生。当用地紧张或处于市中心区时,用地指标如下:小学 10~11 m²/生;中学 10~12 m²/生。

学校的容积率小学不宜大于 0.8,中学不宜大于 0.9,中师、幼师不宜大于 0.7。

学校用地包括建筑用地、运动场地和绿化用地三部分。此外,有的学校还可根据情况设学生宿舍用地、锅炉房用地、自行车停放场地等。在计算各类用地时,一般以道路中心线为界,如有绿化隔离带,应以绿化带边缘为界,而绿化带则计入绿化用地。

2）中、小学校总平面设计的原则

（1）出入口位置、功能分区、道路与管网布置以及建筑造型等都应服从城市规划的要求。

（2）功能分区明确,布局合理,联系方便,互不干扰,并满足使用的卫生要求。

（3）道路系统完整、通畅,并能满足安全疏散的要求。

（4）美化校园,为学校创造良好的学习环境。

（5）适当考虑学校的发展,做到远近期结合。

3）各类场地设计要点

（1）建筑用地

教学楼应选择环境安静、地质条件较好的地段。如有锅炉房,不应将锅炉房设在教学楼的上风向。学校校门不宜开向城镇干道或机动车流量超过 300 辆/h 的道路。校门处应留有一定的缓冲距离。教学楼应与运动场地、自然科学园地等有良好联系,又要避免不利影响。风雨操场应离开教学区,靠近室外运动场。音乐教室、舞蹈教室应设在不干扰其他教学用房的位置。应使大部分使用空间都有良好的朝向。建筑物的间距应满足日照和通风的要求,南向普通教室冬至日底层满窗日照不应小于 2 h。两排教室长边相对时,其间距不小于25 m,教室的长边与运动场地的长边平行距离不小于 25 m,并采取适当的减噪措施。

（2）运动场地

运动场地应能容纳全校学生同时做课间操之用,其用地规模小学不宜小于 2.3 m²/生,中学不宜小于 3.3 m²/生。田径运动场宜有 200~400 m 的环形跑道。田径运动场的基

本要求和布置见表 9-13、图 9-44。图 9-44 中的尺寸参数见表 9-14。此外，每 6 个班应有一个篮球场或排球场。运动场和球场的长轴均应取南北向。球场的尺寸要求见图 9-45。

表 9-13　学校田径运动场的基本要求

跑道类型	学校类型			
	小　学	中　学	中等师范学校	幼儿师范学校
环形跑道(m)	200	250～400	400	300
直跑道长(m)	两组 60	两组 100	两组 100	两组 100

注：(1) 中学学生人数在 900 人以下时，宜采用 250 m 环形跑道，学生人数在 1 200～1 500 人时，宜采用 300 m 环形跑道。
　　(2) 直跑道每组按 6 条计算。
　　(3) 位于市中心区的中小学校，因用地确有困难，跑道的设置可适当减少，但小学不应少于一组 60 m 的直跑道，中学不应少于一组 100 m 的直跑道。

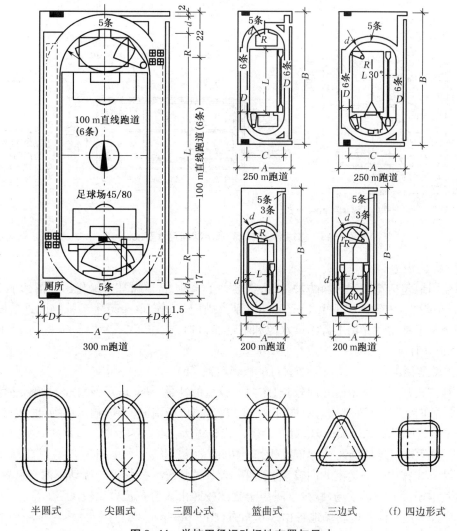

图 9-44　学校田径运动场地布置与尺寸

注：尺寸参数见表 9-13。

表 9-14 学校田径运动场尺寸表(m)

学校运动场规格	场地尺寸				弯曲半径		跑道宽度	
	A	B	C	L	R	r	D	d
300 m 跑道	65.50	139.00	47.00	75.50	23.50	—	7.50	6.25
250 m 跑道	54.50	129.00	36.00	67.50	18.00	—	7.50	6.25
250 m 跑道	68.00	129.00	49.50	26.13	33.00	16.50	7.50	6.25
250 m 跑道	43.50	124.00	30.00	52.00	15.00	—	6.25	3.75
200 m 跑道	43.50	124.00	30.00	39.84	20.00	10.00	6.25	3.75

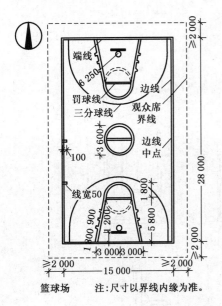

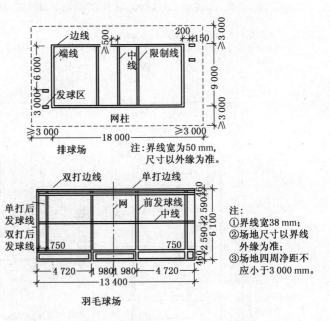

图 9-45 篮球场、排球场、羽毛球场尺寸要求(mm)

(3) 绿化用地

绿化用地包括花坛、游园、防护林带、科学种植园地、行道树等。绿化用地指标小学不应小于 0.5 m²/生,中学不应小于 1 m²/生,中师、幼师不应小于 2 m²/生。植物园地的肥料堆积发酵场及小动物饲养场不得污染水源和临近建筑物。

4) 总平面布置方式

(1) 教学楼与运动场地前后布置(图 9-46(a)、(b)、(c))

此种方式常用于场地南北向较长、东西向较短的情况。图 9-46(a)分区明确,教学楼和运动场的朝向、日照条件都较好。图 9-46(b)教学楼位于南面,会影响运动场部分场地的日照。图 9-46(c)运动场地朝向差,对教学楼干扰也较大。

(2) 教学楼与运动场地平行布置(图 9-46(d)、(e)、(f))

此种方式常用于场地南北向较短、东西向较长的情况。教学楼和运动场都有良好朝向。由于教室山墙面面向运动场,减少了噪声干扰。校园出入口布置也比较灵活。

(3) 教学楼与体育运动场地各据一角布置(图 9-46(g)、(h))

这种方式常用在场地形状不规整或受条件限制,采用前两种方式有困难时。图 9-46(g)方式较好,图 9-46(h)方式较差。

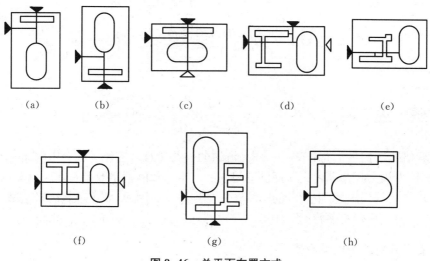

图 9-46　总平面布置方式

▶—出入口位置较好；▷—出入口位置较差

5) 总平面设计实例(图 9-47)

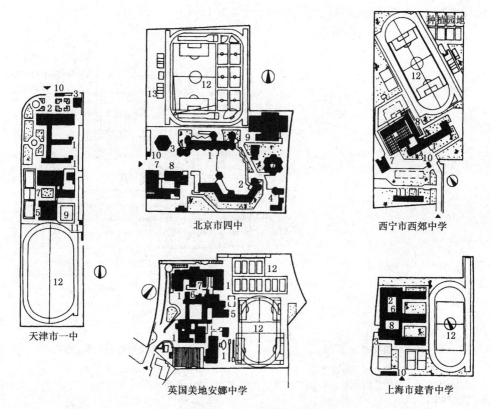

北京市四中

西宁市西郊中学

天津市一中

英国美地安娜中学

上海市建青中学

图 9-47　总平面设计实例

1—教学楼；2—科技楼；3—阶梯教室；4—音乐教室；5—风雨操场；6—阅览室；7—食堂；
8—行政办公室；9—游泳池馆；10—传达室；11—生活用房；12—运动场；13—绿化用地

10 商业建筑设计

10.1 概　述

商业建筑是人们用于商品交易和商品流通的公共建筑。它作为社会中沟通生产与消费的桥梁,直接为买卖双方进行交易提供空间场所。经营者的营销效果在此得以展示,消费者的购物需求在此得到满足,生产者的产品在此受到检验。因而,商业建筑历来是城市建设中的重点,在社会生活中发挥着重要作用。

10.1.1　商业建筑的构成与沿革

1）商业建筑的构成

构成商业建筑的基本要素是:作为交易双方的人;作为交易物的商品;作为交易场所的商店空间。其中,人是主体,商品是中心内容,空间是条件。处理好三者在进行交易、展示、营销过程中的关系,是商业建筑设计的基本任务(图 10-1)。

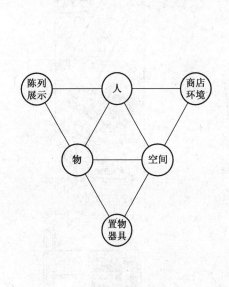

图 10-1　商业建筑构成三要素

在三要素中,人是运动的,物是变化的,空间是相对固定的。它们处在一个动态平衡系统中。

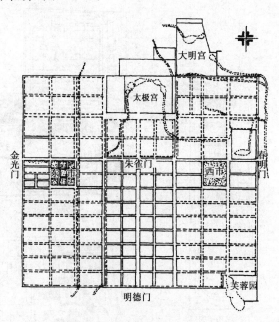

图 10-2　唐长安城内的东、西市

"市"实际是一个以围墙围起来的大院。交易按种类露天分区进行。

2）商业建筑的沿革

自人类社会产生商品交换开始,就出现了商业交易场所。随着社会的发展和时代的进步,从初期简易的露天市场,逐渐演变为今天的现代化商业贸易网络体系。我国封建社会早期,商业不发达,贸易在城市中专用的场地——"市"中进行(图 10-2)。到封建社会中期和后期,才逐渐形成临街设店、行业集市、庙会集市和前店后坊(宅)等商业格局(图 10-3)。进入半封建、半殖民地时期,受外国资本影响,出现了百货公司、招租性劝业场与街巷店铺等商业服务建筑(图 10-4)。社会主义时期,特别是实行改革开放政策以后,我国的商业建筑发生了很大的变化,商场、购物中心、超级市场、商业街等都应运而生。现代商业建筑空间形式已趋于集购物、餐饮、休憩、娱乐等为一体的综合性服务方向发展,强调商业空间环境既是商业活动的交易场所,又是社会活动的交往场所。商业建筑已是城市面貌、企业产品、消费水平的形象标志。

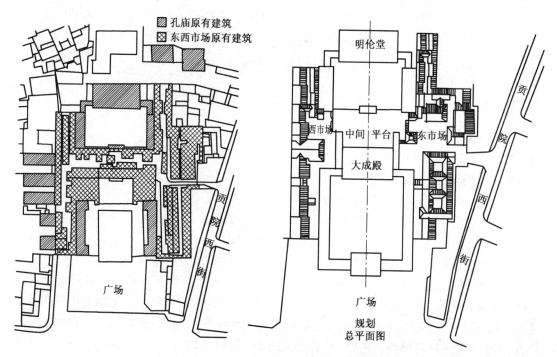

图 10-3　南京夫子庙东、西市场规划图

属庙会集市,采用步行街行使,定期开市。

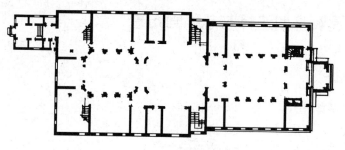

图 10-4　北京劝业场平面

10.1.2　商业建筑的分类与要求

1) 商业建筑的分类

商业建筑涉及各类购物、餐饮、服务、修理等行业,分类形式多种多样,一般常按以下几种方式分类:

(1) 按营销方式分:普通商店、自选商场、连锁商店、邮购商店。

(2) 按营销商品分:综合性商场、百货商店、专业商店、服务性商店。

(3) 按建筑空间聚合形态分:独立式商场与超级市场,街道式商业街与步行商业街,连片式商业广场与购物中心,合建式商业大厦与商住楼。

(4) 按建筑空间规模分:大、中、小型三种(表 10-1)。

表 10-1　商业建筑的规模(m²)

商店规模 ＼ 商店类别	百货商店、商场	菜市场类	专业商店
大　型	>15 000	>6 000	>5 000
中　型	3 000～15 000	1 200～6 000	1 000～5 000
小　型	<3 000	<1 200	<1 000

注:此表摘自《商店建筑设计规范》(JGJ 48—1988)。

2) 商业建筑的要求

虽然现代商业建筑的类型繁多,形式多样,但基本构成要素始终未变,对各类商店建筑的基本要求仍为:

(1) 吸引顾客,满足买主购物行为与消费心理的需求。

(2) 促进营销,满足业主商品放置与经营管理的要求。

(3) 适应发展,满足空间形式变化与功能配置的需要。

(4) 创造良好环境,满足建筑个性表现与群体关系的要求。

商业建筑的设计,需要了解和掌握当代社会、经济、人文等学科和建筑室内设计与城市设计等方面的知识,在运用公共建筑设计基本原理与一般方法的同时,根据商业建筑的基本要求、设计原则和建筑功能,合理进行规划布局与空间组合,以便于商品陈列、收存和发售的管理,强调商业空间环境的广告性、展示性、服务性、休闲性和文化性等建筑特征,创造既受买卖双方欢迎,又有助于改善城市环境的建筑形象。

本章着重介绍中、小型商业建筑的设计知识。

10.2　商业建筑基地选择与总平面布置

10.2.1　基地选择

商业建筑的基地选择,主要从以下几方面考虑:

(1) 符合城市总体规划与项目建设要求。

(2) 处于人流汇合场所或靠近人流必经之路。

(3) 发挥地区有利条件与形成地域优势。

(4) 利于城市交通组织与土地开发使用。

(5) 利于保护区域环境与丰富城市景观。

在进行商业建筑基地选择时,还必须满足有关规范的具体规定:

对于城市型商业中心、大中型商店,建筑基地应选择在城市商业地区或主要道路的适宜位置;大中型菜市场类建筑基地,道路出口距城市干道交叉路口红线转弯起点处不应小于

70 m,对于社区型商业服务设施,要有合理的服务半径,小区内的商业建筑服务半径不宜超过 300 m。

商业建筑不宜设在甲、乙类火灾危险性厂房、仓库和易燃、可燃材料堆场附近;如因用地条件所限,其安全距离应符合防火规范的有关规定。

10.2.2 总平面布置

1)总平面布置要求

(1)处理好建筑基地与城市道路的关系。大中型商店建筑应有不少于两个面的出入口与城市道路相连接;或基地应有不少于 1/4 的周边总长度和建筑物不少于两个出入口与一边城市道路相连接;基地内应设净宽不小于 4 m 的运输、消防车道。

(2)组织好建筑基地内、外人(货)流线与集散的关系。按商业建筑的使用功能组织好顾客流线、货运流线、职员流线及城市交通线之间的关系,避免交叉干扰。大、中型商业建筑的主要出入口前,按当地规划及有关部门要求,应设相应的集散场地及能供自行车与汽车使用的停车场地。

(3)满足防火、安全、日照、卫生等环境保护的要求和有关规定,尽可能考虑方便残疾人通行要求。

2)总平面布置方式

商业建筑的群体空间聚合形态多种多样,构成的空间环境也多有不同。在此仅就中、小型商业建筑总平面布置形式列举如下(图 10-5~图 10-7):

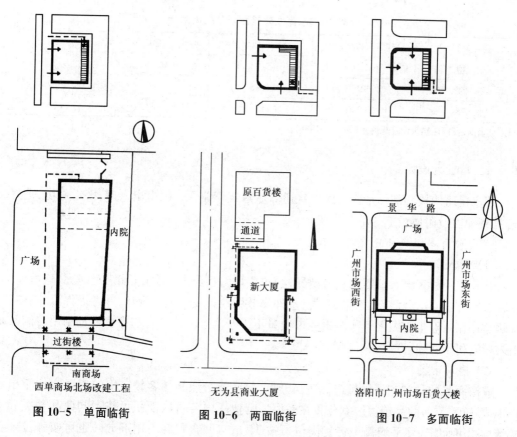

图 10-5 单面临街　　　图 10-6 两面临街　　　图 10-7 多面临街

10.3 商业建筑设计原则与空间组合

10.3.1 商业建筑的组成与面积分配

商业建筑一般由营业厅、仓储和辅助用房三部分组成。在大、中型商业建筑中还常常考虑引导部分及业务后院的设置(图10-8)。建筑各部分之间应组织好交通,人流、货流应避免交叉,并应有防火、安全分区。各部分面积分配比例参照表10-2。

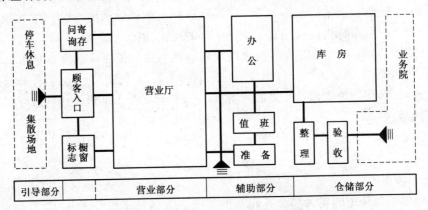

图 10-8 商业建筑功能关系简图

表 10-2 商业建筑面积分配比例

建筑分类	建筑面积(m²)	营 业(%)	仓 储(%)	辅 助(%)
大 型	>15 000	>34	<34	<32
中 型	3 000~15 000	>45	<30	<25
小 型	<3 000	>55	<27	<18

注:此表摘自《商店建筑设计规范》(JGJ 48—1988)。

10.3.2 营业厅设计

商业建筑的核心部位是营业厅。普通商业建筑营业厅一般由出入口、售货现场、垂直交通、陈列橱窗及附属设施等部分组成。

1) 营业厅各组成部分设计要求

(1) 出入口

营业厅的顾客出入口要求具有诱导性,布置均匀且分出主次,并能满足防火、疏散要求。顾客出入口还应结合门面、标志、广告、室外集散场地等设施进行设计,并考虑保温、隔热、防日晒、防雨淋、除尘等因素。顾客出入口数量不少于两个。营业厅与库房及辅助用房的联系出入口应利于管理,方便通行且不交叉。

(2) 售货现场

应按商品的种类和销售量进行适当分柜、分区或分层。顾客较密集的售区宜位于出入口地段,较笨重的商品销售区宜分布在底层。营业厅内各售区面积可按不同商品种类和销售繁忙程度而定,其平均每个售货岗位可按 15 m² 计(含顾客占用部分),也可按每位顾客

1.3 m² 计。每层营业厅一般控制在 2 000 m² 左右,并且不应大于防火分区允许面积,否则应做防火隔断处理。

售货现场布置形式可归纳为两大类:一类是按柜架布置形式分,有顺墙式、岛屿式、混合式;另一类是按不同营业方式分,有隔绝式和开敞式(图 10-9)。

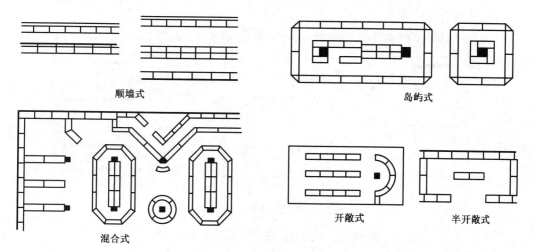

图 10-9　柜台货架布置形式

（3）垂直交通

在多层商业建筑中的垂直交通要求醒目、便捷。其联系方式有楼梯、电梯和自动扶梯三种。数量一般不少于两个,一个防火分区的安全出入口也不少于两个。三种垂直交通方式可结合设置,但自动扶梯不能作为安全出口。

（4）陈列橱窗

橱窗起着广告宣传、招揽顾客的作用,同时具有繁荣市场、美化市容、突出商业建筑的特征。陈列橱窗按剖面形式一般分为封闭式、半开敞式和开敞式(图 10-10)。橱窗应处理好防晒、防眩光、防盗及通风等问题。布置橱窗时应考虑营业厅内的采光和通风。

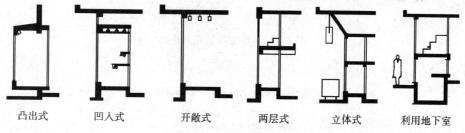

图 10-10　陈列橱窗剖面形式

（5）辅助设施

为满足顾客的购物消费需要,提高购物环境质量,需附设一些综合服务设施:一类是顾客使用的询问、寄存、休息处、餐饮部、洗手间、电话台等设施;另一类是特殊商品销售需要设置的展销处、试衣间、试音室、暗室、洗涤处等建筑设施。

2) 营业厅的交通流线设计

营业厅的流线应综合考虑商店出入口、人流、货流及垂直交通的因素,一般设计原则是:

（1）流线组织应使顾客能够顺畅地浏览选购商品、避免死角,并能迅速、安全地疏散。

（2）水平流线常通过通道的宽幅变化、与出入口的对应关系、垂直交通的设置、地面材料的组合等方式来区分顾客的主、次流线。同时，展示柜台与货架布置所形成的通道应是合理的环状流动形式，为顾客提供明确的流动方向和购物目标。

（3）垂直流线应能迅速地运送和疏散顾客人流。主要楼梯、电梯或自动扶梯应设在靠近出入口处的明显位置。

图 10-11 是营业厅流线与出入口、楼梯的关系。

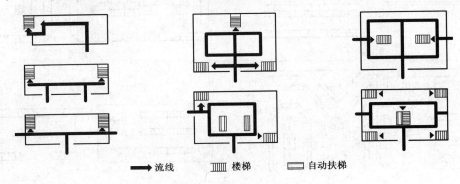

→ 流线　　　▥ 楼梯　　　▭ 自动扶梯

图 10-11　营业厅流线与出入口、楼梯的关系

3）营业厅的空间形式

营业厅的空间形式应根据地段形状，商店的性质与规模，商品特征与销售方式等因素确定（图 10-12）。

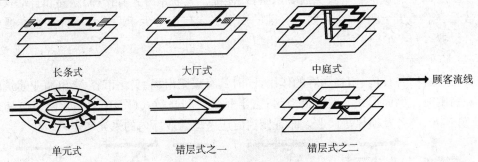

长条式　　　　　大厅式　　　　　中庭式　　　　　→ 顾客流线

单元式　　　　　错层式之一　　　　　错层式之二

图 10-12　营业厅的空间形式

4）营业厅柱网、通道、层高的确定因素（图 10-13）

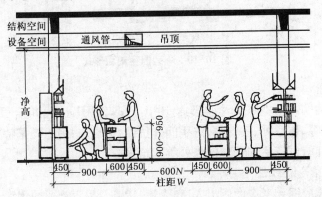

结构空间　　设备空间　　通风管　　吊顶　　净高　　900～950

450　900　600　450　600N　450　600　900　450　柱距 W

图 10-13　营业厅柱网、通道、层高的确定因素（mm）

营业厅的柱网布置,是根据顾客流量、商店规模、商品特征、经营方式及有无地下室或上部建筑等因素而定。柱网选择在满足人流通行的前提下以多设柜台和布置灵活为目的,且以等距和宽敞为好,常用柱网为 6.0 m×6.0 m～9.0 m×9.0 m。

通道宽度的确定与通行人流股数和柜台布置形式有关,其净宽为 2.2～4.0 m。

商店层高的确定与营业厅内的空间形态,商品展示,空调、采暖及照明方式等方面的要求有关。通常层高为 3.6～5.4 m。

柱距:

$$W = 2 \times (450 + 900 + 600 + 450) + 600N$$

式中:N 为人流股数;其他参数为一般标准尺寸。

10.3.3　仓储设计

商业建筑的仓储部分是储存和管理商品的用房,是营业厅的后盾。它的设计与商品的运转速度、销售效率、服务质量等要求有关。仓储部分应与商店规模、经营需要相适应。它包括商品储存库房及有关的验收、整理、加工和管理等用房。库房的布置方式分为分散式、独立式、混合式等(图 10-14、图 10-15)。

仓储设计的要点:

(1) 商品进货入口应靠近道路或设置业务院,并宜设卸货平台,同时相应设置验收、整理、加工、收发、保卫、周转库房等配套用房。

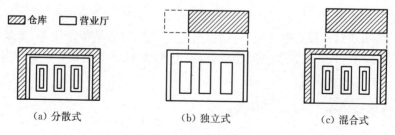

（a）分散式　　　　（b）独立式　　　　（c）混合式

图 10-14　库房布置形式

营业厅同一层宜设分库或散仓,并靠近相关售区,以减少垂直转运。

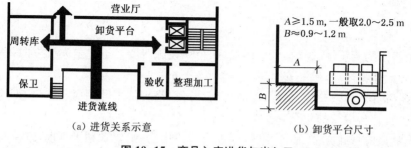

（a）进货关系示意　　　　　　（b）卸货平台尺寸

图 10-15　商品入库进货与出入口

商品进货应与售货现场有方便的联系。大、中型商场宜设立总库房出入口,小型或某些专业商店可结合营业厅出入口设置。

(2) 库房应根据商品分类储存,在建筑设计时相应处理好防潮、防晒、防盗、防污染、通风、隔热、除尘等方面的问题。

（3）库房的净高由有效储存空间及减少垂直运输等因素确定。设有货架的库房净高应大于 2.1 m；设有夹层的库房净高应大于 4.6 m；无固定堆放形式的库房净高不应小于 3 m。

10.3.4　辅助部分的设计

辅助部分根据商店规模、经营管理需要而设置。它包括业务办公用房、生活福利及各种技术设备用房和车库等。该部分的面积指标可参照本章表 10-2 的规定，也可按每个售货岗位配备 3～3.5 m² 计取。辅助部分的设计一般原则是便于经营管理，改善职工工作生活条件，促进营销活动顺利进行。既要处理好对营业厅、库房等的内部管理关系，又要处理好对外接洽、业务办公等方面的关系。

1）业务办公用房

商店的业务办公用房可分为两大部分：一部分为整个商店设置，它包括经理室、财务室、行政办公室、党团办公室、会议室、工会及总务等用房；另一部分是为各层商品部设置的分部经理室、财务室等，它们一般附设在各层营业厅附近，以便管理。对于大、中型商业建筑，宜分上述两部分设置，而对于小型商店则将两部分集中设置为宜，并可适当减少某些用房。

2）生活福利用房

较大的商业建筑要求设置休息室、哺乳室、医务室、文娱阅览室、食堂、开水间、浴室、洗手间等。小型商业建筑只需设置休息室、开水间、卫生间等基本用房。该部分与营业厅一般不发生关系，要求内部使用方便。商店内部卫生间设计面积指标可按《商店建筑设计规范》中的规定执行。

3）技术设备用房

大、中型商店建筑常设有配电室、电话总机室、广播室、商品传送设备、采暖通风设备及食品冷藏设备等用房，以及设有电梯、自动扶梯、电子设备、工业电视等设备用房。它们应视具体建设项目的要求而设置。

10.3.5　平面空间组合

1）平面空间组合原则

各种商业建筑由于使用性质、规模大小、建设条件的不同，其平面组合形式也各式各样。平面空间组合设计是塑造商业空间环境设计的中心环节。商业建筑的组合原则可归纳为以下几方面：

（1）满足使用要求，做到功能分区合理

营业销售区的营业厅、橱窗、顾客休息区、公用设施等要接近主要人流方向，诱导顾客消费，创造良好的购物环境，保证安全疏散。

商品储存区的收货、检验、整理、存放库房、分发、修理加工等用房要求交通运输畅通、迅速，保证商品收存与保管的质量和安全。

行政生活区的行政办公、职工生活、辅助设施等用房，则要求利于管理，方便职工。

（2）充分利用地段环境，平面布置紧凑

商业建筑多数处于城镇繁华地段，用地往往很紧张，但由于其经营特点所限，通常不宜层数过多，故而占地面积较大。在进行组合设计中应充分利用地段条件，尽可能使平面布置紧凑，同时，还应在有限的地段范围内留出相适应的业务场院空间，并满足消防、疏散、停车等要求。

（3）结构形式选择合理，设备相对集中

营业厅空间要求大而通畅,一般采用框架、大柱网、无梁楼盖等结构形式。行政辅助用房多为小房间,可采用砖混结构,也可采用框架结构。各种设备用房宜相对集中,以便管理,并节约造价。

(4) 结合外部空间造型,强调商店个性

商业建筑在城市公共建筑中占有很大比例,对丰富城市景观有着很大作用。商店的造型首先要适应外部空间环境,满足城市规划要求,其次要个性突出,造型新颖,引人注目,具有浓厚的商业气氛。

(5) 要有较大的空间适应性

商业建筑是进行销售的场所,为促使销售过程的顺利进行,必须为顾客提供舒适而丰富的室内购物环境。同时,店主的经营方式、销售商品又是随市场需求而变换的,要求内部空间功能与之相适应,能创造出新的购物环境。

2) 平面空间组合的流线组织

开始平面、空间组合设计时,必须弄清商店的顾客、商品、职工三条流线的关系。

(1) 顾客购物活动流程

店前干道或广场↔营业厅出入口↔售货现场通道↔楼梯↔楼层售货现场通道。

(2) 商品进、出货流程

货运入口及场院→验收分发→储存→整理→销售→包装回收→运出口。

(3) 职工的工作流程

职工入口→更衣或办公→售货岗位→用餐、厕所、休息→提货。

商业建筑要为这三条流线提供适宜的活动空间。在进行平面组合设计时要解决三条流线的分隔与汇集方式,使各流线简洁通畅,不迂回交叉,并保证职工和货物在尚未进入营业厅的情况下能单独进行正常活动。同时,合理设置各条流线的出入口和楼梯(图 10-16)。

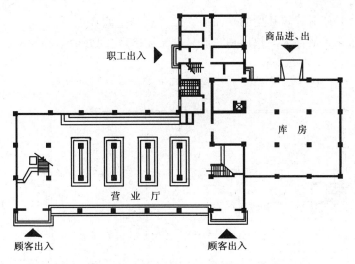

图 10-16　顾客、商品、职工三条流线的关系示例

3) 营业厅与库房、辅助用房的组合方式(图 10-17)

(1) 营业厅与库房的组合方式包括:

① 营业厅与库房同层水平组合。

② 营业厅与库房垂直分层组合。

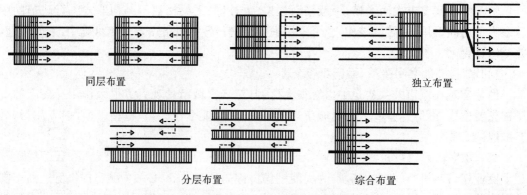

同层布置　　　　　　　　　　　　　　　独立布置

分层布置　　　　　　　　　综合布置

图 10-17　营业厅与库房、辅助用房的组合方式

③ 营业厅与库房分幢连接组合。

（2）营业厅与辅助用房的组合方式包括：

① 位于营业楼同侧，与营业厅同层联系。此方式采用较多。

② 位于营业厅楼上或楼下（如顶层或地下室）。与营业厅联系稍差，但节约用地。

③ 位于营业厅夹层。此方式可以充分利用空间，联系也方便。

④ 办公、福利用房与营业厅分幢布置。适用于大、中型商业建筑。

4）营业厅平面空间组合形式

（1）大厅式（图 10-18）

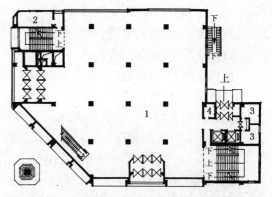

图 10-18　洛阳市和平商场营业楼（一层平面）

1—营业大厅；2—消防控制；3—厕所；4—值班

大厅式组合是商业建筑常见的平面形式。优点是空间大而开阔，易形成热闹的商业气氛，用地紧凑，布置灵活性大。缺点是客流易交叉拥挤，空间处理不够活泼，自然通风和天然采光条件较差，不利于防火疏散。

（2）错层式（图 10-19）

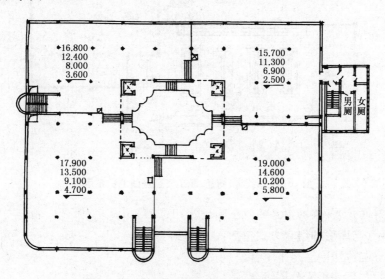

图 10-19　乌鲁木齐市友好商场（楼层平面）

由于大、中型商店的营业厅面积较大,易显空旷单调。错层式组合将营业厅分成若干面积适中的厅,标高错开 1/3～1/2 层高,这样,空间增加了变化,又保持了较好联系,顾客上楼梯也不致感到疲劳。这种方式的缺点是结构稍复杂。

(3) 回廊式(图 10-20)

将首层营业大厅中央部分空间加高,贯通若干层,以上各层形成回廊,布置售货区,便成为回廊式组合。如果顶部设采光天窗,又称天井式或中庭式。此种方式易形成购物、休息、娱乐等综合性空间,便于顾客寻找欲购商品和刺

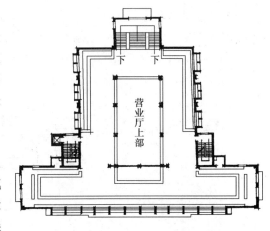

图 10-20 武汉市关山百货商店

激购物兴趣,商品陈列展示效果也好,所以常用于大型百货商店、购物中心、超级市场。这种方式的缺点是造价高,当采用空气调节时,能源消耗大,另外,对消防不利。当建筑物内设有上下层相连通的回廊、自动扶梯等开口部位时,应按上下层连通作为一个防火分区计算。因此,采用此种方式常会因超过允许的防火分区面积的限定而增设防火隔断,使造价也会相应增加。

10.3.6 实例分析

图 10-21,太原市三江商场,位于道路交叉口。顾客出入口位于转角处,位置突出。货

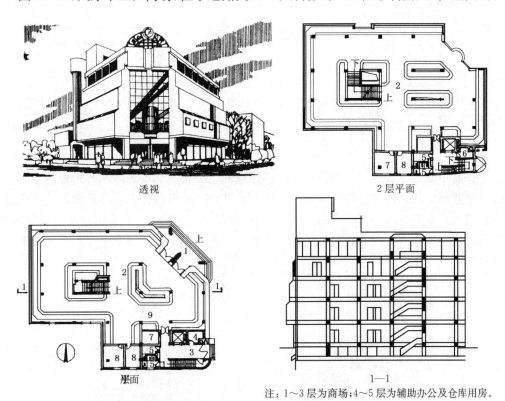

注:1～3 层为商场;4～5 层为辅助办公及仓库用房。

图 10-21 太原市三江商场

1—顾客入口;2—营业厅;3—货物及办公入口;4—传达室;
5—厕所;6—值班室;7—仓库;8—办公室;9—家具开架区

物及办公入口靠东。营业厅为大厅式,共 3 层。4 层和 5 层为办公和仓库用房。地下室为设备用房。立面处理虚实对比强烈,商业气氛较浓。

图 10-22,上海市宝山区百货商场,共 3 层,1 层和 2 层为商场,3 层为库房。

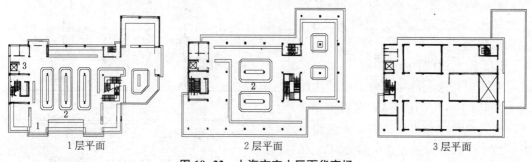

1层平面　　　　　　2层平面　　　　　　3层平面

图 10-22　上海市宝山区百货商场

1—顾客入口;2—营业厅;3—仓库入口

图 10-23,杭州市友谊商店。

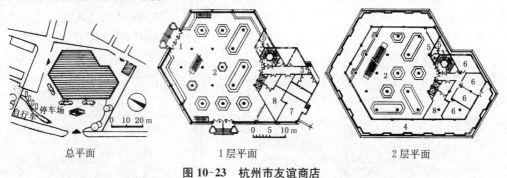

总平面　　　　　　1层平面　　　　　　2层平面

图 10-23　杭州市友谊商店

1—顾客入口;2—营业厅;3—货物及办公入口;4—外廊;5—厕所;6—办公室;7—配电室;8—仓库

10.4　专业商店设计

专业商店又称专卖店,一般可单独设店,也可处于综合性商场之内的某个售货单元或专卖部。专业商店分布广、规模小,常以集合的形式分布在城市商业区步行街两侧或形成居住区商业网点。专业商店经营的商品单一,但同一商品种类多而全,可满足顾客的选择需要,具有强大的竞争力。专业商店尤以外部个性突出和内部典型刻画为特征,进行设计时应强调精而细(图 10-24)。

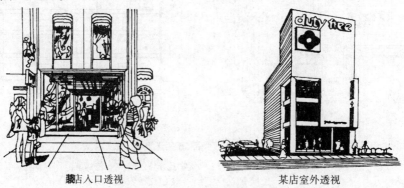

某店入口透视　　　　　　某店室外透视

图 10-24　专业商店的个性特征

本节仅介绍中、小型专业商店的分类与要求。

10.4.1 专业商店的分类

专业商店的分类见表 10-3。

表 10-3 按商品品种和销售特征分类

类　　别	典型商店举例
服　装	男（女）服装店、儿童服装店、时装店、皮衣店、运动服装店
用　品	首饰店、钟表眼镜店、鞋帽店、音响照相器材店、家用电器店、书店、字画店、玩具店、花店、灯具店、家具店、体育用品店、乐器店、五金店、装饰器材店、化工原料店
食　品	食品店、粮油店、菜市场、水果店、熟食店、糖果店、饮食店
医　药	医疗器械店、中药店、西药店

10.4.2 专业商店设计

专业商店所经营的是某一类商品，所以在设计时要创造具有个性特征的购物环境。应根据商店的专卖性质、设置地点、服务对象、业主要求和建筑师创意等因素设计，避免雷同。

专业商店在设计时要创造具有鲜明个性特征的建筑立面，诱导和激发顾客购买欲望，强调店面与橱窗的广告性与流行性特征。如服装店，在所有的专业商店中，服装店的流行性表现最为强烈，店面、入口和展示橱窗等应有鲜明的个性和诱导性，室内环境应针对服务对象的特点确定其格调，呈现时装的多样化和流行性。服装展示应以顾客获得最多商品信息为原则，服装模特表演对促进时装流行起着推动作用，照明设计应不影响服装的色泽和质感。

专业商店的流线设计应以减少死角为原则，合理布置服务和进出货物的路线。

专业商店商品布置时，以自选经营方式为多，常以开架展台或壁面陈列商品，精品展示则常以柜内或橱窗展示为主，并加以照明衬托。销售商品的

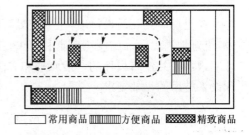

图 10-25 商品布置

陈列与展示应以突出商品为原则，表现丰富性和立体性，创造热闹气氛（图 10-25）。

注重墙面、地面、顶棚等界面的装饰性处理，丰富室内空间，表现个性特征。如鞋帽店，其外观、入口、展示橱窗、室内环境和商品展示应具有特色，富有招揽性，店内应提供试穿、试戴的便利。

根据商店规模配置方便顾客的休息坐椅、公用电话、盥洗间等设施。

专业商店在消防、隔热、采光、通风、除尘等设计中应满足相关的规范规定。

金银首饰店属高品位专业店，室内环境宜凝重、典雅，要求照度良好。商品均要求单独展示，既可增加商品的安全性，又可增加商品的价值感。应设置防盗报警安全系统。店面应有良好的诱导性，入口宜小。

书店建筑设计中，书和文具的销售方式以开架陈列让顾客自由选购为主，顾客巡回路线与停留空间应有明确区别，照明设计宜用不炫目的高照度照明，以保证顾客能舒适地阅读。壁柜的配置应使顾客在前面能看清柜内物品。文具库应干燥、防虫。

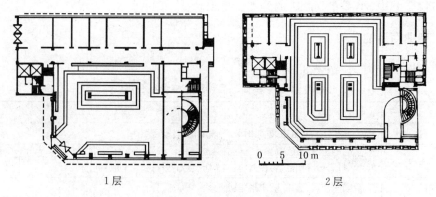

1层　　　　　　　　　　　　　2层

图 10-26　南京市外文书店

10.5　商业建筑物理环境与设备

10.5.1　概述

随着国民经济的发展和人们物质文化生活水平的提高,对建筑的环境要求越来越高。购物活动是人们的日常生活所需。商业建筑的主要特点是人多物杂,但又要求有一个温馨而舒适的购物环境。改善商业建筑物理环境,有利于吸引顾客和保护商品,从而提高营销效果。

在进行商业建筑设计时,主要应处理和解决好营业厅、库房等用房的热工环境和光照环境,更好地满足商店的使用要求和有关指标的规定。商业建筑的物理环境与设备技术的设计应遵循公共建筑设计的一般原理和方法。本节仅简要介绍营业厅、库房对建筑物理环境和设备技术的一般要求。

10.5.2　商业建筑的物理环境、安全疏散与建筑设备

1) 热工环境

我国幅员辽阔,南北方气候相差悬殊。南方夏季气候炎热,商店设计应以隔热、防晒、加强通风为主。北方冬季气候寒冷,商店设计应以保温、采暖和有适当换气为主。营业厅和库房的温度应不超过 30℃,冬季采暖的计算温度则以 16～18℃为宜。小型商店可以通过改进围护结构设计,辅以简易的采暖与通风装置(火炉、火墙、电风扇等),以改善室内环境。大、中型商店宜采用集中式空气调节和采暖。营业厅大门如无门斗或前室,应设置风幕。

2) 光照环境

由于商业建筑立面造型和设置橱窗的需要,常常会影响天然采光的效果。小型商店由于进深小,面积不大,尚能满足要求。大、中型商店常常需要电气照明。电气照明的优点是不受天气的影响,可以满足各类商品展示对照度、亮度、色度的不同要求,此外,还可以利用灯光来营造不同的室内气氛。电气照明设计应注意以下几点:

(1) 照明设计应与室内设计、商店布置统一考虑。

(2) 照度、亮度应配置恰当,将一般照明、重点照明、装饰性照明有机结合起来(图 10-27)。

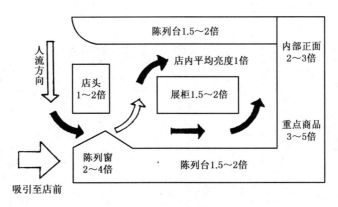

图 10-27 商店内不同部位的照度分布

(3) 光色、对比度等要有利于表现商品的形体和质感,突出商品特色。

(4) 小型商店应满足三级电气负荷要求,大、中型商店应满足二级及二级以上电气负荷要求,并宜自备发、配电设备。

3) 安全疏散

商业建筑必须满足防火规范的有关要求,此外,还应注意以下问题:

(1) 营业厅每一防火分区安全出口数不应少于两个;营业厅内任何一点至最近安全出口直线距离不宜超过 20 m。

(2) 营业厅的出入门、安全门净宽不应小于 1.4 m,并不应设置门槛。

(3) 大型百货商店、商场的营业层在 5 层以上时,宜设置直通屋顶平台的疏散楼梯,且不少于 2 部,屋顶平台上无障碍物的避难面积不宜小于最大营业层面积的 50%。

(4) 营业厅疏散人数的计算,可按每层营业厅和为顾客服务用房的面积总数乘以换算系数来确定。第 1、2 层换算系数为 0.85 人/m²,第 3 层为 0.77 人/m²,第 4 层及以上各层为 0.60 人/m²。疏散计算的方法可参照相关资料。

(5) 营业厅和库房都应有完善的消防灭火系统和报警装置,营业厅、楼道、电梯、疏散楼梯和室内台阶处都应有事故照明。易燃、易爆物品要有妥善的防护措施。

11 旅馆建筑设计

11.1 概 述

11.1.1 旅馆建筑的发展

1829 年,美国出现了具有近代商业性质的旅馆——特雷蒙客舍。19 世纪中叶以后,我国也相继出现了一些近代旅馆,如建于 19 世纪末的北京六国饭店,建于 1900 年的老北京饭店,建于 1934 年的上海国际饭店(图 11-1)等。新中国成立以来,特别是改革开放以来,旅馆建设有了迅猛发展,一批设备完善、造型新颖的旅馆,如广州白云宾馆(图 11-2)、北京长城饭店(图 11-3)、天津凯悦饭店(图 11-4)、西安唐城饭店(图 11-5)等,成为城市一道亮丽的风景线。现代旅馆的功能已不仅限于住宿、餐饮,还包括购物、娱乐、社交、商贸洽谈、办公等。一些大型旅馆已成为功能复杂的建筑综合体。另外,也出现了一批具有地方特色的小型旅馆。现代旅馆建筑正向着多档次、多样化的方向发展。

图 11-1 上海国际饭店

地上 22 层,地下 2 层,总高度 82.51 m,在 1968 年以前,一直是我国最高的建筑。

图 11-2 广州白云宾馆

建筑面积 58 000 m²,共 33 层。高层为客房,低层为公共服务部分。体形简洁。低层部分吸收岭南园林的经验,空间组织活泼生动。

11.1.2 旅馆的分类与等级

1) 旅馆的分类

按照服务对象和服务性质可分为三类:

(1) 普通营业性社会旅馆 顾客为一般旅客,建筑标准较低。

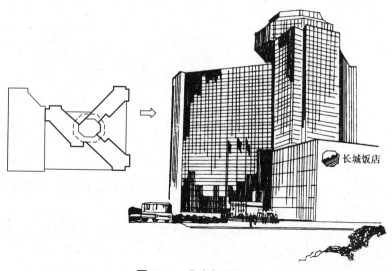

图 11-3　北京长城饭店

建成于 1984 年,由美国贝克特国际公司设计。通过这个旅馆的建设,引进了国外的设计、技术与管理经验,对我国的旅馆建设有一定促进作用。

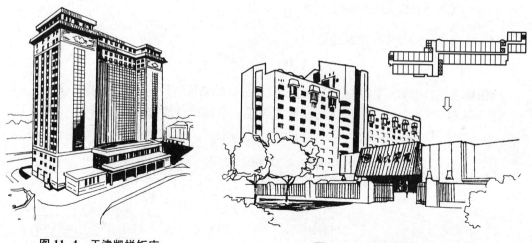

图 11-4　天津凯悦饭店　　　　　　　　　　**图 11-5　西安唐城饭店**

(2) 招待所　为各企、事业单位或政府各部门招待宾客、组织会议或开展活动所设的旅馆,一般为内部使用,也对外经营。

(3) 旅游旅馆　为国内外旅游人员设置的宾馆,也接待会议和开展商贸活动,常设在环境优美地段或风景名胜区附近。

此外,旅馆建筑还可按表 11-1 分类。

表 11-1　旅馆建筑分类

分类特征	名　　称			
功　能	旅游旅馆 体育旅馆	商业旅馆 疗养旅馆	会议旅馆 中转旅馆	汽车旅馆
标　准	经济旅馆	舒适旅馆	豪华旅馆	超豪华旅馆
规　模	小型旅馆	中型旅馆	大型旅馆	超大型旅馆

分类特征	名 称			
经 营	合 资	独 资		
环 境	市区旅馆 乡村旅馆 市中心旅馆	机场旅馆 名胜旅馆 游乐旅馆	车站旅馆	路边旅馆 海滨旅馆
其 他	公寓旅馆	度假旅馆	综合体旅馆	全套间旅馆

2) 旅馆建筑的等级

原国家计委 1986 年颁布的《旅游旅馆暂行标准》中,将旅游旅馆分为四级,其中一、二、三级对外营业,四级对内营业,其标准较一般社会旅馆为高。

《旅馆建筑设计规范》(JGJ 62—2014)中,根据旅馆的使用功能,按建筑质量标准和设备、设施条件,将旅馆由高到低划分为一、二、三、四、五、六级 6 个建筑等级。

旅游涉外饭店按一星至五星将旅馆划分等级,五星级最高,一星级最低。

此外,招待所一般分为甲、乙、丙三个等级。甲级适用于部、省、市级,乙级适用于地、市级,丙级适用于县、镇级招待所。

上述等级划分对于宏观控制旅馆建设有一定意义。

11.1.3 旅馆建筑的规模和建筑组成

1) 规模

旅馆规模应根据城市的发展和客源情况,经过科学论证后确定,要避免盲目建设。

旅馆规模一般用床位总数或客房总数来衡量。我国招待所的规模标准,300 床以下为小型,300~500 床为中型,500~800 床为大型。星级旅馆的规模见表 11-2。

表 11-2 星级旅馆规模

规 模	客房间数	标 准	等 级
小 型	<200	中、低档或超豪华	一星、二星或五星
中 型	200~500	中档,豪华	三星、四星、五星
大 型	500~1 000	豪 华	五 星
特大型	>1 000	—	—

2) 旅馆建筑的组成

由于规模、等级、性质、经营方式不同,旅馆建筑的组成相差甚大,但一般由以下五部分组成:

(1) 客房部分由客房、卫生设施、分层管理用房和交通空间组成。

(2) 公用部分由门厅、总服务台、会客厅、休息厅、会议室、商店等组成,有的旅馆还有健身房、多功能厅、娱乐设施等。

(3) 餐饮部分包括餐厅、宴会厅、厨房及附属用房。

(4) 行政管理与生活服务部分包括党政及业务管理用房、职工宿舍、职工食堂等。

(5) 后勤管理部分包括锅炉房、机房、洗衣房、维修间、车库等。

一般旅馆建筑各部分的功能关系如图 11-6 所示。

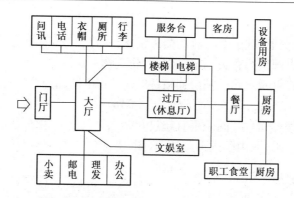

图 11-6　一般旅馆建筑各部分的功能关系

11.2　旅馆建筑的基地选择和总体布置

11.2.1　旅馆建筑的基地选择原则

（1）基地选择应符合城市规划的要求；在风景名胜、文物古迹附近建设旅馆，还必须遵守保护环境的有关规定。

（2）基地面积和形状能满足建筑的需要，至少有一面临接城、镇道路。

（3）交通方便，水、电等市政设施条件较好，但要远离噪声和污染源。

（4）地形、地质条件好，拆迁量小，地价较低，周围风景较好。

当然，要达到所有要求是很难的，这就需要反复比较，解决好主要矛盾。

11.2.2　旅馆建筑总体布置

1）一般原则

（1）根据城市规划的要求，妥善处理好建筑与周围环境、出入口与道路、建筑设备与城市管线之间的关系。

（2）旅馆出入口应明显，组织好交通流线，安排好停车场地，满足安全疏散的要求。

（3）功能分区明确，使各部分的功能要求都能得到满足，尽量减少有噪声和污染源的部分对其他部分的干扰。

（4）有利于创造良好的空间形象和建筑景观。

2）总平面设计的主要内容

在总平面设计时除安排好主体建筑外，还应安排好出入口、广场、道路、停车场、附属建筑、绿化、建筑小品等，有的旅馆还要考虑游泳池、网球场、露天茶座等。

（1）主体建筑

主体建筑位置应突出。客房部分应日照、通风条件好，环境安静。门厅、休息厅、商店、餐厅应靠近出入口，便于管理和营业。厨房、动力设施应有对外通道，不干扰其他部分的正常使用，不影响城市景观。

（2）出入口

出入口一般至少设置两个。主要出入口应明显。次要出入口供后勤服务和职工出入使用，最好设在次要道路上。有的旅馆还设有贵宾出入口、购物出入口。

（3）道路与停车场

应组织好机动车交通，减少对人流的交叉干扰，并符合城市道路规划的要求。要做好安全疏散设计，遵守防火规范的有关规定。例如：建筑物沿街部分长度超过 150 m 或总长度超过 220 m 时，应设置穿过建筑物的消防通道（图 11-7）；消防通道穿过建筑物门洞时，其净高和净宽不应小于 4 m，门垛之间净宽不应小于 3.5 m（图 11-8）；沿街建筑设连通街道和内院的人行通道（可利用楼梯间），其间距不宜超过 80 m（图 11-9）；建筑物的封闭内院，如其短边长度超过 24 m 时，宜设进入内院的消防通道（图 11-10）。

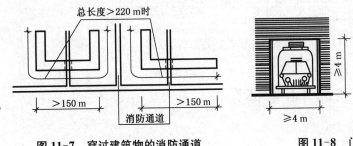

图 11-7　穿过建筑物的消防通道

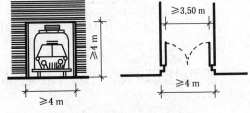

图 11-8　门洞、门垛净宽尺寸

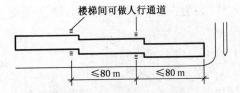

图 11-9　穿过建筑物的人行通道

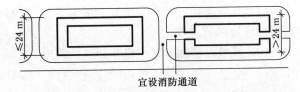

图 11-10　封闭内院设置消防通道的条件

停车场应靠近出入口，但不能影响人流交通。高层建筑可利用地下室、半地下室设停车场。停车泊位数根据具体情况确定。公安部、原建设部 1988 年发文规定，旅馆停车泊位数为 0.08 车位/床，旅游旅馆停车泊位数为 0.2 车位/间。停车场还应满足回车的要求。

（4）绿化

旅馆建筑的绿化一般有两类：一类是建筑外围或周边的绿化，它们对于美化街景，减少噪声和视线干扰，增加空间层次有良好作用；另一类是封闭或半封闭的庭园，它们有利于丰富旅馆的室内外空间，改善采光、通风条件（图 11-11、图 11-12）。

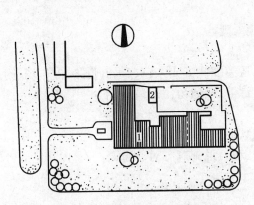

图 11-11　建筑外围和周边的绿化

1—主楼；2—车库、锅炉房

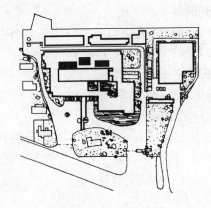

图 11-12　庭园绿化

3）总平面布局方式

总平面布局受基地条件、投资等因素影响,一般有以下三种类型:

（1）分散式(图 11-13)

分散式布局适应于需分期建设或对建筑高度、体量有限制的情况。它的缺点是占地面积较大。

图 11-13,黄龙饭店,位于杭州著名风景区黄龙洞附近。这个饭店的设计采用庭院式布置,将客房部分变为三组六塔,使建筑的高度和体量不致破坏风景区的景观。

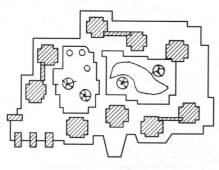

图 11-13　黄龙饭店

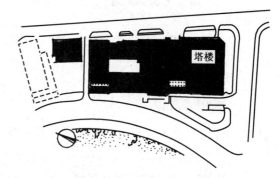

图 11-14　广州华厦大酒店

（2）集中式布局(图 11-14)

集中式布局常将客房设计成高层建筑,其他部分则布置成裙房。这种方式布局紧凑,交通路线短,但对建筑设备要求较高。

图 11-14,广州华厦大酒店,是一个集写字楼、公寓、饮食服务、康乐及其他公共活动为一体的综合性旅馆,在不到 8 000 m² 的地面上建造了 70 000 m² 的建筑,容积率达到 8.94。

（3）混合式(图 11-15)

这种旅馆常将客房、办公、会议等集中在一幢建筑中,而将其他部分另行布置成一幢或数幢建筑。它有利于减少动力设施对其他部分的干扰。

图 11-15,燕京饭店,用地较狭长。设计时将客房、公共部分、办公、供应等用房交错地布置在东部、中部和西部,南侧为停车场和绿地。

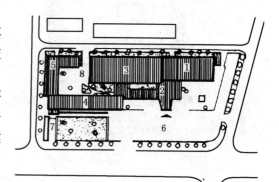

图 11-15　燕京饭店

1—客房楼；2—门厅；3—餐厅；4—办公楼；
5—机房及车库；6—停车场；7—营业厅入口；8—内院

11.3　旅馆客房部分设计

11.3.1　客房设计

1）客房类型

客房一般分为单床间、双床间(含双人床间)、双套间、多套间、多床间等。

（1）单床间　供单人使用,安全无干扰,但经济性和出租的灵活性稍差(图 11-16)。

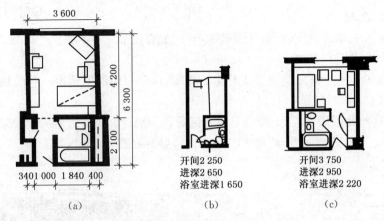

图 11-16　单床间客房(mm)

(a)面积稍大,必要时可作双人间;(b)和(c)开间很小,布置很紧凑,在一个柱距中可
分别安排三个或两个开间。

（2）双床间　这是旅馆中最常用的客房类型,适用性广,较受顾客欢迎(图 11-17)。

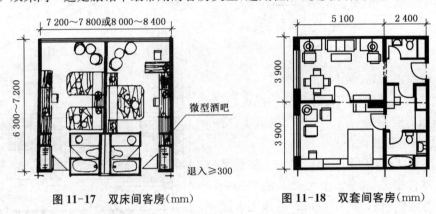

图 11-17　双床间客房(mm)　　　　　图 11-18　双套间客房(mm)

（3）双套间　由两间居室组成一套客房,标准较高。必要时,起居室也可放床
(图 11-18)。

（4）多床间　在一间客房内放 3～4 张床,只有设备简单的卫生间,或者不附设卫生间
而使用公共卫生间。这是一种低标准的经济客房。

上述各类客房在一幢旅馆中所占的比例要根据旅馆的等级、服务对象、经营方式等来确
定。经济型的社会旅馆以多床间为主。一般旅馆双床间占 80％～85％,单床间占 10％～
15％,套间占 5％左右。

2）客房面积和基本尺寸

按照旅馆的管理、服务要求和设备、设施标准,我国将旅馆建筑由高至低划分为六个等
级,客房净面积不应小于表 11-3 中的规定。

表 11-3　我国旅馆建筑六级分等客房及卫生间面积指标

旅馆建筑等级		一级	二级	三级	四级	五级	六级
客房净面积 (m²)	单床间	12	10	9	8	—	—
	双床间	20	16	14	12	12	10
	多床间	每床不小于 4					

续表 11-3

旅馆建筑等级		一级	二级	三级	四级	五级	六级
客房卫生间	净面积(m²)	5.0	3.5	3.0	3.0	2.5	—
	占客房总数百分比(%)	100	100	100	50	25	—
	卫生器具件数	不应少于3件			不应少于2件		—

以双床间为标准,客房开间,经济型的为 3.3~3.6 m,舒适型的为 3.6~3.9 m,豪华级的在 4 m 左右。当一个柱距包括两个开间时,柱距为 7.2~7.8 m 或 8~8.4 m。客房的进深一般为 4.5~5.1 m,标准高的在 6 m 左右。

客房室内净高,当设空调时不低于 2.4 m,不设空调时不低于 2.6 m。客房内的小过道,净宽不小于 1.1 m,净高不低于 2.1 m。

3)客房室内设计

客房内的家具主要有床、床头柜(床头柜常设有灯具、电视、呼唤信号、电动窗帘等的控制开关)、写字桌、行李架、茶几、沙发等,进门处设壁柜,有的还有小酒吧。配备的电气设备有电视、冰箱、空调器等。标准客房的室内布置见图 11-19。床应三面临空,与卫生间隔墙的距离不小于 0.3 m,以便服务员整理床铺。门的洞口宽度不小于 0.9 m,高不小于 2.1 m。为了开门时有停留位置,可将房门处的墙后退 0.3 m 以上。窗可大一些,以便观景,宜为推拉式,设双层窗帘(图 11-20、图 11-21)。室内色彩宜淡雅。

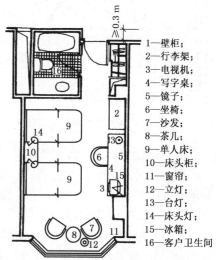

1—壁柜;
2—行李架;
3—电视机;
4—写字桌;
5—镜子;
6—坐椅;
7—沙发;
8—茶几;
9—单人床;
10—床头柜;
11—窗帘;
12—立灯;
13—台灯;
14—床头灯;
15—冰箱;
16—客户卫生间

图 11-19 标准客房的室内布置

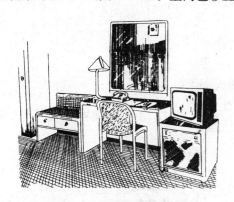

图 11-20 客房的典型布置

图 11-21 客房的窗

11.3.2 客房卫生间设计

卫生间的面积和设备数量与旅馆等级有关,详见表 11-3。国内中、低档旅馆客房卫生间开间方向净尺寸一般为 1.5 m、1.7 m、2.1 m,进深方向净尺寸一般为 2.1 m、2.2 m、1.8 m。高档客房卫生间平面尺寸稍大,如 1.7 m×2.3 m、1.7 m×2.6 m 等,豪华级的约 2.3 m×2.7 m。卫生间一般设浴缸、坐式便器、洗脸盆三大件,标准高的还设净身器。浴盆宽 0.7～0.75 m,长 1.22 m、1.38 m、1.68 m,高 0.3～0.4 m。洗脸盆趋向双盆化、大型化,并与化妆台、梳妆镜、照明灯结合起来。其他配件还有扶手、帘杆、手纸盒、肥皂盒、衣架等(图 11-22)。客房卫生间的布置常见的几种形式如图 11-23 所示。

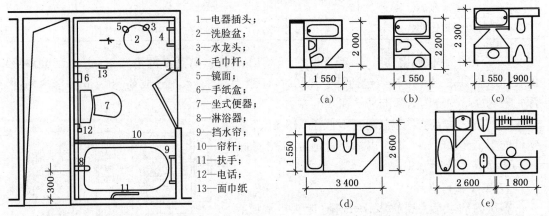

1—电器插头;
2—洗脸盆;
3—水龙头;
4—毛巾杆;
5—镜面;
6—手纸盒;
7—坐式便器;
8—淋浴器;
9—挡水帘;
10—帘杆;
11—扶手;
12—电话;
13—面巾纸

图 11-22　客房卫生间中的设备(mm)　　　　**图 11-23　客房卫生间布置示例**(mm)

卫生间与客房的组合关系主要有以下三种:

(1) 卫生间沿外墙布置(图 11-24(a))　优点是卫生间的采光、通风条件好。缺点是客房的开间加大。另外开门见床,私密性稍差(图 11-25)。

(2) 卫生间位于两客房之间(图 11-24(b))　结构较简单,但对客房易产生噪声干扰。

(3) 卫生间沿走道一侧布置(图 11-24(c))　可加大房屋进深,缩小房间开间,也便于布置管道井,是采用最多的组合方式。

管道井内的管道有透气管、排风管、送风管、冷热水管、污水管、排水管等。管道井净宽应大于 700 mm,靠走道一侧应设检修门(图 11-26)。通风管应设防火阀门。管道井通过楼板处也应封闭,以免烟火上窜。此外,近年来也有不设管道井,采用可拆卸的封板遮蔽管道的做法。

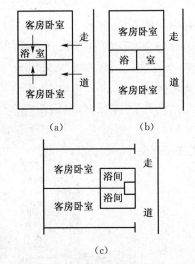

图 11-24　卫生间与客房的组合关系

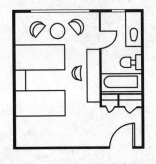

图 11-25　卫生间沿外墙布置实例

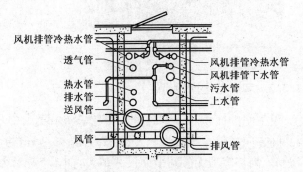

风机排管冷热水管
透气管
热水管
排水管
送风管
风管

风机排管冷热水管
风机排管下水管
污水管
上水管
排风管

图 11-26　管道井布置示例

11.3.3 客房标准层设计

1) 客房标准层的组成

客房标准层由客房区、交通空间及服务区组成。客房区由若干客房单元构成,客房单元是指客房门内所有空间。交通空间包括走道、楼梯、电梯、候梯厅等。服务区包括服务台、工作间、储藏室、开水间、消毒间(或消毒设施)等,有的还设有阅览室、小会议室、公共卫生间等。

不设客房卫生间的标准层,公共卫生间卫生器具数量可见表11-4。标准层服务区面积可见表11-5。

表 11-4 每件卫生器具使用人数

	卫生器具名称 变化范围	洗脸盆或水龙头	大便器	小便器或0.6 m长小便槽	淋 浴 喷 头	
					严寒地区寒冷地区	温暖地区炎热地区
男	使用人数60人以下	10	12	12	20	15
	超过60人部分	12	15	15	25	18
女	使用人数60人以下	8	10	—	15	10
	超过60人部分	10	12	—	18	12

表 11-5 标准层服务区面积指标

旅馆客房(间)	100	250	500	1 000
服务间及一般储库(m²/间)	1.4	1.1	0.93	0.74
服务管理办公部分(m²/间)	0.46	0.46	0.37	0.28

2) 标准层规模

确定标准层规模主要根据以下三个因素:

(1) 考虑服务模数。服务模数是平均每个服务员服务的客房数(包括日、夜班及轮休)。服务模数一般为10~15间,如一个服务组为3~5人,则一个服务台以服务30~40间为宜。

(2) 考虑服务半径。一般以不大于40 m为宜。

(3) 考虑防火分区最大允许面积、建筑变形缝与楼梯位置等。

3) 标准层平面组合形式

表11-6是常见的标准层平面组合形式。图11-27是板形、厚板形(复廊)、三叉形平面的实例。

表 11-6 标准层组合形式

类 型	简 图	特 点
圆 形		受力性能好,走道长度及外墙面积均为同面积中最少
弧 形		简洁富于变化
方 形		方正,四面均同

类　型	简　　图	特　　点
菱　形		消去锐角,便于平面布置
板　形		简洁、挺拔、缺乏变化,适用于各类旅馆
厚　板		充分利用外墙布置,客房、交通服务居中
混合条形		结构紧凑,交通服务居中
其　他		简洁,略有变化

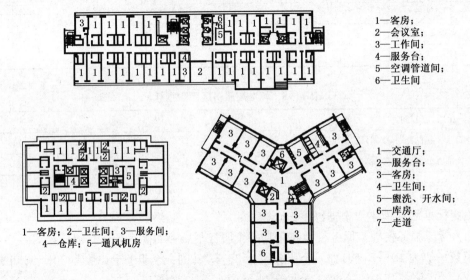

1—客房;
2—会议室;
3—工作间;
4—服务台;
5—空调管道间;
6—卫生间

1—客房;2—卫生间;3—服务间;
4—仓库;5—通风机房

1—交通厅;
2—服务台;
3—客房;
4—卫生间;
5—盥洗、开水间;
6—库房;
7—走道

图 11-27　标准层平面实例

11.4　旅馆公共部分设计

11.4.1　旅馆入口与门厅

　　旅馆入口位置应突出,并作重点艺术处理。入口宜设门廊和雨篷。采暖地区和有空调的旅馆应设双道门或加空气幕。标准高的旅馆可设自动门。如室内、外有高差需设台阶的同时,宜设行李坡道和残疾人坡道(图 11-28)。

　　门厅的功能包括服务接待、休息等候、会客及交通枢纽等。一、二、三级旅馆建筑的门厅内或附近应设卫生间、休息会客、外币兑换、邮电通信、物品寄存及预订票证等服务设施。四、五、六级旅馆建筑门厅内或附近应设卫生间、休息、接待等服务设施。各部分均应符合使用要求,既相互联系,又不干扰(图 11-29)。门厅的规模见表 11-7、表 11-8。

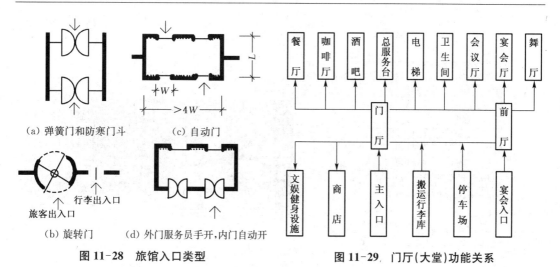

（a）弹簧门和防寒门斗　　（c）自动门

（b）旋转门　　（d）外门服务员手开，内门自动开

图 11-28　旅馆入口类型　　　　**图 11-29　门厅（大堂）功能关系**

表 11-7　旅馆类型与门厅规模

旅馆类型		门厅规模（m²/间）
经济旅馆		0.3～0.5
中档旅馆		0.5～0.7
豪华	市中心旅馆	0.7～0.9
	名胜地旅馆	0.8～1.0
	郊区旅馆	1～1.2

表 11-8　旅馆等级与门厅规模

旅馆等级	门厅规模（m²/间）
一、二级旅馆	0.8
三级旅馆	0.6
四级旅馆	0.4
五级旅馆	0.2

注：门厅面积不少于 24 m²，客房超过 500 间时，超出部分为 0.1 m²/间。

旅馆设计中，可将门厅和内庭、中庭结合起来，其功能扩展到餐饮、购物、娱乐、交往等，成为多功能共享空间，又称为大堂。它常成为旅馆建筑中最富艺术表现力的部分（图 11-30、图 11-31）。

图 11-30　旅馆内共享大厅示例

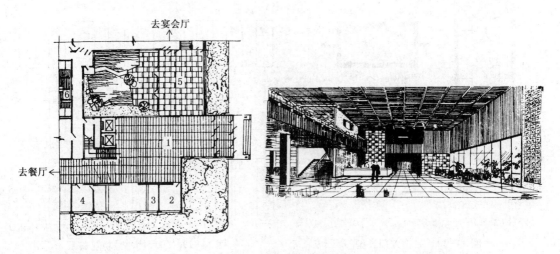

图 11-31 旅馆门厅

1—门厅；2—办公区；3—小卖部；4—邮电区；5—休息厅；6—卫生间

11.4.2 总服务台

总服务台由客房管理与财务管理两部分组成。客房管理即前台，负责接待、问讯、登记、出纳、钥匙管理等业务。财务管理负责电话、结账、预订客房、会计、贵重物品寄存等业务。此外，门厅管理、保安、车船和机票代办、出租车、旅行社、邮电、银行等服务也可设在总服务台，也可另设柜台。

总服务台的长度和面积可以参考表 11-9。

表 11-9 总服务台的长度和面积参考指标

旅馆等级	长度(m/间)	面积(m²/间)	旅馆等级	长度(m/间)	面积(m²/间)
一、二级	0.04	0.8	四级	0.025	0.4
三级	0.03	0.6	五级	根据需要	0.2

注：客房超过 500 间时，超出部分的长度和面积按 0.02 m/间和 0.1 m²/间计算。

总服务台位于门厅内，并占有显著位置。总服务台前应留有旅客停留位置。总服务台应与休息厅、楼梯、电梯厅有良好的交通联系，并在视线范围内，以便管理和服务。总服务台的附属用房有前台管理办公室、服务员休息室等。

11.4.3 会议室与多功能厅

1）会议室

小会议室可设在客房层。大、中型会议室均应设在公共部分。会议室的环境应相对安静，附近有公共卫生间。

2）多功能厅

多功能厅既可作会议室，又能进行宴会、娱乐、接待、商贸、展览等活动。多功能厅常设有活动隔断，以提高使用的灵活性。多功能厅宜有单独出入口，并设置休息厅、衣帽间、卫生间。

11.4.4 商店,美容、理发室及康乐设施

1)商店

一、二、三级旅馆应设商店,四、五、六级旅馆应设小卖部。商店应考虑旅客购物方便,所以常设在门厅、大堂中或其附近。

2)美容、理发室

一、二级旅馆应设美容室和理发室。三、四级旅馆应设理发室。理发室宜分为男、女两部分。

3)康乐设施

一、二级旅馆宜设游泳池、蒸汽浴室(桑拿浴)及健身房。其他康乐设施根据情况设置。康乐设施应满足使用和管理方便的要求,并应避免噪声干扰客房。

11.4.5 交通空间

1)楼梯和电梯

楼梯、电梯的数量,梯段宽度及安全要求等都应符合防火规范的要求。客房层两端都应设有楼梯,其中一个宜靠近电梯厅。门厅中的主楼梯位置要明显。

一、二级旅馆建筑 3 层及 3 层以上,三级旅馆建筑 4 层及 4 层以上,四级旅馆建筑 6 层及 6 层以上,五、六级旅馆建筑 7 层及 7 层以上,应设乘客电梯,乘客电梯的台数应通过设计和计算确定,主要乘客电梯位置应在门厅易于看到且较为便捷的地方。客房服务电梯应根据旅馆建筑等级和实际需要设置,五、六级旅馆建筑可与乘客电梯合用。消防电梯的设置应符合现行的《高层民用建筑设计防火规范》的有关规定。

近年来,一些高档旅馆在外墙或中庭设置了观景电梯,乘客可以通过玻璃观看外面景物,升降的轿厢也起到造景作用。但这种电梯造价昂贵,也不能作为疏散安全梯使用(图 11-32)。

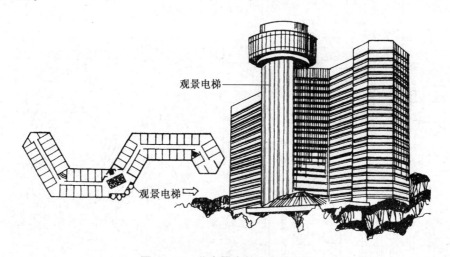

图 11-32 北京昆仑饭店观景电梯

2)走道

旅馆标准层的公共走道净高大于 2.1 m,其长度、宽度都应满足安全疏散的要求。

11.5 餐厅、厨房部分设计

11.5.1 餐厅

餐厅按饮食特点分,有中餐厅、西餐厅、风味餐厅等,按服务方式和环境特色分,有宴会厅、包房餐室、快餐厅、自助餐厅、花园餐厅、旋转餐厅等。另外,以酒水为主的还有咖啡厅、鸡尾酒厅、酒吧、茶室等。

餐厅规模应视旅馆规模、服务对象和经济效益而定。餐厅座位数一、二、三级旅馆不小于床位数的 80%,四级不小于 60%,五、六级不小于 40%。餐厅每座的最小使用面积一级旅馆为 1.3 m²/座,二级旅馆为 1.1 m²/座,三级旅馆为 1.0 m²/座。

餐桌有方桌、长桌、圆桌等,它们的基本尺寸和面积指标见图 11-33、表 11-10。餐桌的布置方式见图 11-34。餐桌边到餐桌边的净距离,仅就餐者通行时应≥1.35 m,有服务员通行时应≥1.8 m,有小车通行时应≥2.1 m。餐桌边到内墙边的净距离,仅就餐者通行时应≥0.9 m,有服务员通行时应≥1.35 m。

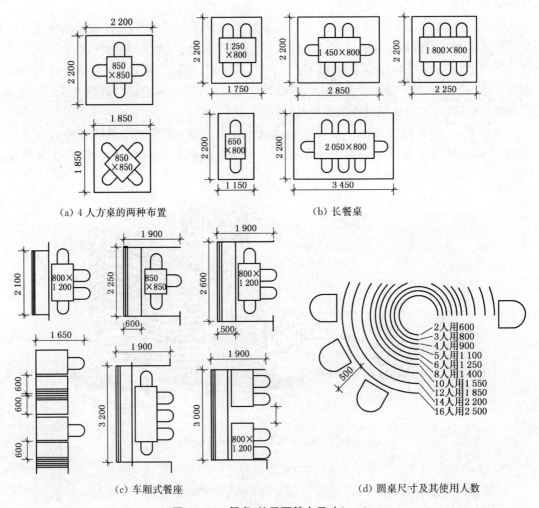

(a) 4 人方桌的两种布置   (b) 长餐桌

(c) 车厢式餐座   (d) 圆桌尺寸及其使用人数

图 11-33　餐桌、椅平面基本尺寸(mm)

表 11-10　不同餐座构成的单位餐桌面积指标

餐座构成	正方形桌			长方形桌		圆形桌
	平行 2 座	平行 4 座	对角 4 座			
座位形式						
m²/人	1.7～2.0	1.3～1.7	1.0～1.2	1.3～1.5	1.0～1.5	0.9～1.4

餐座构成	车厢座	长　方　形　桌		
	对面 4 座	对面 4 座	对面 6 座	对面 8 座
座位形式				
m²/人	0.7～1.0	1.3～1.5 (1.4～1.6)	1.0～1.2 (1.1～1.3)	0.9～1.1 (1.0～1.2)

注：括弧内为用服务餐车时所需指标。

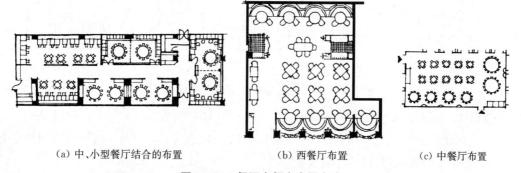

（a）中、小型餐厅结合的布置　　　　　（b）西餐厅布置　　　　　（c）中餐厅布置

图 11-34　餐厅中餐桌布置方式

　　餐厅的位置要考虑使用方便，但不要对客房产生干扰。当餐厅同时也对外营业时，面积可加大，应有单独的出入口，并设衣帽间、卫生间。

　　餐厅内应有舒适的环境。地面应便于做清洁，不宜太光滑。

11.5.2　厨房

　　厨房面积大小受很多因素影响。我国一般餐厨面积比为 1 : 1～1 : 1.1，等级较低的旅馆厨房面积可小一些，表 11-11 中的面积指标可作参考。

表 11-11　旅馆厨房面积计算参考指标（m²/人）

规　　　　模		等　级　标　准	
200 人以内	1 000 人以内	一般食堂	高级酒店
0.5～0.7	0.4～0.5	1～1.2	1.4～1.9

　　厨房的工艺流程见图 11-35、图 11-36。厨房的空间组成基本上可分为物品出入区、物品储存区、食品加工区、烹饪区、备餐区、洗涤区等六部分。

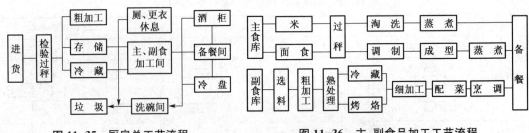

图 11-35　厨房总工艺流程　　　　图 11-36　主、副食品加工工艺流程

注：大型厨房还应将中餐、西餐、清真餐等的加工分开。

厨房的位置应靠外墙，便于货物进出与通风排气。厨房与餐厅最好布置在同一层，如必须分层设置，宜设食品电梯。对外营业的餐厅以及以煤为燃料的厨房宜设在底层的裙房内。当主楼顶部设有旋转餐厅时，厨房可设在顶层，或将细加工部分的厨房设在顶层。此时，厨房宜以蒸汽、电和管道煤气为热源，并设专用货梯。当主楼层数很多时，也可在主楼中部设置小型餐厅和小厨房（图 11-37）。

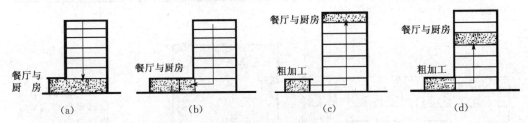

图 11-37　厨房、餐厅在旅馆中的位置

厨房的平面组合主要有以下三种方式：

（1）统间式（图 11-38）　将加工区、烹饪区、洗涤区布置在一个大空间内，适用于每餐供应 200～300 份饭菜的小型厨房。

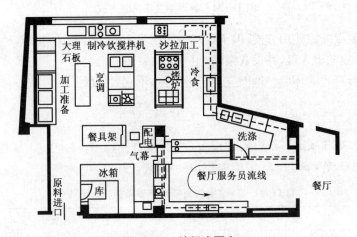

图 11-38　统间式厨房

（2）分间式　将加工、烹饪、点心制作、洗涤等分别按工艺流程布置在专用房间内，卫生条件好，相互干扰小，适用于有空调，规模较大的厨房。

（3）大、小间结合式（图 11-39）　加工、烹饪在大间，点心、冷盘、洗涤在小间，卫生条件好,联系也方便,是一般旅馆厨房常用的组合方式。

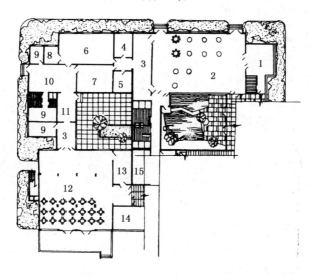

图 11-39 大、小间结合式厨房

1—贵宾休息室;2—宴会厅;3—备餐间;4—冷盘间;5—西点间;6—中厨间;7—西厨间;8—蒸煮间;
9—库房;10—粗加工;11—洗碗间;12—餐厅;13—小餐厅;14—理发室;15—配电室

厨房无论采用哪种组合方式,都应符合工艺流程的要求,缩短运输和操作路线,避免混杂,满足食品卫生的要求。厨房要组织好通风,尽量减少油烟和气味窜入餐厅和其他房间。地面和墙裙要便于冲洗。地面排水坡坡度为 $0.5\% \sim 2\%$,不宜太光滑。除冷盘间不宜采用明沟外,其余室内排水沟宜用有漏水孔盖板的明沟。

厨房的附属用房除仓库外,还有办公室、更衣室、卫生间等。

11.6 旅馆建筑设计的其他问题

11.6.1 安全疏散

旅馆建筑来往人数多,易燃物品多,安全疏散问题特别重要。走道、楼梯、电梯、安全出入口、房屋长度、房屋间距等都应严格遵守《建筑设计防火规范》(GB 50016—2006)、《高层民用建筑设计防火规范》(GB 50045—1995)的规定。旅馆建筑装修量大,品种多,也要严格遵守《建筑内部装修设计防火规范》(GB 50222—1995)的规定。

旅馆建筑中的商店、商品展销厅、餐厅、宴会厅等危险性大,安全要求高,应独立划分防火分区或设置相应耐火极限的防火分隔,并设置必要的排烟设施。锅炉房最好不要设在主体建筑内。厨房要注意防火。集中式旅馆的每一防火分区应设有独立的、通向地面或避难层的安全出口,并不得少于两个。客房、大型厅室、疏散走道及重要公共用房等处的建筑装修材料,应采用非燃烧材料或难燃烧材料,并严禁使用燃烧时产生有毒气体及窒息性气体的材料。疏散通道及疏散门都应有明显的指示标志。旅馆建筑还应配有自动报警和自动喷水灭火装置,有火灾事故照明。电力与照明系统应按消防分区进行配制。高层建筑的垃圾道、污物井等井道内都应设自动喷水灭火装置。消防控制室应设置在便于维修和管线布置最短的地方,有直通室外的出口,有外线电话并能与各重要设备用房和旅馆主要负责人随时通话。

11.6.2　体型组合与建筑艺术处理

1）体型组合方式

（1）分散式组合（图 11-13）

将客房和公用部分分成几幢低层或多层建筑，相对隔开。这样，建筑体量小，易使人感到亲切。为了增加统一感，除强调各建筑的呼应关系外，还可以用廊加以连通，形成高低错落、宛转曲折的建筑形象。

（2）并列式组合（图 11-40(a)）

客房竖向组合成塔楼，公用部分水平铺开成裙房。这样，功能关系明确，结构也好处理。竖向与水平两个体量形成对比，有利于建筑造型。这是一种采用较多的体型组合。

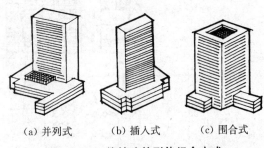

（a）并列式　　　（b）插入式　　　（c）围合式

图 11-40　旅馆建筑形体组合方式

（3）插入式组合（图 11-40(b)）

以公用部分为承托基座，客房作为主体插入其中。这样，主楼与裙房联系紧密，建筑造型简洁；缺点是裙房常需人工照明，上下结构布置易产生矛盾。这种组合常用于用地紧张的情况。

（4）围合式组合（图 11-40(c)）

客房采用围合式平面，公用部分位于中庭，或一部分在裙房。这种布置会形成高度很大的中庭，室内空间高敞，但对防火安全问题将增加难度。

2）旅馆建筑的艺术处理

旅馆建筑体量大，功能复杂，投资多，是城市形象的重要组成部分，所以一直受到人们的重视。旅馆建筑除体现自身的性格特征外，还应各具特色，切忌雷同。旅馆建筑受各种设计思潮的影响，风格千变万化，但对于每一幢具体的建筑，则应因时因地，择善而从。例如，有的设计强调时代感，采用先进的设备、材料和结构，引进新的空间设计和装饰手法，使人耳目一新（图 11-41）；有的设计则强调民族传统和地方特色，注意文化的延续性，能推陈出新（图11-42）。只要精心设计，都有可能产生优秀作品。

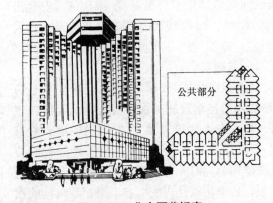

图 11-41　北京西苑饭店

为集中式总体布局，并列式组合。外墙面呈锯齿形，新颖别致。八边形的旋转餐厅丰富了建筑轮廓线，并成为旅馆的标志。

图 11-42　杭州黄龙饭店

建筑造型吸取了江南传统建筑的特点，但经过提炼变得更简洁，既有时代感，又有传统韵味。

11.6.3　旅馆建筑实例

1) 北京和平宾馆(图 11-43)

该建筑建于 20 世纪 50 年代初,是运用现代设计手法设计的现代旅馆。占地仅 4 000 m²,但布置得当,不但保留了原有树木,还形成较开阔的入口庭院。建筑功能分区明确,流线清晰,特别是门厅空间处理,小而不乱,很有特色。立面朴实大方,简洁明快。造价很省,适应了当时的国情。

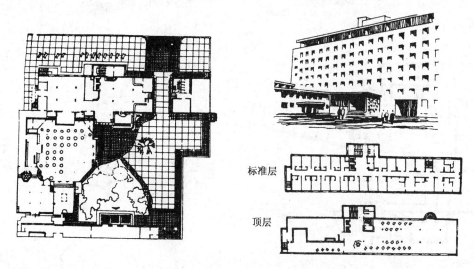

标准层

顶层

图 11-43　北京和平宾馆

2) 上海龙柏饭店(图 11-44)

该建筑建于 20 世纪 80 年代初,建筑与优美的环境融为一体。功能合理,空间富于变化,造型新颖,风格典雅。

3) 某旅游旅馆平面(图 11-45)

建筑平面为单元式组合,通过内外廊将各单元连为一体,客房与南面优美的环境相呼应。

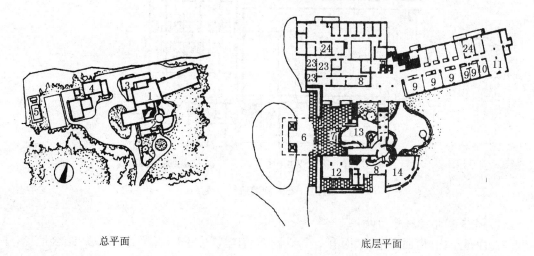

总平面

底层平面

透视

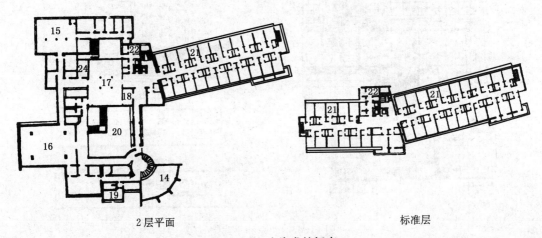

2层平面　　　　　　　　　　　　　　标准层

图 11-44　上海龙柏饭店

1—主楼；2—贵宾用房；3—辅助用房；4—设备用房；5—游泳池；6—门廊；7—门厅；
8—总服务台；9—商店；10—理发室；11—咖啡酒吧；12—团体休息室；13—室内庭院；14—接待室；15—厨房；
16—宴会厅；17—中餐厅；18—小餐厅；19—贵宾卧室；20—庭院上空；21—客房；22—服务用房；
23—办公室；24—库房

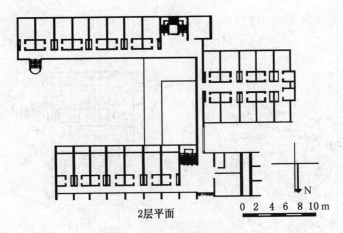

2层平面

0　2　4　6　8　10m

N

图 11-45　旅游旅馆平面

4) **某专家招待所平面**(图 11-46)

北面是小山,南面有水,东面有一个亭子,整个建筑位于环境优美的地段,结合地形,建筑平面采用台阶式布局,立面采用退台式处理手法,建筑与优美的环境融为一体,功能合理,空间富于变化。

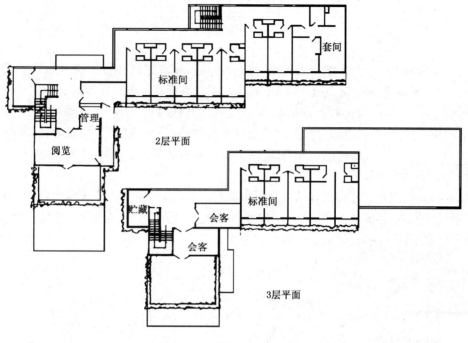

图 11-46 某专家招待所平面

12 医院建筑设计

医院建筑是供医疗与护理病人之用的公共建筑。随着社会和科学技术的进步,医院建筑不断演变、更新、扩充。尤其是近年来,我国的医疗事业有了长足发展,人们对个人身体健康的认识日益增强,已从仅限于诊断治疗向预防、保健、康复医疗方向全面发展,同时,对医院建筑的功能环境、技术设施等条件的要求也越来越高,许多规模大、功能全、标准高、设备新的医疗机构和疗养场所相继出现。此外,医疗体制的变革,也是影响医院分布、规模、性质和布局等的重要因素。

医院建筑是由众多部门组合的综合性建筑,与其他类型的公共建筑相比,有共同性,也有特殊性。其基本特征是:功能关系组织要求较高,交通流线分、合复杂,环境卫生要求严格,设备技术变换率高,建筑形象宜亲切大方等。

12.1 概 述

12.1.1 医院的分类

医院建筑的分类方式较多,主要有以下几类:

1) 按诊疗对象及病症性质分类

(1) 综合医院

即医疗科目较全的,也是人们习惯所称的医院。要求设有大内科、大外科、儿科、妇产科、五官科等三科以上,并设置门诊部及 24 小时服务的急诊部和住院部。综合医院是我国城镇普及性医院机构,采用"三级医疗网"医疗体制进行规划分布。多数综合医院有着教学、科研任务。

(2) 专科医院

专门治疗某类疾病的医院。随着医学科学技术的发展,医疗分科日细。一类是将综合医院中的某个病科或局部病理分离出来成为专科医院,如儿科、妇产科、口腔科、皮肤科等病院。一类是根据病患者病症发病性质而特殊设立的病院,如传染病院、肿瘤病院、精神病院、结核病院等。

(3) 中医院

专门应用中国传统医学治疗疾病的医院,还有中西医结合医院。

(4) 康复、保健中心,防治病所,疗养院等

主要是供慢性病患者、康复期病人及健康人员预防保健的医疗机构。

2) 按医疗组织性质分类

(1) 公立医院,国家或省、市、区(县)等各级政府直属的医院。

(2) 军区附属医院,医科大学附属医院,产业附属医院等医疗机构。

(3) 个体私办医院,社会团体自办医院等商业性医疗机构。

3) 按医院分级管理要求划分(图 12-1)

(1) 省(部)级、县级、乡镇级。

(2) 市级、区级、街道级。

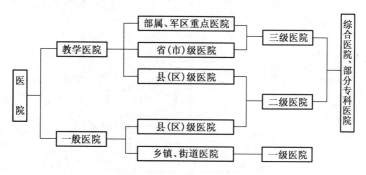

图 12-1 "三级医疗网"医疗体制

12.1.2 医院的规模

综合医院的规模是根据所在地区的人口密度、患病率和服务半径,考虑城乡远、近期建设的发展,由城镇医疗网总体规划确定。其规模大小以病床数定级,可由 50~1 000 床不等。一般县(区)级医院规模为 100~300 病床,乡、镇、街道级医院多数在 100 床以下,省(市)级医院则在 500 床左右,有的特大型医院病床已达 1 000 床以上。

城镇综合医院的规模指标可按 5~7 床/千人,工矿企业医院则按 1.3~1.8 床/百名职工计算。综合医院的用地面积约为 80~130 m^2/床,建筑面积可按 41~53 m^2/床估算。

12.2 综合医院基地选择与总平面设计

12.2.1 基地选择原则

(1) 医院基地应满足国家及省、市卫生部门按三级医疗卫生网点布局的要求和城市规划部门的统一规划要求。

(2) 基地要求交通方便,宜面临两条城区道路,便于病人到达与分流。同时要求环境安静,远离污染源,避免医院本身的污水排放和放射性物质对周围环境的影响。

(3) 基地大小应按卫生部门颁发的不同规模医院用地标准,在节约用地的前提下,适当留有发展用地。地形力求规整,地势宜高爽。

(4) 基地应有充足的清洁用水源,并有城市下水管网配合,电源能保证供应。

(5) 医院基地应远离易燃、易爆物品的生产和储存区以及高压线路等,不应邻接少年儿童活动密集场所。

12.2.2 综合医院的功能分区与组成

综合医院是一组复杂的建筑综合体。一般中、小型综合医院的总平面功能可分为两大区间:一是医疗区;二是后勤行政区。对于大、中型综合医院还可区划出医技区、教学区和生活区(图 12-2)。

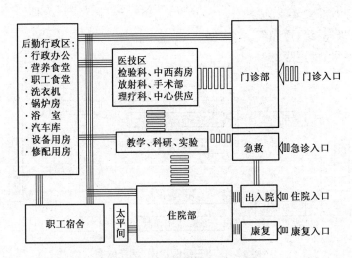

图 12-2 医院功能分区示意

在综合医院各大组成部分中,其核心是医疗部分,它包括门诊部、辅助医疗部、住院部三大部门,与其他各组成部分的关系如图 12-3 所示。

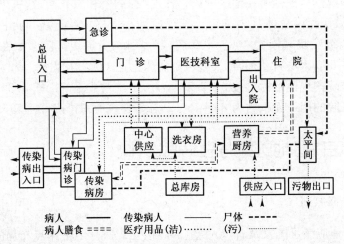

图 12-3 医院组成关系示意

12.2.3 综合医院交通流线与出入口

1) 交通流线与出入口种类

根据医院各功能分区与组成的关系,可见交通流线不仅十分复杂,且要求既要有密切联系,又要相对分开,形成分合有序的动态交通体系。医院内、外交通流线通常可归纳为以下几种:

(1) 外来患者与陪访人员流线。

(2) 内部医护与职工人员流线。

(3) 外部膳食与用品输入流线。

(4) 内部污物与尸体输出流线。

为满足上述各种交通流线的要求,应设置各类出入口,做到既能分开,又便于管理。按功能分区及各部分组成关系设置出入口,见表 12-1。

表 12-1　医院出入口分类

主要出入口	人员出入口	门诊病人出入口	门诊、急诊病人出入口
		急诊病人出入口	
		住院病人和探视者出入口	
		医护人员和职工出入口	
		传染科病人出入口	
辅助出入口	供应入口	医疗器械和用品入口	
		生活物品入口	
	污物出口	尸体出口	
		废弃物出口	

2）交通流线与出入口的设计要点

（1）各类出入口设置和道路布置要求功能明确,使用方便,交通便捷,洁污分清;力求高效率、高水平,避免和防止交叉感染。

（2）一般综合医院对外至少应有两处出入口,一为人员出入口;二为供应入口并兼污物出口。最好分为三处,将供应入口与污物出口分开。设有传染病科的医院,必须设专用出入口。

（3）尸体运送路线应避免与人员出入院路线交叉,并避免经过门诊诊查室和病房楼前后。

（4）结合建筑使用要求,合理组织内部交通流线和建筑对外出入口,使各部门之间无穿越交通,路线简捷,明晰易找。在交通转折处,人和物流动频繁的部位,应进行引导、过渡处理,并充分发挥导向标志的作用。

（5）当职工住宅与医院基地毗邻时,应予分隔,且另辟出入口。

12. 2. 4　总平面设计

综合医院的总平面设计,应根据医院的使用要求、基地条件和周围环境等因素综合考虑,合理安排医院的各组成部分。总平面设计合理与否,直接影响医院的使用效果和经济效益。

1）总平面设计要求

（1）新建、改建、扩建医院都应进行总平面设计。其布局应功能分区合理,洁污线路清楚,布置紧凑,并留有发展用地。

（2）医疗、医技区应安排在基地卫生条件好、环境安静、交通便利的中心位置,其中门诊部、急诊部应面对主要交通干道,处在医院主要出入口处。

（3）不同部门的交通路线应避免混杂交叉,各出入口应与各部门紧密联系。合理组织水、暖、电设备供应路线,尽量缩短长度,减少能量损耗。

（4）后勤供应区用房应位于医院基地的下风向,与医疗区保持一定距离,同时又应保证对医疗区服务方便。例如:营养厨房应靠近住院部,宜有廊道连接以便送饭;锅炉房应距采暖用房不远处;晒衣场地与晒药场地均应不受烟尘污染;太平间宜设在基地下风向的隔离隐蔽处。

（5）设有传染病科的医院,应将该科室单独布置,与其他医疗建筑保持适当距离,宜设防护绿化带,并应放在下风向。传染病房不宜靠近水面,以免扩大污染源。

（6）进行医院总平面布置时，要保证基地内有良好的环境和卫生条件。建筑应有充足的采光、日照和通风，建筑物间距一般为 1.5～2.5 倍前排房屋高度，且不小于 12 m。充分利用基地的地形、地貌及建筑物的防护间距和场院空地，合理布置庭院绿化和康复活动场地等设施，并结合绿化、装饰、建筑内外空间和色彩等因素进行整体环境设计。在儿科用房及出入口附近，宜采取符合儿童生理和心理特点的环境设计。

2）总平面布置方式

医院建筑功能关系复杂、环境卫生要求严格，医院的布局应为病人提供最佳的诊疗环境，为医护人员创造高效率的医疗管理条件。其总体布局的组合类型常有以下几种：

（1）分散式（图 12-4）

将门诊、医技、病房部分及后勤供应和管理用房等全部分幢建造的称为分散式。这种组合形式有良好的采光、通风，对防止交叉感染和隔离有利，环境安静，便于分期建造。但各部分联系不便，病人诊疗路线过长，占地面积大，设备管道线路长。分散式建筑组合适用于技术水平较低，不能有效防止疾病传播，防止放射线能力也较差的医院，特别适合于传染病、精神病及儿科等类型的医院。

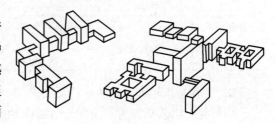

图 12-4　分散式建筑组合类型

（2）集中式（图 12-5）

将门诊、医技、病房，甚至包括一些后勤供应等用房集中在一幢楼里，此楼可由主楼和裙房组成。

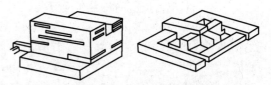

图 12-5　集中式建筑组合类型

其优点是节约用地，各部门联系方便，减少能耗，建筑形象因体量大而易显突出。缺点是内部流线处理难度大，易造成混乱和相互干扰，不利于分期建设，且一次性投资大。

集中式建筑组合过去常用于乡、镇或街道级规模较小的医院。近年来，随着城市用地的紧张和建筑技术标准的提高，已有很多城市的综合医院采用高层与裙房集中组合形式。

（3）混合式（图 12-6）

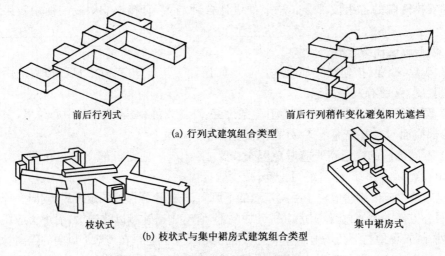

前后行列式　　　　　　　前后行列式稍作变化避免阳光遮挡

(a) 行列式建筑组合类型

枝状式　　　　　　　集中裙房式

(b) 枝状式与集中裙房式建筑组合类型

图 12-6　混合式建筑组合类型

混合式是将医疗区的门诊、医技、病房分建并插入交通枢纽或连接体,组成有分有合的整体。各部分既联系方便,又能根据不同功能有相对的独立性,出入口易分开设置,有利于隔离,环境安静,便于分期建设。混合式又常以行列式、枝状式进行组合。混合式建筑组合是我国综合医院采用最多的一种形式。

12.3 门诊部设计

门诊部是医院各分部中对外联系最频繁的部门,大多数病人在此得到初步诊断和简单的治疗。门诊部在医院总体设计中一般与医技部、住院部等部门结合起来,也有很多医院设置独立的门诊部。近年来,随着医疗卫生事业的发展,治疗、预防、保健等就诊人次激增,门诊部分科越来越细,规模越来越大。

12.3.1 门诊部的规模与组成

1)门诊部的规模

门诊部规模的确定与医疗制度和生活水平两方面有关。门诊部的规模是以每天平均门诊人次来表示的。确定门诊部规模的主要因素有两方面:一是根据当地医疗网体系的分布及城市规划部门的统计资料,得到医院服务地区的居民数与每千居民就诊次数。对于新建城镇、工矿企业可按每千居民每日就诊24~28人次来考虑。每日门诊人次=服务地区居民数(千人)×每千居民每日就诊人次。另一确定因素是门诊人次与医院的病床数有适当的比例。根据原建设部、卫生部1993年《综合医院建筑标准》报批文件资料,病床数与门诊人次之比为1:3。对于独立门诊部,可不考虑此因素。

一般综合医院的门诊部按每一门诊人次平均4~5 m² 确定其建筑面积。

门诊分科就诊人次比例可参考表12-2(以300门诊人次为例)。门诊分科比例还应根据门诊部规模和当地的医疗网点分布情况作适当调整。

表 12-2 300 门诊人次的门诊种类与人次比例

科 别	内 科	外 科	妇产科	儿科	五官科	中医科	皮肤科	传染科
比例(%)	25	20	8	10	20	8	5	4

2)门诊部的组成(图 12-7)

门诊部应按各科诊疗程序合理组织病人流线,并满足医疗卫生与管理的要求。一般综合医院门诊部可概括为三类用房。

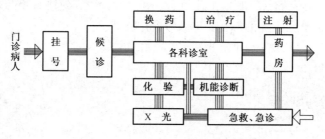

图 12-7 门诊部组成关系与病人流程图

（1）公共用房　包括门厅、挂号厅、廊、楼梯、厕所、候药区等。

（2）各科诊室与急诊诊室　包括内科、外科、妇产科、儿科、五官科、中医科、皮肤科、传染科以及急救室、治疗室、观察室等。

（3）医技科室　包括药房、化验、X光、机能诊断、注射等。

12.3.2　门诊人流与交通组织

1）门诊人流与就诊过程

（1）门诊人流中，老、幼、男、女、轻、重、缓、急皆有，具有既要汇集又要分散的特点。

（2）门诊就诊过程一般为挂号→候诊→诊查（化验）→收费→取药。

2）门诊人流与交通组织

（1）门诊人流组织形式

门诊人流组织原则是：方便病人和医护人员，在最短的时间，用最短的距离到达各诊查和治疗科室，避免往返迂回，防止交叉感染。

门诊人流组织形式有：单向式、回路式、环路式等（图12-8）。

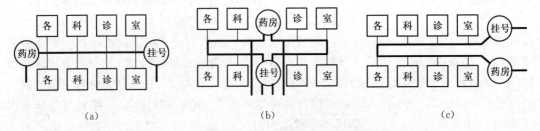

图 12-8　门诊流程形式

(a) 单向式，人流路线较长，不交叉，适合于大、中型门诊部。(b) 回路式，人流路线短，但易交叉，
适合于中、小型门诊部。(c) 环路式，人流易合易分，且不易交叉，采用较广泛。

（2）门诊人流出入口设置

门诊部各类病人流量大，并带有各种细菌，为避免交叉感染，除设置主要出入口外，尚应分设若干单独出入口。出入口包括：

① 主要出入口。为内科、外科、五官科、中医科等及行政办公人员使用，一般结合门诊部大厅设计。

② 儿科出入口。儿科患者抵抗力弱，并有季节性传染病的侵袭，故宜设单独出入口、门厅、预检处及隔离诊室。

③ 产科出入口。产妇与实施人工流产者一般为健康者，为使其不与病人接触，有条件时宜设单独出入口，小型医院可与主要出入口合用。

④ 急诊出入口。急诊病人属危重患者，需紧急处理，并要求昼夜服务，故希望自成系统，并设单独出入口。

12.3.3　门诊部公共部分设计

1）门诊大厅的设计

门诊大厅是门诊部人流集散的地方，是病人办理各种手续的场所，也是门诊人流进出的交通枢纽。门诊大厅一般需要结合挂号、收费、取药、询问、化验等功能用房进行组合设计，必须解决好人流交通的组织和等候空间的布局,满足良好的采光、通风要求,其层高应大于门诊诊室的层高。

门诊大厅的面积一般按 160 m²/千门诊人次计算。各部分的面积大致可作如下推算:高峰时门诊人次占每天接诊人数 30%,其中在挂号处停留的病人约占 15%,在取药处停留的病人约占 20%,每个人停留等候所需面积为 1.5 m²。

门诊大厅处的挂号室要求位置明显。挂号室面积一般不小于 12 m²。挂号室常兼作门诊问询、值班室,且应与病历室紧密联系。病历室也可与挂号室合并,但面积要相应增加。

门诊部药房与候药厅,可与门诊大厅集中设置,也可分厅设置。其程序有划价、收费、收方、配药、发药等。在大、中型医院中常将中、西药房分开,且单独设立收费处。

门诊大厅的组合方式有(图 12-9):单厅式和分厅式。

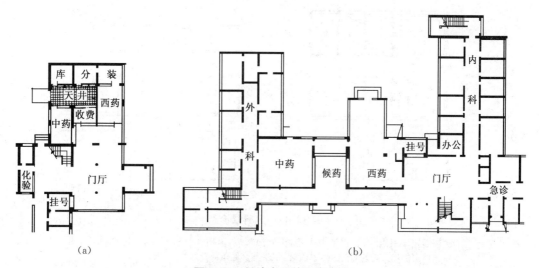

图 12-9 门诊大厅的组合方式

(a) 单厅式示例,将挂号与取药集中于一厅内,利用人流汇集高峰的间隔,发挥空间效益。适用于中、小型医院门诊部。(b) 分厅式示例,为减轻门诊大厅的人流负担,将挂号与候药人流分散处理。多用于大、中型医院门诊部。

2) 候诊室设计

候诊室是门诊部病人密集且停留时间较长的地方,供病人等候诊断治疗及休息。候诊部分设计合理与否,是门诊部就诊是否方便,整个门诊组织人流秩序及卫生标准是否好的重要体现。候诊室要求靠近各科诊室,有良好的采光通风,环境安静、清洁,避免相互感染。

候诊室的面积一般可按全日门诊人次数的 15%～20% 同时集中候诊估算,成人每人次以 1.0～1.2 m² 计,儿童每人次以 1.5 m² 计。

候诊方式通常有以下几种:

(1) 走廊候诊(图 12-10)

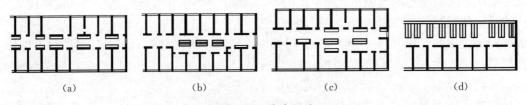

图 12-10　走廊候诊

(a) 中间走廊通长,双侧候诊,就诊叫号方便但拥挤,易感染,可节约面积。走廊宽度≥3 m。(b) 走廊局部放大候诊,就诊叫号较方便,交通与候诊相对分开,面积较经济。(c) 走廊尽端加宽候诊,便于分科候诊,不易相互感染。(d) 单廊(或开敞外廊)候诊,采光通风好,不易相互感染,就诊叫号方便。走廊宽≥2.4 m(不包括坐椅区)。

(2) 分科候诊(图 12-11)

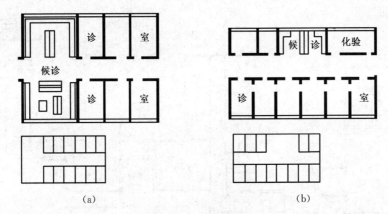

图 12-11　分科候诊

(a) 端部候诊室候诊,易保证卫生条件,方便管理,但病人候诊不安心,就诊叫号不便。(b) 中部候诊室候诊,诊病叫号方便,易管理,卫生与交通条件较好。

(3) 分科二次候诊(图 12-12)

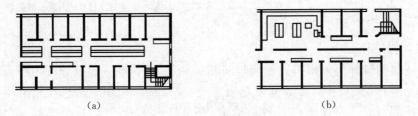

图 12-12　分科二次候诊

(a) 候诊与诊室在同一侧,就诊叫号二次呼号,改善了走廊式候诊面积的不足,卫生与交通条件较好。(b) 双走廊二次候诊,较单廊式候诊有利,可避免走廊内的干扰,就诊叫号方便,交通与卫生条件较好。

12.3.4　分科诊室的设计

各分科诊室是门诊部的主要组成部分,是门诊受诊病人得到检查和治疗的房间。在进行各科诊室设计时,必须弄清各分科的诊疗程序,综合分析各科诊室的位置及其相互关系,结合候诊方式及人流交通组织,合理确定平面形式与组合。

1) 内科诊室

（1）诊疗程序　内科病人较多，约占门诊病人总数的 30% 左右。内科诊疗程序见图 12-13。

（2）位置及与其他用房的关系　内科病人神疲行缓，诊室宜置于底层并靠近主要出入口，最好能自成一盲端（尽端）位置，不被其他科室穿行。内科除诊察室外，还应设治疗室，对病人作简单的处理。50%～70% 的病人需要化验、X 光检查，因而应与医技诊断部分联系方便。

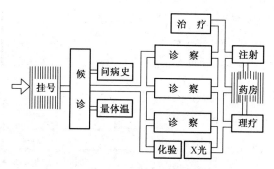

图 12-13　内科诊疗程序

（3）平面布置示例　诊查室的开间净尺寸不小于 2.4 m；进深净尺寸不小于 3.6 m。单个医生的诊室面积为 8～10 m²；有两位医生的诊室面积为 12～15 m²。当几个诊室相连时，诊室内部最好相通，形成医护人员专用走廊（图 12-14）。

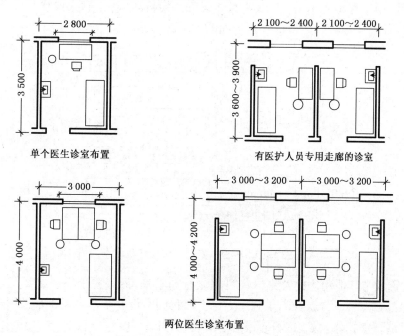

单个医生诊室布置

有医护人员专用走廊的诊室

两位医生诊室布置

图 12-14　内科诊室平面布置示例（mm）

2) 外科诊室

（1）诊疗程序　如图 12-15 所示。

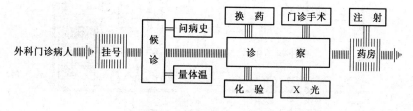

图 12-15　外科诊疗程序

（2）位置及与其他用房的关系　外科病人多为行动不便者，一般要求布置在门诊部底层，最好自成一尽端。除诊室外还应设外科换药室。外科门诊手术室一般与急诊手术室合用，也可单独设立。

（3）平面布置示例　外科诊室平面布置示例如图 12-16 所示。

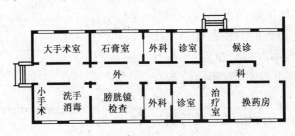

图 12-16　外科诊室平面布置示例

3）妇产科

（1）诊疗程序　妇产科包括妇科、产科两部分。产科主要是对产妇进行产前、产后的检查以及进行计划生育小手术等，就诊者属健康者。妇科属病科，病人诊察后还需治疗。因此，妇产科宜分室设置。妇产科诊疗程序如图 12-17 所示。

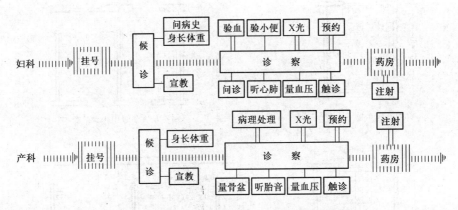

图 12-17　妇科、产科门诊诊疗程序

（2）位置及与其他用房的关系　产科病人行动不便，最好置于底层或 2 层。为使产妇不受病菌感染，应设在尽端，并有单独出入口。产科同时设有手术室及手术后休息室。手术室应与洗手消毒室相邻。妇、产科合设时，厕所应分开。

（3）平面布置示例　妇、产科诊室中，诊察床位应三面临空布置，应有布帘或隔断遮挡，因此诊室面积可比内科诊室大一些（图 12-18）。

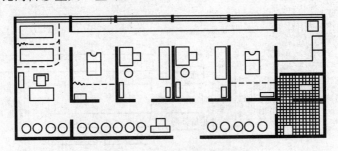

图 12-18　妇、产科平面布置示例

4）儿科

（1）诊疗程序　儿科一般接诊 15 岁以下的儿童,且以婴儿居多数。普通病儿应与传染病儿隔开。儿科诊疗程序如图 12-19 所示。

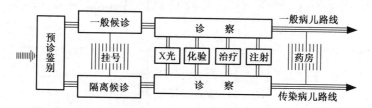

图 12-19　儿科诊疗程序

（2）位置及与其他用房的关系　儿科应自成一区,宜设在首层出入方便之处,并应设单独出入口。入口应设预检处,并宜设挂号处和配药处、专用厕所等。应将传染与非传染儿童隔离,分别设治疗室。条件允许时,宜设预诊室,以防儿童交叉感染。

（3）平面布置示例　儿科平面布置示例见图 12-20。

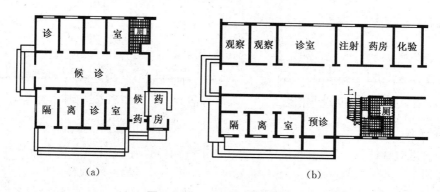

（a）　　　　　　　　　　　　　（b）

图 12-20　儿科平面布置示例

5）五官科

五官科包括耳、鼻、喉科及眼科、口腔科。

（1）诊疗程序　耳、鼻、喉科及眼科诊疗程序如图 12-21、图 12-22 所示。

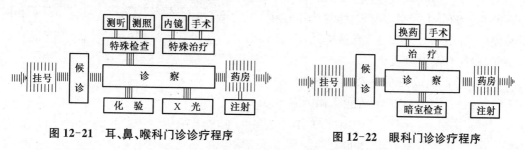

图 12-21　耳、鼻、喉科门诊诊疗程序　　　图 12-22　眼科门诊诊疗程序

（2）位置及与其他用房的关系　耳、鼻、喉科诊室要求光线充足、明亮,有良好的隔声条件。诊室的布置有大统间小隔断及小隔间两种形式。眼科诊室要求光线均匀柔和,应有放视距为 6 m 的视力测验表的地方。若布置有困难时可利用镜子反射,距离可减半。用电脑验光时,小间要求洁净。眼科暗室要求有遮光措施和良好的通风。口腔科诊室内主要是布置综合治疗机、台,应解决好上、下水及照明设备,并设置技工室等。

（3）平面布置示例　五官科组合平面示例如图 12-23、图 12-24 所示。

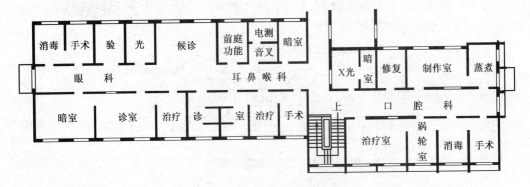

图 12-23　五官科组合平面布置示例之一

图 12-24　五官科组合平面布置示例之二

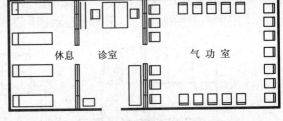

图 12-25　中医科诊室平面布置示例

6）中医科

中医科可包括针灸科及气功、按摩理疗室。中医内科诊疗程序及诊查室的设计与内科基本相同，其诊室面积一般略大一些。中医科诊室应置于安静地段或楼层上，要求光线柔和、明亮，可分为若干小间或大间，设屏帘相隔。中医科诊室平面布置示例见图 12-25。

中医科一般靠近中药房，且与化验、放射科有方便的联系，也可靠近理疗科布置。

7）急诊部

急诊部是对危重病人进行抢救、观察、治疗与护理的部门。急诊部常附建于门诊部中，大、中型门诊部的急诊部也可分建于单独的建筑物中，但均必须自成一区，置于底层，有独立的出入口，明显易找，避免与其他流线交叉。

（1）急诊部组成关系及流线（图 12-26）　公共部分包括门厅（含救护车送病人出入口及步行病人入口）、值班室、挂号及管理中心等；医疗部分一般设有抢救室、诊室、观察室、治疗室等用房。在大、中型急救中心，应设有全套的辅助治疗设施。

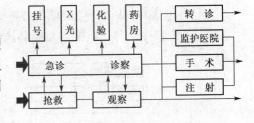

图 12-26　急诊部组成关系及流线

（2）急诊部的设计要点　包括：① 入口设计应便于急救车及救护推车出入，应设坡道和防雨设施，室外有回车、停车场地。② 急诊病人中一部分需入院治疗，应与住院部有方便的联系，同时与相关医技部门如手术、化验、X 光等应有便捷联系。③ 满足 24 小时连续运营管理上的方便，宜独立设置挂号室及药房，与门诊合用时应便于分开使用。④ 急诊门厅人流、病种繁杂，设计时要合理组织流线，设有足够的休息空间，有的还应配设电话间、休息室等。⑤ 门厅面积不宜小于 24 m^2。抢救室面积不小于 24 m^2,宜直通门厅,门的净宽不应小于 1.10 m。观察室宜设抢救监护室。

急诊部平面组合示例见图 12-27。

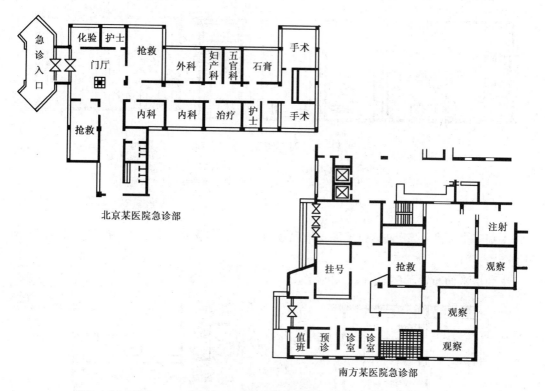

图 12-27 急诊部平面组合示例

12.4 医技部设计

综合医院中,医技部处于医疗区,一般供门诊部、急诊部和住院部共同使用。为此,在布置中常处于门诊部与住院部之间,使之有方便的联系,以提高使用效率。对于大、中型医院的医技部分,常独立分建,并在门诊设置常规医技科室。

医技部一般包括药房、检验科、放射科、理疗科、手术部、中心消毒供应室等。本节简略介绍中、小型综合医院中常备的医技用房设计知识。

12.4.1 药房

综合医院中的药房宜同时为门诊、住院病人服务,但由于门诊服务量大,因此应靠近门诊部或置于门诊部内。药房包括中、西药两部分。

1) 西药房组成及设计要求

(1) 调剂室 负责调配、收方、发药等。室内应避免阳光直射,墙面、地面宜采用耐洗刷材料。门诊调剂室宜与住院调剂室分开设置。

(2) 制剂室 普通制剂室配制常用内服、外用药水、药粉、药膏等,可分成小间将药水、药粉分开制作。

（3）药库　常附设分检室、保管会计室等。药库应避免阳光直射,保持干燥及良好的通风条件。

小型医院药房仅设调剂室与药库两部分。图 12-28 为西药房平面布置示例。

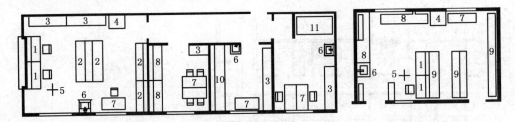

图 12-28　西药房平面布置示例

1—发药柜台；2—调剂台；3—药柜；4—冰箱；5—转动药盘；
6—水池；7—工作台；8—分析台；9—药架；10—操作台；11—值班床

2) 中药房组成及平面布置

中药房由下列各室组成:原药库与堆晒场、加工室、制作室、包装室、煎药室、成药库、调剂发药室。

中药房平面布置示例如图 12-29 所示。

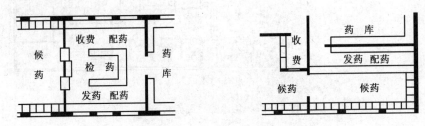

图 12-29　中药房平面布置示例

12.4.2　检验科

1) 用房组成

由于检验内容繁多,发展变化较快,可根据医院的规模和特点设置。一般中、小型综合医院设有临床(常规)、生化、细菌、血清等检验室。为门诊服务的小型化验室主要包括血液常规化验及大、小便的化验,位置应靠近门厅,并与急诊部有方便的联系。门诊化验室应设有标本采集室与等候处。对于大、中型医院,多数设有中心实验室,除上面的用房外,还增设值班室、血库、消毒室、接种室、培养基室等(图 12-30)。

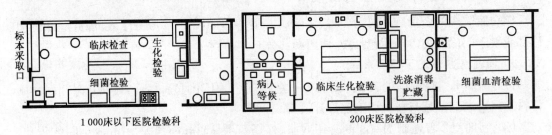

图 12-30　医院检验科平面布置示例

2) 设计要求

（1）中、小型医院检验科大多设在门诊部内，并接近内科和急诊部，布置时应单独成区。

（2）临床检验室和标本采集室应设于检验科入口处附近，并应有等候处。

（3）生化检验室应设仪器室（柜）、药品室（柜）和储藏室（设施）。通风柜、出气管应伸出屋顶，并配设水源、电源等设施。

（4）细菌检验室应设在检验科尽端。当设有接种室和培养基室时，应设传递窗，操作台应右侧采光。

（5）血液、血清检验室宜朝北，中、小型医院可与生化或细菌检验室合并于一室。

（6）每间检验室至少应装置一个非手动开关的洗涤池。内地面、墙裙、检验台台面、洗涤池及相关的设备管道应采用耐燃烧、耐腐蚀、易冲洗的面层材料。

（7）100 床以下医院一般只设一个化验室，面积约 24 m²，300 床以上医院的检验科总使用面积达 300 m² 以上。

12.4.3 放射科

1) 用房组成

放射科在医院内得到广泛应用与发展，常设有 X 光诊断室（透视与摄片室）、登记室、存片室、放射性元素治疗室以及 CT 诊断室等。中、小型医院可相应减少某些用房（图 12-31）。

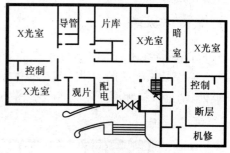

2) 设计要求

（1）放射科一般设在医院的适中位置，考虑门诊、急诊和住院病人共同使用。由于放射（疗）科内机器设备重量较大，最好设于底层，同时应便于担架或推车进入。

（2）放射室应设在放射科的尽端，独立设置。

（3）诊断室和治疗室应考虑就诊者的更衣处和担架的回转面积，一般不小于 24 m²。

图 12-31 放射科平面布置示例

（4）暗室的进口处应设有遮光措施，且有良好的通风设施和保暖、降温设备，暗室面积不小于 8～12 m²。

（5）有放射线防护要求的房间应满足防护要求，保证相邻房间剂量不超过允许标准。

（6）存片、登记室的位置应在放射科入口处，并设有等候处，同时和观片室靠近。

12.4.4 理疗科

1) 用房组成

主要用房为诊察室及各种治疗室。诊察室仅在大型医院中设置，小型医院可与治疗室合并。各种治疗室设置视医院规模和特点而异。一般治疗室设有光疗、电疗、水疗、热疗、泥疗、体育医疗（器械疗法）、吸入疗法和天然疗法等。此外还应有准备室、更衣室、休息室、等候处、护士室等（图 12-32）。

2) 设计要求

（1）理疗科以方便门诊病人为主，同时又要便于住院病人治疗，宜布置于尽端，有独立出入口。

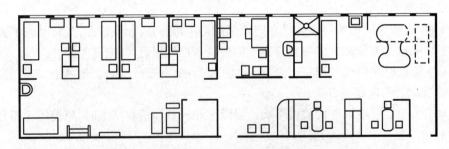

图 12-32　理疗科平面布置示例

（2）理疗科各室内要保持良好通风，有较完备的保暖与降温设备条件，必须单独设电源总开关，各治疗室分别设分开关。

（3）光疗、电疗室宜设于理疗科入口处，室内墙面宜为白色，大间治疗室可分隔成小间。

（4）水疗、泥疗宜设于底层或半地下室，由于室温高，应有良好的通风设施和隔热性能良好的围护结构。

（5）体疗室面积一般以每一治疗病人占 5 m^2 计算，每一种治疗器械占 2～4 m^2。体疗室净高不低于 4 m 为宜，可设于楼层，宜用木地板和墙裙，并考虑防噪声干扰和户外治疗场所的环境条件。体疗室应配设更衣室、器械室和淋浴室。

12.4.5　手术部

1）用房组成（图 12-33）

（1）必须配备的用房　包括手术室、无菌手术室、洗手室、护士室、更衣室、男女浴厕、换鞋处、消毒敷料和消毒器械储藏室、清洗室、消毒室、污物室、库房。

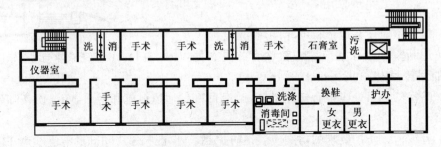

图 12-33　手术部平面布置示例

（2）根据需要配备的用房　包括手术准备室、石膏室、术后苏醒室或监护室、医生休息室、家属等候室等。

2）设计要求

（1）手术室应邻近外科护理单元，并应自成一区。平面布置应符合功能流程和洁污分区的要求。一般分为无菌区、清洁区、非消毒区，最好设计成单方向通过式。

（2）不宜设于首层；设于顶层时，应对屋盖的隔热、保温和防水采取严格措施。

（3）入口处应设卫生通过区，换鞋处应有防洁污交叉措施，宜有推床的洁污转换措施。

（4）应采用密闭性能好的窗，采取相应的遮光措施，可采用人工照明。通往外部的门应采用弹簧门或自动启闭门，净宽不小于 1.10 m。

（5）减少突出物、所有阴阳角宜做成圆弧，地面、墙裙应采用光滑耐磨、无积垢、耐洗刷的材料。

（6）手术室必须有备用电源，洗手处宜分散设置，每间手术室不得少于两个洗手水嘴，并应采用非手动开关。室内温度保持在22℃～25℃为宜。

（7）手术室平面最小净尺寸：大手术室5.4 m×5.10 m；中手术室4.2 m×5.1 m；小手术室3.30 m×4.80 m。

12.4.6　中心消毒供应室

1）用房组成（图12-34）

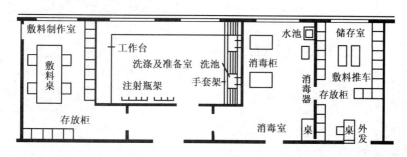

图12-34　中心消毒供应室平面布置示例

中心消毒供应室的任务就是收集全院的污染器械和敷料物品，经过洗涤消毒，再分发到各科室。中心消毒供应室主要由收受、分类、清洗、敷料制作、消毒、储存、分发、更衣、浴厕、办公等用房组成。工作程序大致如下：

2）设计要求

（1）它是全院的供应分发中心，其位置宜设在医疗部分的适中部位，以节省人力，缩短运输距离。一般设在门诊部与病房之间。小型医院常将中心消毒供应室设在手术室及产房附近的同一层，大、中型医院多独立设置，并适当靠近蒸气源。

（2）中心消毒供应室是清洁与污染共存的部门，要求自成一个相对独立的区域，符合使用程序，分清洁、污路线。

（3）中心消毒供应室应有洗涤、消毒灭菌、保管等基本作业室。凡传染病科使用的物品，应预消毒后再交中心消毒供应室。

12.5　住院部设计

住院部主要包括出入院处与护理单元两部分。

12.5.1　出入院处与卫生处理室

1）用房组成（图12-35）

出入院处按医院规模设置用房，一般设有出入院办公室（包括登记、结账、财务）、卫生处理室（包括接诊室、理发室、更衣室、浴室、存衣室）、探望病人管理处、小卖部等基本用房。

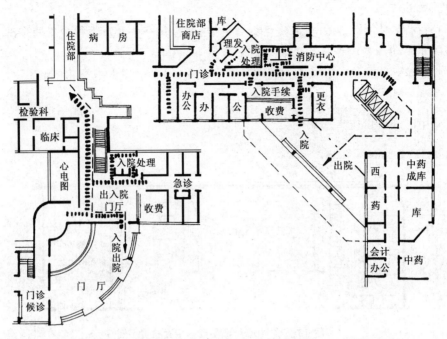

图 12-35 出入院处平面布置示例

2) 设计要求

(1) 设置位置:应设在住院部的入口处,且有单独出入口。出、入院通道可分开。

(2) 交通组织:主要出入口处必须设有交通广场和停车场。大门及内走道宽度必须满足担架和推车的通行,不应设有阶梯,还必须有明显的导向标志,方便问讯。

(3) 卫生处理室的设计应按卫生处理流程进行布置,避免往返导致交叉感染。规模小的医院在接诊室中设洁衣柜,更衣室中设污衣桶,浴室至少应设大便器、洗脸盆、淋浴器、浴盆各 1 个。

(4) 传染病科和病儿较多的儿科,宜设置专用卫生处理室,其设施同前。传染科不得设浴盆。

12.5.2 病房——护理单元设计

护理单元是住院部的基本组成部分。一般按分科组织护理单元,医院规模较小时也可将性质相近的分科合在一个护理单元内。

1) 护理单元的设计要求

(1) 用房组成

必须配备的用房有病房、重病房;病人厕所、盥洗室、浴室、配餐室、库房、污洗间、护士室(站)、医生办公室、治疗室、男女更衣值班室、医护人员厕所、开水间。根据需要配备的用房一般有重点护理病房、病人餐室(兼活动室)、主任办公室。另外,外科增设换药室及处置室,产科增设分娩部、婴儿室、哺乳室,五官科可专设手术室、暗室、隔离室,教学医院可设示教室、小化验室等。

(2) 护理单元病科划分与规模

病科大者(如内、外科区)可设两个或两个以上护理单元,病科小者(如妇、产科)可由相互影响较小的两个以上病科组成护理单元。一般组成一个护理单元的床位数为 30~50 床。如：内、外科 35~45 床，儿科 20~25 床，产科 30~35 床，中医科 40~50 床。但专科病房或因教学科研需要者可少于 30 床。传染病科应单独设置护理单元。

（3）护理单元的交通与设施

各护理单元可用电梯、楼梯、走廊（道）及坡道联系，但不应有交通贯穿任何一个护理单元。护理单元的走道净宽应不小于 2.1 m，医用电梯轿厢平面尺寸不应小于 1.6 m×2.6 m。主要楼梯段宽度不应小于 1.65 m，其平台净宽应大于 2.0 m。

2）护理单元的组合设计（图 12-36）

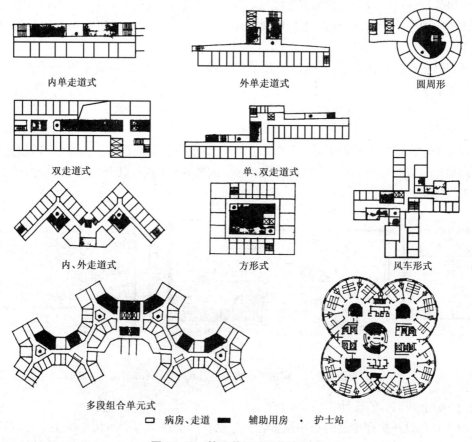

图 12-36 护理单元平面组合形式

（1）护理单元组合原则

① 护理单元平面布置力求功能分布合理，洁污分清，病房应位于朝向、通风、采光最佳位置，具有良好的室内、外环境。

② 内科护理单元宜与中心化验室、放射科、理疗科等邻近。

③ 外科护理单元应靠近手术室，最好是同层组合。

④ 五官科护理单元可置于楼层组合。

⑤ 儿科护理单元宜设在 4 层或 4 层以下，有单独出入口。

⑥ 产科护理单元宜设于底层，应有单独的出入口。

⑦ 设有传染病科护理单元时，宜单独分建；若设于楼房底层，则必须自成一区，进行隔

离处理,设置单独出入口。

⑧ 设有重症监护护理单元时,其护理单元应是一个独立区域。

(2) 护理单元组合类型

① 每层独立护理单元:适用于中、小型医院住院部或用地条件较宽裕的医院。

② 每层两个护理单元组合:住院部规模较大,可节约用地、交通设施利用率高。

3) 护理单元基本组成部分的设计

(1) 病房的设计

病房床位数一般为 1~8 床。单排为 1~4 床;双排为 2~8 床。

病房床位排列一般平行于采光窗墙面。平行的两床的净距不应小于 0.80 m,靠墙病床离墙面的净距不小于 0.60 m;单排病床通道净宽不小于 1.10 m,双排布置病床通道净宽不应小于 1.40 m。

病房门应直接开向走道,不应通过其他用房进入病房。门的净宽不得小于 1.10 m,门扇应设观察窗。

在自然通风条件下,病房的净高一般在 3.20~3.40 m,不得低于 2.80 m。窗地面积之比不小于 1/7。

重点护理病房宜靠近护士站,且不宜超过 4 床;重症病房宜靠近护士站,不得超过 2 床。

病房的布置及面积大小,应视医院等级标准的要求而确定,其基本布置形式、尺寸大小和配备设施条件等见图 12-37。

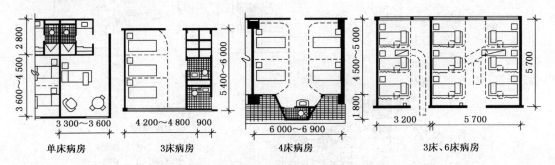

图 12-37　病房的布置形式及尺寸大小(mm)

(2) 护士站(室)的设计

护士站宜设在护理单元的适中位置,处于视野好,交通最短的部位。护士站宜以开敞空间与护理单元走道连通,到最远病房门口不应超过 30 m,并宜与治疗室以门连通。

护士站的布置方式有封闭式、开敞式和半开敞式三种(图 12-38)。

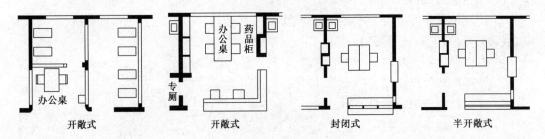

图 12-38　护士站的布置方式

（3）辅助用房的设计

治疗室和医师办公室应与护士站邻近设置。

配餐室应靠近餐车入口处,并宜有烧开水和热饭菜的设施。

护理单元中的盥洗室和浴厕可集中设置,也可附设于病房中(要有紧急呼叫设施)。其卫生器具数量根据规范要求确定。集中盥洗室和淋浴室应设前室。

污洗室应接近污物出口处,护理单元内不得设置垃圾道。

辅助用房局部平面布置示例如图 12-39 所示。

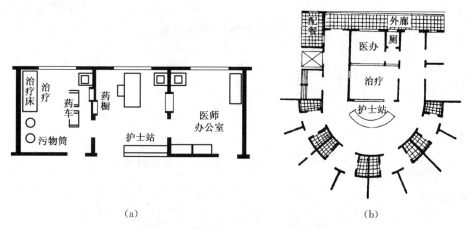

（a） （b）

图 12-39 辅助用房局部平面布置示例

4）几种护理单元的设计示例

（1）儿科护理单元 宜设于 4 层以下,有单独出入口及卫生处理室。护士站应设于病房中间。病房、护士站与走道相互间的隔墙应采用玻璃隔断。室内装修及家具、设施应考虑儿童特点(图 12-40)。

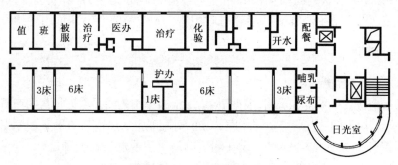

图 12-40 儿科护理单元示例

（2）产科护理单元示例 宜设于底层,15 床以上应有单独出入口和卫生处理室。可与妇科合设护理单元,但大于 100 床者应分开设置。室内温度要求保持在 20～32℃。有高差时应设缓坡道(图 12-41)。

（3）重症监护护理单元(ICU)示例 ICU 包括以护士站为中心的监护用房区、手术区(可与医院手术部合用)、恢复治疗区,是现代大、中型医院的重要组成部分,自成一域。中、小型医院一般不设加强医疗单元(图 12-42)。

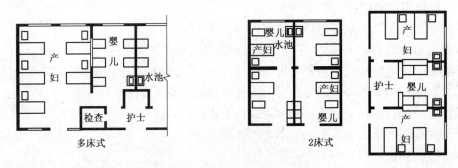

图 12-41 产科护理单元示例

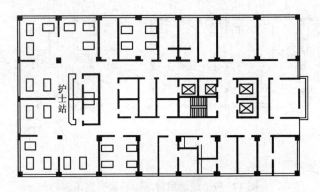

图 12-42 重症监护护理单元(ICU)示例

12.6 辅助部分设计

一般中、小型综合医院的辅助部分用房常设有行政办公室、营养食堂、职工食堂、洗衣房、设备用房、太平间、浴室、车库等后勤行政用房。本节简略介绍几种用房的设计要求。

12.6.1 营养厨房

1）用房组成与位置

营养厨房应按其规模设置房间，根据卫生、加工制作工艺的要求进行房间布置。一般设有整理间、操作间、烧火间、主副食库、蒸煮间、冷冻库、配餐室、办公室、值班室、男女浴厕等用房。

设置位置一般有两种方式：一是设在病房的地下室或病房楼的顶层；二是靠近病房楼单独设置，并用连廊联系。严禁设在有传染病科的病房楼内。

2）设计要点与平面布置

营养厨房的入口处应设置营养办公室、配餐室和餐车室(处)，并应有冲洗和消毒餐车的设施。营养厨房的出入口要洁污分开。

各房间之间的布置必须按照工艺操作程序和流线进行组合，工作人员进入营养厨房，应通过淋浴更衣。

独立建造的营养厨房应与病房楼有便捷的联系廊，设在病房楼中的营养厨房应避免蒸气、噪声和气味对病区的窜扰。

营养厨房可与职工食堂厨房合用，但出入口必须分开，防止混杂感染(图 12-43)。

12.6.2 洗衣房

1）用房组成与位置

洗衣房的主要用房有收受清点间、浸泡消毒间（传染科应单独设置）、洗衣间、烘干间、熨烫室、缝纫室、储存室、分发室等。其形式多为独立单建平房。近年来多数医院的洗衣房布置在病房主楼的底层或地下室，病房的污衣可用垂直输送管道直接送到洗衣房，送、取方便，减少污染。在县、乡小型医院中的洗衣房，常无烘干设备，则需结合晒衣场设置。

2）设计要求

平面布置应符合洗衣房各组成用房的工艺流程。污衣入口和洁衣出口处应分别设置。宜单独设置工作人员更衣、休息和浴厕等用房。

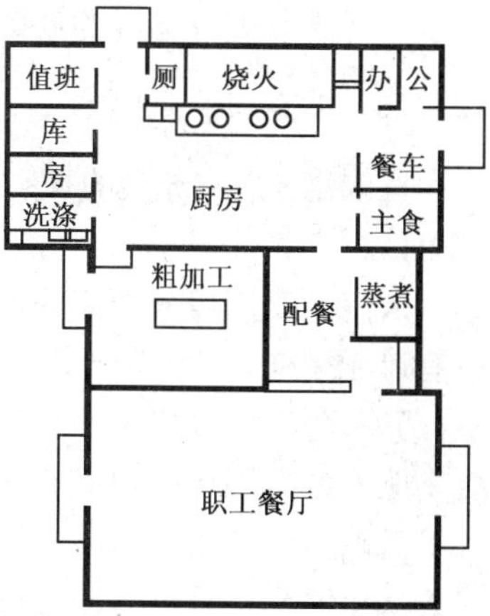

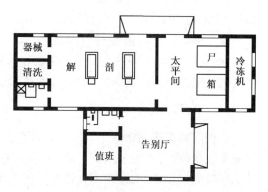

图 12-43 独立式营养厨房与职工厨房合用平面布置示例

12.6.3 太平间

不论医院规模的大小，皆需设置太平间。太平间的位置应当隐蔽，最好不在病房和宿舍等视线范围以内。家属探视与送尸路线要分开，出口要靠近医院外的道路。有的医院将太平间设在病房楼的地下室，送尸由电梯下至地下室，再由地道将尸体送出。

太平间的主要用房有停尸间、告别室、解剖室、值班室、冷冻设施等。尸体停放数宜按总病床数的 2% 计算。室内应进行防鼠处理（图 12-44）。

图 12-44 太平间及解剖室平面布置示例

12.7 医院建筑的物理环境与设备

医院是医治和护理病人的场所，要求有一个安静、舒适、卫生、方便的医疗环境。良好的医院建筑物理环境，先进的医疗卫生设备条件，是上述要求的重要保证。

12.7.1 给水、排水与污水处理

医院耗水量大，给水的水质要求高，应符合现行规范的规定。门诊和急诊生活用水量为 15～25 L/（人·次），病房生活用水量为 100～200 L/（床·日）；门、急诊 65℃ 热水量为 5～8 L/（人·次），病房 65℃ 热水量为 60～120 L/（床·日）。

医院卫生设备比一般建筑物要多，几乎所有诊查室、诊断室、医技各分科、住院各护理单元均应配设洗涤池、集中厕所、盥洗间、浴室等卫生设备。标准高的病房中还设有浴厕、盥洗间。

医院的污水中含有大量病菌、病毒及其他有害物质，必须对其进行处理，并设有防护措施。对诊室、产房、手术室、检验科、护士站、治疗室、无菌室及其他有无菌要求或需防止交叉感染的用房洗涤池，应采用非手动开关，并应防止污水外溅。医院污水在排入市政管网和地

面水域之前应进行必要的消毒和净化处理。

12.7.2 采光与通风

医院建筑应有充足的日照,至少有半数以上的病房应能获得冬至日满窗日照不少于 3 h (小时)。

医院主要用房采光值的窗、地面积比一般为 1/8～1/6。对功能检查室、X 光线诊断室应有遮光措施。CT 核磁共振扫描室、X 线、钴 60、加速器治疗室应为暗室。镜检室、解剖室、药库、药房配方室等不宜受阳光直接照射。

医院各类用房中均应有良好的通风换气条件,保持室内干燥,空气新鲜。

医院供电宜采用二路电源或设有自备电源供电。医院用房的照度值各有不同的要求,成人病房照明宜采用一床一灯,护理单元走道灯应避免对卧床病人产生眩光。

12.7.3 采暖与空调

由于病人的新陈代谢能力较弱,不适应温度的急剧变化,要求室内温度的波动不宜过大;加上医院很多部门要进行脱衣检查,因此,不论是病房或门诊部的室内温度恒定都比一般建筑要求高。室内采暖计算温度为 18～26℃,空调用房的夏季室内计算温度为 25～27℃,相对湿度为 60% 左右。某些用房在采用空调时,应符合相关净化要求,且与相邻用房气压关系也有不同的要求,一般清洁度高的房间的气压应大于清洁度低的房间。

12.7.4 隔声与减噪

在医院的总平面布置中,门诊楼可沿交通干道布置,病房楼则宜设在内院。医院若接近交通干道,病房不宜设于临街一侧,否则应采取隔声降噪处理措施。

医院的锅炉房、水泵房不宜设在病房大楼内,应相距 10 m 以上。若设在楼内,应自成一区,并要采取可靠的隔振、隔声措施。

穿越病房的管道缝隙必须密封。病房的观察窗宜采用密封窗。

挂号、候药、候诊各厅(室)、病房楼内走廊等部位的顶棚,应采取吸声处理。吸声系数可为 0.30～0.40。

手术室、听力测听室中的机电设备应采取隔振降噪措施,其上部与邻室不应设置有振动或强噪声设备的用房。

12.7.5 交通设施与导向标志

医院的交通与导向,应结合医院的防火与疏散的要求进行合理的组织设计。

门诊、急诊以底层为好。病房楼和门诊、急诊楼 3 层以下可设坡道,超过 4 层要设电梯。不宜将门诊、急诊、病房、手术部、产房等用房设于地下室或半地下室,否则须有空调。

医院中的交通系统与医疗用房应设导向图标,设计时应将图案、文字、色彩融于一体,且选择位置要醒目,表达意义要准确。

12.7.6 色彩与质感

医院建筑的色彩,多以白色为基调,显得清洁、明亮、平静。地面色彩一般采用较深沉的色调,使病人感到脚下稳定。但作为宣传、导向、等候处等部位的色彩宜丰富多彩。供病人使用的器物、用品、设施、家具等宜选用柔软、自然质感强的材料,同时要便于清洁。

13 图书馆建筑设计

13.1 概　述

13.1.1 图书馆的分类

主要分四类:公共图书馆、科学研究系统图书馆、高等学校图书馆、中小学图书馆。

(1) 公共图书馆　包括国家图书馆、省(市)自治区图书馆、县(市)图书馆、基层图书馆和少年儿童图书馆。国家图书馆是国家总书库,是全国图书馆事业的中心。其他公共图书馆均是按行政区划分设置的群众社会文化机构,分别为本地的广大群众服务,担负社会教育、普及文化及科技知识的任务。

(2) 科学研究系统图书馆　包括专业图书馆、综合图书馆。其特征是为研究生产及管理部门所设。一般只服务于本系统本部门人员,有时也对外开放,开展咨询服务,多采用开架管理。

(3) 高等学校图书馆　包括学院图书馆、学院图书馆分馆、科技图书馆。其特征是为教育及科学研究服务。一般情况下阅览室的面积比较大,采用开架管理,除本校师生员工外,有时也对外开放。藏书特点取决于学校的性质。

(4) 中小学图书馆　为学校教育的辅助机构,一般不接待校外读者,常附设在教学楼建筑中。

由于各类图书馆的性质、规模、任务以及服务对象等差别较大,管理方式不完全一致,因而对图书馆建筑的要求也有所不同。本节所述内容,以中型公共图书馆和高等学校图书馆为主,在设计各类图书馆时,必须按照工程的具体条件从实际出发,符合先进的管理方式,适应现代化的管理手段。

13.1.2 图书馆规模的确定与划分

图书馆规模由藏书量、阅览席总数来确定。图书馆规模确定后,再根据馆的性质、管理方式、结构形式等因素选取设计指标,通过计算分别求出读者使用空间、藏书空间及辅助空间各部分的使用面积和建筑面积,然后求出总建筑面积(表 13-1~表 13-7)。

小型图书馆:藏书量在 50 万册以下。

中型图书馆:藏书量为 50 万~150 万册。

大型图书馆:藏书量在 150 万册以上。

表 13-1　阅览室每座位占使用面积指标

序　号	名　称	面积指标(m²/座)
1	普通报刊阅览	1.8~2.3
2	综合阅览室	1.8~2.3

序　号	名　　　称	面积指标(m²/座)
3	专业参考阅览室	3.5
4	检　索　室	3.5
5	缩微阅览室	4.0
6	善本书阅览室	4.0
7	舆图阅览室	5.0
8	集体视听室	3.0~3.5
9	儿童阅览室	1.8
10	盲人读书室	3.5
11	个人研究厢	3.6
12	集体研究室	4.0

注：(1) 表中面积已包括阅览桌椅、走道、必要的工具书架、出纳台或管理台、目录柜所占用的面积,不包括阅览室辅助书库及独立的工作区所占面积。

(2) 序号1、2项开架管理取上限,闭架管理或规模较小的馆取下限。

(3) 集体视听室包括演播室2.25 m²/座及控制室0.25 m²/座,如包括办公维修及资料间,则不应低于3.5 m²/座。语言、音乐资料室或专业图书馆,其使用面积按实际确定。

表 13-2　藏书空间单位面积容书量设计计算综合指标(册/m²)

藏书方式	公共图书馆	高等学校图书馆	少年儿童图书馆
开架藏书	180~240	160~210	350~5 000
闭架藏书	250~400	250~350	500~600
报纸合订本	110~130		

注：(1) 表中数字为线装书、中文图书、外文图书、期刊合订本的综合平均值。外文图书藏量大的图书馆和读者集中的开架图书馆取下限。盲文书容量应按表列数字的1/4计算。

(2) 期刊每册指半年或全年合订本;报纸按4~8版,每册为4开月合订本。

(3) 开架藏书按6层标准单面书架,闭架按7层标准单面书架,报纸合订本按10层单面报架,行道宽按0.8 m计算。

表 13-3　目录柜尺寸

型　号	屉　数	外 形 尺 寸(mm)		
		宽	深	高
台式目录盒		80	650	850
台式目录盒	7	1 800	1 000	850
3×3屉目录柜	9	500	450	350
5×3屉目录柜	15	800	450	350
5×4屉目录柜	20	800	450	450
5×5屉目录柜	25	800	450	550
5×6屉目录柜	30	800	450	650

表 13-4　组合借阅台、管理台尺寸

名　称	服务对象	外形尺寸(mm)		
		长	宽	高
出纳台	成　人	1 000	700	800＋350
	少　儿	1 000	600	780
管理台	成　人	1 000	700	800
	少　儿	1 000	600	780

注：(1) 出纳台组合长度视实际需要，成人出纳台外高 1 150 mm，内高 800 mm，外台宽 250～300 mm。
　　(2) 少儿馆不得采用高低出纳台。
　　(3) 目录柜每屉最终容纳国际标准卡片 1 000 张，工作密量为 75%。

目录厅(室)使用面积计算公式为

当无查目台时：　　　　　$a = 3.68/T(\mathrm{m}^2 / 万张卡片)$

当有查目台时：　　　　　$a = 6.00/T(\mathrm{m}^2 / 万张卡片)$

注：(1) 式中 a 为每万张卡片所需使用面积，式中 T 为选用目录柜的总层数。
　　(2) 目录柜宽 800 mm，横向 5 屉，深 450 mm。
　　(3) 横向组合按每组 5 柜长 4 m 排列。中间走道 1 400 mm。
　　(4) 每屉容纳卡片按工作容量计算。
　　(5) 卡片与藏书量之比为 1：3(国家级馆为 1：6)。

表 13-5　专业阅览室最小尺寸

序号	家具名称	外形尺寸(mm)			备　注
		长	宽	高	
1	舆图阅览用舆图台	2 300	1 600	800	
2	舆图阅览室描图台	1 400	1 000	850/950	斜面、磨砂玻璃桌面，下设荧光灯及开关
3	报刊阅览室阅报台	1 650(双人位)	550	800/1 200	台面 30°倾斜。单面或对面排列(坐式)
4	报刊阅览室阅报台	1 650(双人位)	500	1 100/1 580	台面 45°倾斜。单面或对面排列(站式)
5	缩微阅览桌	1 200	750	750	台面或附近应设电源插座
6	专业阅览室研究用桌	900, 1 200	650, 750	800	桌上附设书架 250 mm×500 mm(宽×高)，长与书桌同
7	盲文阅览室读书桌	1 000	650	800	桌上设收录机插座
8	视听阅览室读书桌	650(单人)、1 300(双人)	500	800	单录机及耳机固定在桌面上，并可锁闭。双人中间应有隔板

表 13-6　书库设备外形参考尺寸

名　称	外形尺寸(mm)			层间尺寸(mm)			层　数
	长	宽(深)	高	长	宽	高	
单面书架	1 000	250	2 150	950	200	290	7
双面书架	1 000	450	2 150	950	450	290	7
二阶积层书架	1 000	450	4 400	950	450	290	14
三档五联密集书架	2 850	2 500	2 400	2 750	2 500	300	7～8
线装书架	1 000	500	2 000	950	500	300	6
普本书架	1 000	400	1 800	950	400	330	5

续表 13-6

名　　称	外形尺寸(mm)			层间尺寸(mm)			层　数
	长	宽(深)	高	长	宽	高	
单面报架	1 200	450	2 150	1 150	400	200	10
双面报架	1 200	850	2 150	1 150	850	200	10
缩微资料柜	800	600	1 400	750	600	150	8
声像资料柜	1 000	500	1 800	950	500	200	8
画卷柜	1 200	900	1 400	1 150	900	140	9
双面儿童书架	1 000	400	1 800	950	400	230	7
双面连环画架	1 000	350	1 800	950	350	150	10
盲文书架	1 000	380	2 140	950	350	380	5

表 13-7　不同读者使用的阅览桌椅最小尺寸(普通阅览室)

读者分类	桌面高(mm)	阅　览　桌(mm)							阅览椅(mm)	
		桌面宽		桌　面　长					椅面高	椅面宽
		单面	双面	单面单人	单面双人	单面三人	双面四人	双面六人		
成　人	780、800	600	1 000	800	1 500	2 100	1 500	2 100	480	450
少　年	750、780	500	900	700	1 400	2 000	1 400	2 000	380、430	380
小学高年级	650、750	500	900	600	1 400	1 800	1 400	1 800	360、380	340
小学低年级	600、650	500	800		1 200	1 600	1 200	1 600	320、350	340
幼　儿	450、530、600	450	700		1 000	1 500	1 000	1 500	250、290、320	320

13.2　图书馆建筑的基地选择与总平面布置

13.2.1　基地要求

(1) 地点适中,交通方便。公共图书馆应符合当地城镇规划及文化建筑的网点布局。

(2) 环境安静、场地干燥、排水流畅。

(3) 注意日照及自然通风条件,建设地段应尽可能使建筑物得到良好的朝向。

(4) 远离易燃易爆物、噪声和散发有害气体的污染源。

(5) 留有必要的扩建余地,以便发展。

图书馆宜独立建造,如与其他建筑合建时,必须充分满足图书馆的使用功能和环境要求,并自成一区,单设出入口。

总平面布局应紧凑有条理,功能分区明确,使人流和书流分开,科学地安排编、藏、借阅之间的运行路线,使读者、工作人员和书刊运输路线便捷通畅,互不干扰。同时留有发展余地。

道路布置应便于图书运送、装卸和消防疏散。规模较大的公共图书馆,少儿阅览区应有单独的入口和设施完善的儿童室外活动场地。

馆区总平面宜布置绿地、庭院,创造优美的阅览环境,并应设置自行车和机动车停放场地。

新建的公共图书馆,建筑物基地覆盖率不宜大于 40%,绿化率不宜小于 30%。

13.2.2 环境要求

图书馆的建筑布局应与管理方式和服务手段相适应,改善阅览环境,努力创造令人愉快、舒适安静的气氛,考虑现代化技术服务设施,提高图书的使用率。要保持图书馆环境的稳定性,室内有合适的温、湿度,杜绝外界空气污染,以便持久、妥善地保存图书资料。

力求经济。在修建图书馆和开展图书馆业务的过程中投入的人力、物力都要讲求经济效益,节约基建、能源及运行费用。

一次设计,分批建造(图 13-1)。

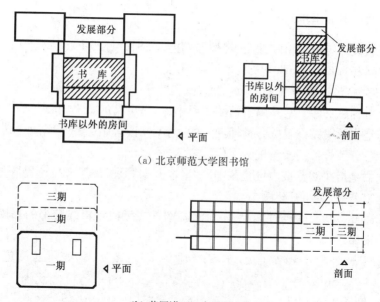

(a) 北京师范大学图书馆

(b) 英国诺丁汉大学图书馆

图 13-1　一次设计,分批建造的图书馆示例

按近期及远期分别设计,扩建后调整房间用途(图 13-2)。

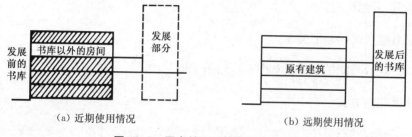

(a) 近期使用情况　　　　　　　　(b) 远期使用情况

图 13-2　图书馆远、近期设计平面图

小型馆可采用"模数平面"布置的发展方案(图 13-3)。

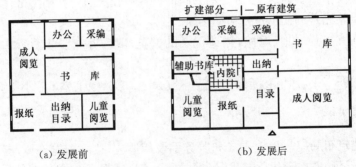

(a) 发展前　　　　　　　　　(b) 发展后

图 13-3　小型馆采用"模数平面"布置的发展方案

13.3　图书馆建筑的空间组合

13.3.1　图书馆建筑的基本内容组成

图书馆建筑设计应根据馆的性质、规模和功能,分别设置藏书、借书、阅览、出纳、检索、公共及辅助空间和行政办公、业务及技术设备用房。

(1) 藏书部分:包括基本书库、辅助书库、阅览室藏书、善本书库等。

基本书库也称总书库。它是图书馆的主要书库,是全馆的藏书中心。

辅助书库是指图书馆设置的各种辅助性的,为不同读者服务的书库,如外借处、阅览室、参考室、研究室、分馆等部门所设置的书库。

阅览室藏书是指在阅览室内设置藏书区,采取开架管理,由读者自行提取参阅。这部分藏书称为阅览室藏书,也叫开架藏书。

善本书库主要是指收藏经过鉴定、列为国家珍贵文献的古籍线装书的书库。善本书库是图书馆特藏书库之一。

(2) 阅览部分:分为普通(综合)阅览室;专业阅览室;教师、学生、儿童阅览室;各种特种阅览室。

(3) 出纳、目录部分。

(4) 业务和技术设备用房:包括采编、典藏、辅导、美工等业务用房和微机室、缩微、照相、静电复印、声像控制、装裱整修、消毒等技术设备用房。

(5) 公共、行政和辅助用房:由门厅、寄存处、陈列厅(室)、报告厅、读者休息室(处)、行政总务办公室、公用厕所等组成。

13.3.2　图书馆建筑的功能关系

图书馆建筑的功能关系分析如图 13-4、图 13-5 所示。

13.3.3　平面组合方式

采用闭架管理的布置

一般图书馆常以闭架管理方式为主,因而书库的布置对图书馆的平面影响很大。在平面设计中,书籍的传送路线是主要因素。主要布置方式有:

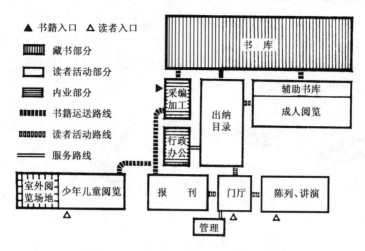

图 13-4　一般中型图书馆功能关系分析

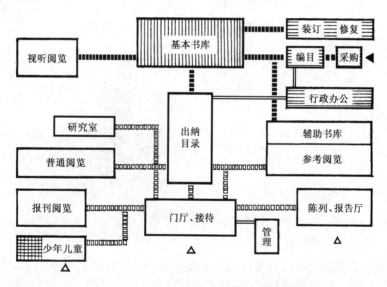

图 13-5　一般大型图书馆功能关系分析

① 直线式:流线顺畅、结构简单、经济、自然通风条件良好,单层小型馆最宜采用这种布置形式,如图 13-6(a)所示。

② 毗邻式:外形比较简单,对采暖有利,但因不便组织穿堂风,故房屋进深不宜太大,如图 13-6(b)所示。

③ 独立式:书库和阅览室分别设在两幢建筑中,以走廊或出纳处作为连接体;采光、通风条件都比较好,结构简单,对地基承载力较差的地方比较适宜。但建筑物外形复杂,占地较多,对采暖也不利,如图 13-6(c)所示。

④ 平铺式:结构简单,若将书库设在地下,则便于人工控制温度和湿度,但出纳处和书库间需设机械传送装置,但这种布置不便于垂直方向发展,如图 13-6(d)所示。

⑤ 封闭式:将各种阅览室环绕在书库的周围布置,借阅方便,管理集中,但书库需设空调设备,如图 13-6(e)所示。

⑥ 塔式:在大型图书馆中,书库向垂直方向发展,可减少水平传送设备,并改善自然通

风条件。这种书库常采用书架承重式结构,如图13-6(f)所示。

⑦ 间层式:出纳处和采编室设在高层书库的中部。不但水平传送减至最小,垂直传送路线也最短,但结构复杂。下层书库一般要设在较深的地下室中,对防潮、空调的要求都比较高,如图13-6(g)所示。

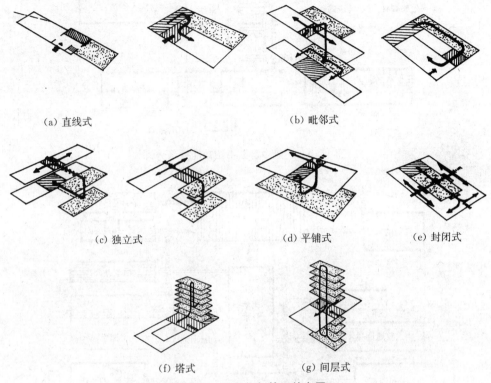

(a) 直线式   (b) 毗邻式

(c) 独立式   (d) 平铺式   (e) 封闭式

(f) 塔式   (g) 间层式

图 13-6　采用闭架管理的布置

(2) 采用开架管理的布置

小型科学图书馆或大型馆的某些阅览室也常采用开架管理方式,如专业阅览室、参考阅览室及报刊阅览室。主要布置形式有:

① 一室式:将开架设在夹层中,可充分利用空间,如图13-7(a)所示。

② 分室式:将出纳台与阅览室分开布置,能改善阅览室的安静条件,如图13-7(b)所示。开架书库也可设计成两层,以充分利用空间。

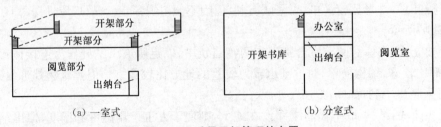

(a) 一室式   (b) 分室式

图 13-7　采用开架管理的布置

13.3.4　安全疏散

图书馆的建筑防火设计除应执行国家现行防火规范有关条文外,还应符合以下条文的规定：

(1) 图书馆的耐火等级,储存珍贵文献的书库和属于一类建筑物的图书馆为一级;一般图书馆及属于二类建筑物的图书馆不应低于二级;耐火等级为三级的图书馆,其书库和开架阅览室部分不得低于二级。

(2) 一级耐火等级的图书馆,建筑高度不应超过 100 m;二级耐火等级的图书馆,建筑高度不应超过 50 m。

书库、开架阅览室的藏书区,防火分区隔间最大允许建筑面积,当为单层书库时,不应大于 1 500 m²;建筑高度在 24 m 以下时,不应大于 1 000 m²,建筑高度超过 24 m 时,不应大于 700 m²;地下室或半地下室书库,不应大于 300 m²。

(3) 书库防火分区隔墙上的门,应为甲级防火门;基本书库通向出纳台的防火门净宽应不小于 1.4 m,并不应设门槛;靠近门口 1.4 m 范围内不应设置踏步或坡道,门应向外开启或向靠墙的外侧推拉,并宜装设自动下滑防火门。

(4) 图书馆的安全出口不应少于两个。

(5) 书库(开架阅览室)每个防火隔间的安全出口不宜少于两个,但面积不超过 100 m² 的防火隔间和面积在 100 m² 以内的地下室或半地下室书库,可只设 1 个门。

(6) 占地面积不超过 300 m² 的多层书库(开架阅览室藏书区)可只设 1 个疏散楼梯。基本书库的疏散楼梯,宜在库门外邻近设置。

(7) 图书馆的装订、照相部门不应紧邻书库或阅览室布置。不可避免时应采取分隔措施;重要书库内部不得设置办公、休息、更衣等生活用房。

(8) 书库、开架阅览室藏书区各层面积之和超过规定的防火分区最大面积时,工作人员专用楼梯应做成封闭式楼梯间,并采用乙级防火门。

(9) 库内电梯应做成封闭式的,并应设前室。

(10) 图书馆藏、阅各空间的柱网尺寸、层高、荷载设计应有较大的灵活性,除电梯、楼梯、厕所等设备用房分隔固定外,其他空间应能适应自由布置和交换。

(11) 4 层及 4 层以上设有阅览室的图书馆宜设公用载人电梯。

(12) 2 层及 2 层以上的书库应有提升设备;4 层及 4 层以上的书库提升设备宜不少于两套;6 层及 6 层以上的书库宜另设专用电梯。

13.4　图书馆的公共用房设计

图书馆的公共用房主要包括门厅、目录厅(室)、借阅处、各种阅览室(厅)、学术报告厅、陈列室(厅)、读者休息处等。

13.4.1　门厅

图书馆的门厅是读者进出图书馆的必经之地,兼有验证、咨询、收费、寄存和监理值班等多种功能,应与借阅部分和阅览室有方便的联系。一般宜将浏览性读者用房和公共活动用房(如讲演厅、陈列室)靠近门厅布置,使之出入方便和不影响阅览室的安静。

门厅和各部门的关系如图 13-8(a)所示,门厅布置举例如图 13-8(b)所示。

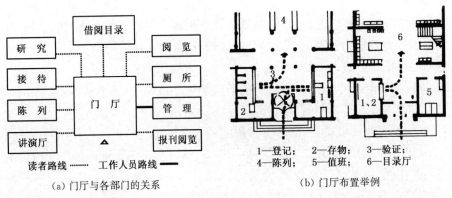

（a）门厅与各部门的关系　　　　　　　1—登记；　2—存物；　3—验证；
读者路线 ······　工作人员路线 ——　　　　4—陈列；　5—值班；　6—目录厅
　　　　　　　　　　　　　　　　　　　（b）门厅布置举例

图 13-8　门厅

13.4.2　目录厅与借阅处

1）目录厅

（1）目录厅应临近读者入口，与借阅处相毗邻，当与借阅处共处同一空间时，应有明确的功能分区。

（2）目录厅中常设咨询处，以便辅导读者查目及解答读者提问。在中小型图书馆中也可不单设目录厅，而将目录柜设于借阅处或阅览室内。

（3）目录卡的数量，一般约为藏书种数的 3～6 倍。目录柜和查目台（板）的数量、形式及布置方式，决定于图书馆的性质、服务对象、藏书量、目录卡片数、发证的读者数及较集中时的查目人数等因素。

（4）设计时应适当考虑目录室的发展问题，如书库预留了发展面积，则目录厅面积宜按发展后的藏书量计算。

目录柜布置如图 13-9 所示。

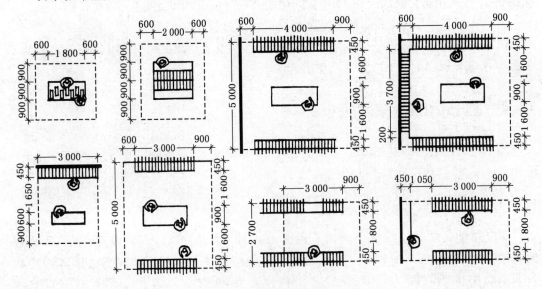

图 13-9　目录柜布置（mm）

2) 借阅处

借阅处又称出纳室(厅),在一般大中型公共图书馆中,常将外借、馆内阅览、馆际互借以及特殊需要等各种借阅处分别设置。在高等学校或科学研究系统图书馆中,借阅处也常按专业、书形和读者分别设置。

借阅处应与目录室邻近,或将二者组合在一个房间内,形成借阅目录厅。外借借阅处应接近读者入口;馆内借阅处宜靠近阅览室,采用开架或半开架管理的辅助书库,借阅台一般设在阅览室的入口处。

中心(总)出纳台应毗邻基本书库设置。出纳台与基本书库之间的通道不应设置踏步,如高差不可避免时,应采用坡度不大于 1:10 的坡道。

借阅处需根据图书馆的性质、借阅处的工作人数以及借还书读者较集中时的人数等条件,计算决定柜台长度。

借阅柜台外应留有便于读者办理手续及等候取书的面积;兼设目录柜时应另加目录柜位置及查目读者的使用面积。借阅柜台内应留有存放卡片屉、运输小车、常用书及暂存书架的面积。借书和还书需有两条分开的出入路线。

借阅处的面积由以下各项面积组成:

(1) 出纳台内工作人员所占使用面积,每一工作岗位不应小于 6 m²。工作区进深,当无水平传送设备时不宜小于 2.5 m,不宜大于 4 m;当有水平传送设备时不宜小于 3.5 m,不宜大于 5 m。

(2) 出纳台外读者活动面积,可按出纳台内每一工作岗位所占面积的 1.2 倍计算,并且不宜小于 18 m²;出纳台前应保持不小于 3 m 宽的读者活动区。

(3) 出纳台宽度不宜小于 0.6 m,出纳台长度按每一工作岗位平均 1.5 m 计算。

借阅处的平均照度宜在 75~150 lx 之间。

3) 借阅方式

借阅方式如图 13-10 所示。

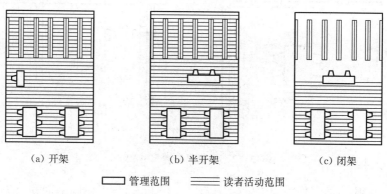

| (a) 开架 | (b) 半开架 | (c) 闭架 |

▭ 管理范围　　　　≡ 读者活动范围

图 13-10　借阅方式示意

(1) 开架:在阅览室内开架陈列各种书刊,有专人管理,读者可以自行在架上取阅。开架阅览一般多用于参考、专业、期刊等阅览室中。

(2) 半开架:在阅览室内设置辅助书库,以柜台或隔断与阅览室相分隔,由管理人员办理借出业务。

(3) 闭架:读者填写索书单,由管理人员自库内取书,是一般公共图书馆传统的借阅方式,也常与其他借阅方式综合使用。

借阅处的一般布置示例如图 13-11 所示。

图 13-11 借阅处的一般布置示例

13. 4. 3 阅览室设计

1) 一般要求

(1) 室外环境应安静。室内宜采取吸声、隔声措施,以减少噪声干扰,应尽可能利用天然采光和自然通风,节约能源。室内藏、阅、工作空间应有合适的采光、照明和通风。光线充足、照度均匀,并避免眩光。

(2) 阅览室的采光照明,一般阅览室与业务用房的天然采光系数最低值不应小于1.5%,室内离地 0.8 m 处的平均水平照度为 100~200 lx,亮度不足时应设辅助照明。

(3) 阅览室的开间、进深尺寸、层高应适应该馆大多数阅览室在开、闭架管理方式下家具设备合理布置的要求(图 13-12)。

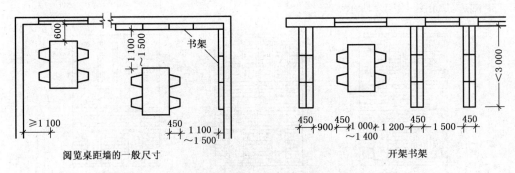

阅览桌距端的一般尺寸　　　　　　　　　开架书架

图 13-12 阅览室布置尺寸(mm)

(4) 阅览室应根据工作需要设管理(出纳)台和工作间,工作间的面积不宜小于 10 m²,并宜和管理(出纳)台相连通。

(5) 阅览室藏书采用活动书架分散布置时,应按开架藏书统一楼面荷载。

(6) 阅览室不得被过往人流所穿行;独立使用的阅览室不得设于套间内。

(7) 阅览室辅助书库的布置方式,可在阅览室附近辟专室作辅助书库,或在阅览室内设开架书库。

(8) 报刊阅览室宜临近读者入口,并便于闭馆期间单独开放。综合阅览室宜临近门厅入口,如不设辅助书库时应与出纳厅(室)有便捷的联系。

(9) 专业(书刊)阅览室及研究室(厢)可按学科门类设置,并邻近专业图书的辅助书库布置,同时宜设置单独阅览台及目录柜,或室内按开架方式布置。集体研究室每座占用面积不应小于 4 m²,最小房间不宜小于 10 m²。单人研究厢使用面积不应小于 3.6 m²,单人研究座不应小于 2.3 m²。

(10) 参考阅览室应邻近目录室、馆内借阅处和读者咨询处,并宜设辅助书库及单独借阅台、目录柜。室内亦可按开架方式管理。

(11) 善本书阅览室与善本书库集中布置时,宜设分区门或缓冲间。

(12) 残疾读者的阅览座应临近各阅览室的管理(出纳)台。

阅览室布置举例见图 13-13。

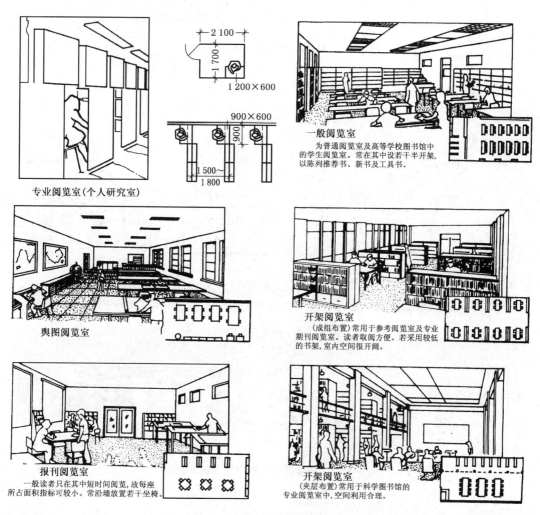

专业阅览室(个人研究室)

一般阅览室
为普通阅览室及高等学校图书馆中的学生阅览室。常在其中设若干半开架,以陈列推荐书、新书及工具书。

舆图阅览室

开架阅览室
(成组布置)常用于参考阅览室及专业期刊阅览室。读者取阅方便。若采用较低的书架,室内空间很开阔。

报刊阅览室
一般读者只在其中短时间阅览,故每座所占面积指标可较小。常沿墙放置若干坐椅。

开架阅览室
(夹层布置)常用于科学图书馆的专业阅览室中,空间利用合理。

图 13-13 阅览室布置举例(mm)

2) 缩微阅览室

缩微阅览室是供阅读缩微胶卷、平片和缩微照相卡片、印刷卡片等各种缩微读物的阅览室。

缩微阅览室集中管理时,宜和缩微资料库相连通,所在位置以北向为宜,避免朝西。

缩微阅览室室内设施和环境功能应满足缩微阅读的要求。缩微阅读机分散布置时,每座占用面积不应小于 2.3 m²(图 13-14)。

缩微阅览部布置举例

大型缩微阅览室

图 13-14　缩微阅览室布置

1—目录柜;2—工具书书架;3—查目桌;4—管理、出纳台;5—办公桌;6—阅览桌;
7—活动打字机桌;8—储藏柜;9—工作台

3) 少年儿童阅览室(图 13-15、图 13-16)

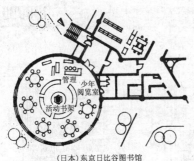
(日本)东京日比谷图书馆
少年儿童阅览室示例(一)

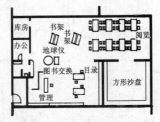
(日本)八户市图书馆
少年儿童阅览室示例(二)

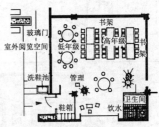
(英国)Pimlico儿童图书馆
少年儿童阅览室示例(三)

图 13-15　少年阅览室示例

图 13-16　少年儿童阅览室室内陈设示例

少年儿童阅览室的读者是初中以下的少年儿童,阅览室的布置应与成人阅览室相互分隔,单设出入口,并应设儿童活动场地,儿童活动室应考虑多功能利用。要依据少儿读者的身体尺度及心理特点,与儿童课外教育相结合,便于儿童身心的健康发展。家具设备要注意安全,要求坚固耐用。

少儿阅览室的理想位置在底层,有单独的出入口和室外庭院。

少儿阅览室一般均附有闭架书库,闭架借阅;但也可使部分儿童读物实行开架管理,如连环画、少儿报纸杂志等。

4）视听资料室

视听资料包括录音片、录音带、幻灯片、影片、电视及录像磁带、磁盘等。

视听资料室宜将视听自成单元，便于单独使用和管理。所在位置要求安静，与其他阅览室之间互不干扰，并有利于安全疏散。规模较大的视听室可与报告厅合用，独立设置（图 13-17）。

图 13-17　视听资料室布置

13.4.4　学术报告厅

学术报告厅是供学术报告、讲座、读者辅导活动之用。可设黑板，也可设置放映幻灯、电影及举行小型演出的设施。

报告厅与主馆可以毗邻，也可以独立布置。但座位超过 300 座时最好单独设置，应与图书馆的阅览区保持一定的距离，以满足防火疏散的要求。

报告厅与阅览区毗邻设置时，应单设出入口，便于闭馆时单独使用，独立对外，用途多样化。

独立设置的报告厅宜设专用厕所。

报告厅应满足幻灯、录像、电影放映和书写投影、扩声等功能要求。

报告厅的厅堂使用面积每座不应小于 0.8 m；放映室的进深和面积根据采用的机型确定。

报告厅如设侧窗，应设置有效的遮光设施。

报告厅应满足防火疏散要求，厅堂应有良好的视线及音质。

报告厅的附属房间应较完善，讲台附近宜设带有卫生间的休息室。

报告厅与主馆的关系如图 13-18 所示。

学术报告厅示例如图 13-19 所示。

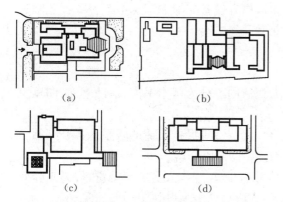

图 13-18　报告厅与主馆的关系及报告厅示例

（a）报告厅在一端（河北省图书馆）；（b）报告厅在业务用房与阅览区之间（广东中山图书馆）；（c）报告厅独立设置（四川大学图书馆）；（d）报告厅在门厅上面（浙江大学图书馆）。

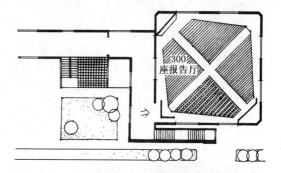

图 13-19　报告厅

300 座报告厅示例（四川大学图书馆）。

13.4.5　陈列厅(室)

各类图书馆应有陈列空间,可根据规模和使用要求分别设置新书陈列厅(室)、专题陈列室或书刊图片展览处。

门厅、休息处、走廊等兼作陈列空间时,不应影响过往交通和安全疏散。

陈列厅要求采光均匀,避免阳光直射。

13.5　图书馆库房设计

13.5.1　基本要求

(1)基本书库应和辅助书库及同层的阅览室保持便捷的联系;分布在各开架阅览室的藏书可分散存放,也可集中布置在一个固定的藏书区内。

(2)基本书库的结构形式和柱网尺寸应适应所采用的管理方式和选定书架的排列要求。

(3)单面书架靠墙排列,书架与墙面之间留出的空隙不得小于80 mm;双面书架宜垂直于开窗的外墙。书库采用竖向条形窗时应对正行道并允许书架挡头靠墙;书库水平方向开窗大于书架行道宽度时,靠外墙一侧必须留出挡头走道。

(4)缩微、视听等非文本资料应按使用方式确定存放位置。善本书库应单独设置。上述文献资料应设特藏库收藏保管。

(5)库区宜设工作人员更衣室、清洁室和专用厕所以及库内办公室,但厕所不得设于库内。

(6)书库、阅览室藏书区净高不得低于2.4 m;当有梁或管线时,梁或管线底面不得低于2.3 m;采用积层书架的藏书空间净高不得低于4.7 m;采用多层书架的藏书空间净高不得超过6.9 m。

(7)书库不设电(货)梯又无水平传送设备时,提升设备应考虑运送书车上下位置临近书库入口。井道传递洞口下沿应与各层楼、地面取平。

13.5.2　书库设计要点

(1)小型馆的各种书库以集中设置为宜;大型馆则可分为基本书库、辅助书库、阅览室开架书库等。宜根据实际情况选择采用。

(2)基本书库要与辅助书库、目录室、出纳台、阅览室等保持便捷的联系。各开架阅览室的藏书则可分散存放,使读者能在最短的时间内借阅图书资料。

(3)合理利用空间,尽量提高单位空间的容书率,减轻工作人员的劳动量,提高工作效率,并应配置相应的运输设备。

(4)书库应具备长期保存图书资料的良好条件,一般书库温度不宜低于5℃,不宜高于30℃,相对湿度不宜小于40%,不宜大于65%。要考虑防火、防晒、防潮、防虫、防紫外线、保温、隔热、通风等因素。重要的书库应有安全防盗措施。

书库在图书馆内的空间组合形式如图13-20所示。

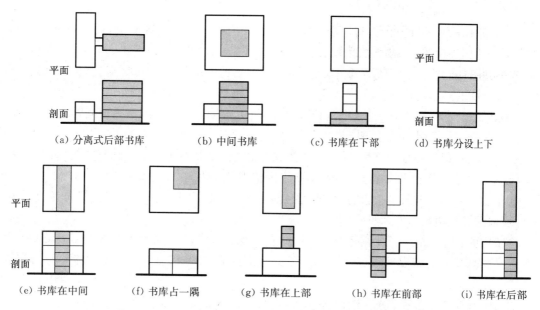

图 13-20　书库在图书馆空间组合中的几种形式(平面、剖面)

（5）书库形状的选择应满足提书距离短、造价经济的要求。根据书库的统计分析，书库平面的长边与短边之比为 1∶1 时提书距离最短，正方形或接近正方形的平面外墙较少而显经济。故一般多采用正方形或接近正方形的平面(图 13-21)。

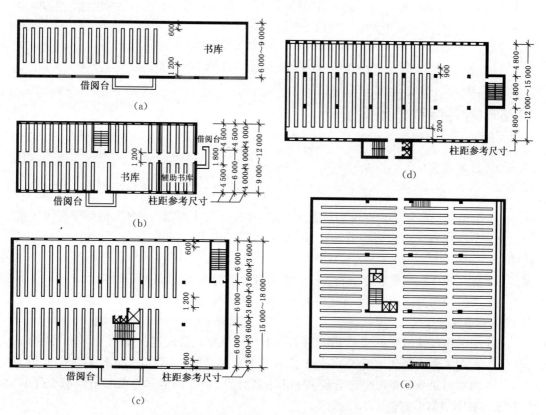

图 13-21　书库平面布置举例(mm)

在图 13-21 中书库平面布置：

① 图 13-21(a)，跨度小，有可能单面采光。开窗位置不受排架影响，便于改变室内布置。在小型馆中可使平均取书距离最短。

② 图 13-21(b)，对于每次取书册数较少的图书馆可使平均取书距离最短。在面积利用和采光效果上也都较好。

③ 图 13-21(c)，面积利用经济，开窗位置不受排架影响，便于调整书架间距，但取书距离不如图 13-21(a)中布置合理。

④ 图 13-21(d)，在每次取书 2～5 册的图书馆中，取书距离最小，面积利用也较好。为了获得良好的采光，要根据排架设窗，不便于调整书架间距。

⑤ 图 13-21(e)，长宽接近方形，布置灵活、造价经济，提书距离短。但天然采光及通风差，须采用机械通风和人工照明。

（6）书库内工作人员专用楼梯，坡度不应大于 45°，梯段净宽不应小于 0.8 m，踏步宽不应小于 0.22 m，踏步高不应超过 0.2 m，并应采取防滑措施。书库内不宜采用螺旋楼梯。

书库内楼梯的布置如图 13-22 所示。

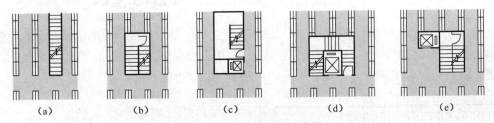

图 13-22　书库内楼梯的布置

(a) 单跑楼梯；(b) 双跑楼梯；(c) 单跑楼梯和升降梯；
(d) 三跑楼梯和升降梯；(e) 双跑楼梯和升降梯。

13.6　图书馆其他用房设计

13.6.1　技术用房

1）采编用房

(1) 采编用房的位置应和读者活动区分开，并与典藏室、书库、书刊入口有便捷的联系。

(2) 采编部的平面布局应符合采购、交换、拆包、验收、登记、分类、编目、加工等工艺顺序。

(3) 拆包间应临近或专设书刊入口。进书量大的图书馆宜设卸车平台。

(4) 采编用房的使用面积，每工作人员不宜小于 10 m²。

2）典藏用房

(1) 图书馆单独设置典藏部门时，典藏室宜设于书库入口附近。

(2) 典藏工作间的使用面积，每一工作人员不宜小于 6 m²，最小房间不宜小于 15 m²。

(3) 内部目录总数量应按每册藏书一张卡片计算，每万张卡片所占使用面积不宜小于 0.18 m²，最小房间不宜小于 10 m²。

(4) 待分配上架的书刊存放可按每 1 000 册书和 300 种资料为周转基数，其占使用面积不小于 12 m² 推算。

3）专题咨询和业务辅导用房

各类图书馆应根据各自职能范围参照下述规模设置专题咨询和业务辅导用房：

（1）专题咨询和业务辅导室的使用面积，应按每一工作人员不小于 6 m² 计算。

（2）业务资料编辑室的使用面积每人不宜小于 8 m²。

（3）业务资料阅览室可按 8～10 座设置，每座占使用面积按 3.5 m² 计算。

（4）公共图书馆的咨询、辅导用房宜分别配备不小于 15 m² 的接待室。

4）美工用房

（1）美工工作用房要求光线充足、用水方便，并便于版面绘制和搬运。

（2）使用面积不宜小于 30 m²，并宜另设材料存放间。

5）电子计算机房

设有电子计算机房的图书馆，机房设置和室内环境要求应适应选用的机型和相应的工艺要求，并根据需要考虑在借、阅工作空间和采购室内采用微机或设终端的可能性。

6）缩微与照相用房

（1）设置文献缩微中心的图书馆，缩微复制用房宜单独布置，建筑设计应符合生产工艺顺序和设备操作要求。

（2）一般照相室应具备摄影室、冲洗放大室和器材、药品储存室。

（3）缩微复制用房的设施应能够满足其物理、化学等方面的特殊要求。

7）声像控制室

（1）应和演播室配套设置，净高不应低于 2.7 m，后墙不应开窗。

（2）幕前放映的控制室房间进深不得小于 3 m，可利用侧窗采光。

（3）观察窗应视野开阔，兼作放映窗时，其窗口下沿距控制室地面高差为 0.85 m，距演播室后部地面不应小于 1.8 m。

（4）幕后放映的控制室应为暗室，放映室的地面比视听室前部地面高出 0.3～0.5 m，房间进深不得小于 4 m。

（5）放映间的楼、地面应绝缘，并宜用软质敷面，顶棚宜用吸声材料，墙面应涂暗色无光泽涂料。

13.6.2 行政办公及辅助用房

（1）行政办公用房：图书馆的行政、办公用房应根据使用要求设于主体建筑内或单独布置。

（2）读者休息室（处）：图书馆宜根据规模和对象分别设置读者休息室（处），每阅览座位不应小于 0.1 m²，最小房间不宜小于 15 m²；大型馆宜分散设置。

（3）厕所：图书馆宜分别设置公用和专用厕所。卫生用具按使用人数设置，男女各半计算，并应符合以下规定：

① 成人男厕按每 60 人设大便器一具，每 30 人设小便斗一具。

② 成人女厕按每 30 人设大便器一具。

③ 儿童男厕按每 50 人设大便器一具，小便斗两具。

④ 儿童女厕按每 25 人设大便器一具。

⑤ 洗手盆每 60 人设一具。

⑥ 公用厕所内应设污水池一具。

13.7 图书馆设计实例

13.7.1 实例一

新疆维吾尔自治区图书馆平面布置(图 13-23)。

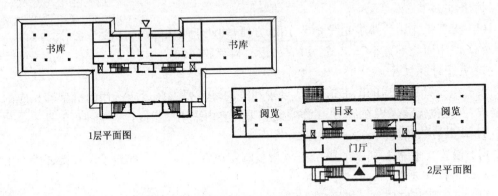

图 13-23 新疆维吾尔自治区图书馆平面布置

13.7.2 实例二

某高校图书馆平面布置(图 13-24)。

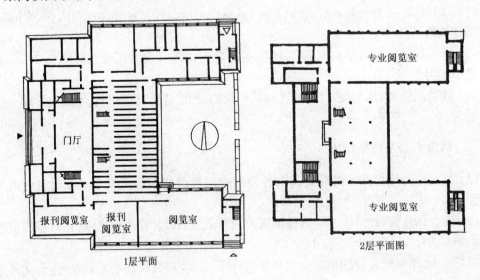

图 13-24 某高校图书馆平面布置

13.7.3 实例三

广西壮族自治区图书馆。1980 年设计,主楼 17 300 m²,藏书量 300 万册,阅览席 800 座(图 13-25)。

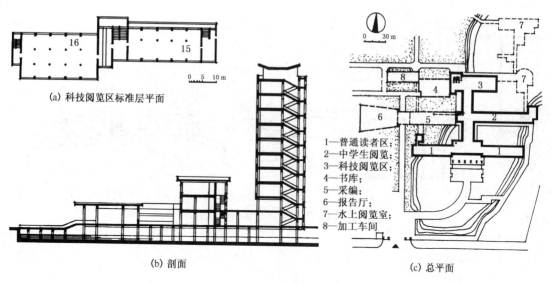

(a) 科技阅览区标准层平面

(b) 剖面

1—普通读者区;
2—中学生阅览;
3—科技阅览区;
4—书库;
5—采编;
6—报告厅;
7—水上阅览室;
8—加工车间

(c) 总平面

图 13-25 广西壮族自治区图书馆

13.7.4 实例四

徐州市图书馆。1975 年建成,面积 2 530 m²,藏书 47 万册,250 座阅览席(图 13-26)。

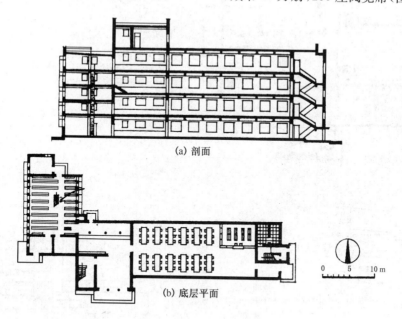

(a) 剖面

(b) 底层平面

图 13-26 徐州市图书馆

13.7.5 实例五

浙江大学图书馆。1985 年建成,建筑面积 21 200 m²,藏书量 200 万册,阅览座 2 000 席(图 13-27)。

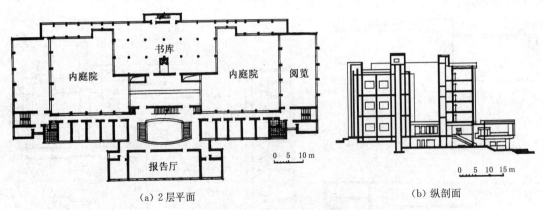

（a）2 层平面   （b）纵剖面

图 13-27 浙江大学图书馆

13.7.6 实例六

华东师范大学图书馆。20 世纪 90 年代设计，总建筑面积 12 260 m^2，用地 13 480 m^2，藏书量 130 万册，阅览座 800 席，设计获原国家教委一等奖（图 13-28）。

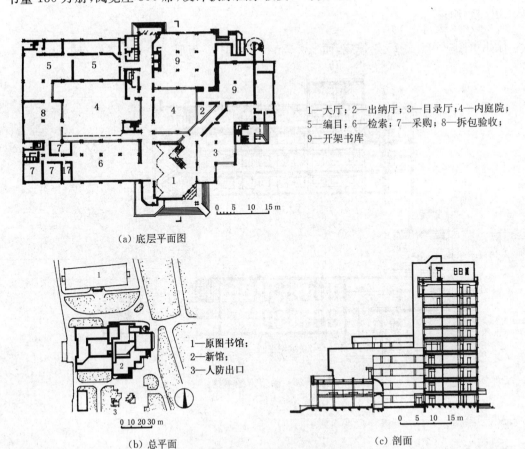

1—大厅；2—出纳厅；3—目录厅；4—内庭院；
5—编目；6—检索；7—采购；8—拆包验收；
9—开架书库

（a）底层平面图

1—原图书馆；
2—新馆；
3—人防出口

（b）总平面   （c）剖面

图 13-28 华东师范大学图书馆

14 汽车站建筑设计

14.1 概　述

汽车站是指公路运输客货运站,一般包括大型汽车站和中、小型公路汽车客运站,中、小型公路汽车客运站是指日发送旅客在 3 000 人次以下的汽车站。

14.1.1 基本内容组成

汽车站一般由站前广场和停车场、站房(客运用房)、保修车间区及职工生活区等功能区组成。

(1) 站前广场:包括停车场、道路、旅客活动地带及绿化场地等。

(2) 客运用房:是站区的主要建筑,包括候车室、售票房、行李房、小件寄存及问讯处、小卖部、广播室、值班站长及站务员室、司助休息室、厕所、调度室、公安值班室等。

司助休息室是司机及司机助理人员休息的地方。

(3) 行政用房:包括办公室、财务办公室等。

(4) 辅助用房:包括维修车间、储藏室等。

公路汽车客运站建筑设计规模不宜过大,日发送旅客超过 10 000 人次时宜另建分站。

14.1.2 建筑规模

公路汽车客运站的建筑规模根据车站的日发送旅客折算量划分为四级(表 14-1、表 14-2)。

表 14-1　汽车站建筑规模划分表

规　　模	一级	二级	三级	四级
旅客日发送折算量(人次)	7 000～10 000	3 000～6 999	500～2 999	500 以下

注:(1) 旅客日发送折算量:车站年平均日发送长途旅客的数量及短途旅客折算量之和。

(2) 短途旅客:指班次密度大、站距短、旅客上下频繁或班线长途在 30 km 以内的班车旅客,其旅客发送量按每 2 人次计入车站旅客日发送折算量总数。

(3) 日发车辆:指车站年平均每日发送班次数。

(4) 发车位:指车站发送当班的停车位置。

(5) 最高聚集人数:旅客日发送折算量乘以相应的百分比,即 7 000～10 000 人次者为 16%～18%;3 000～6 999 人次者为 18%～25%;500～2 999 人次者为 25%～30%;500 人次以下者为 30%～40%。

14.1.3 汽车站的防火及建筑设备

公路汽车客运站的耐火等级,一、二、三级站不应低于二级,四级站不应低于三级。

各级公路汽车客运站的停车场和发车位除设室外消火栓外,还必须设置扑灭汽油和柴油类易燃物质燃烧之设施,一、二级站候车厅应设室内消火栓。

各级公路汽车客运站应设室内外给排水系统。

采暖地区的一、二级站应采用热水采暖系统,三、四级站可采用其他方式采暖。

表 14-2　汽车站旅客站房基本房间分类、组成设置条件参考表

分类	房间名称	设置条件				注
		一级	二级	三级	四级	
客运用房	候车室	●	●	●	●	(1)
	母婴候车室	○	○			
	售票厅	●	●	●		
	售票室	●	●	●	●	
	票据库	●	●	●		
	行李托运处	●				
	行李提取处	●				
	小件寄存处	●	●	●	○	
	站台	●	●	●	●	
	行李装卸廊	○	○	○	○	
	问讯处	●	●	●		
	广播室	●	●	●		
	调度室	●	●	●	●	
	医务室	●	●	●		
	值班站长室	●	●	●		
	站务员室	●	●	●	●	
	联运办公室	●	●			
	司助休息室	●	●	●		
	验票补票室	●	●	●		
	站前广场	●	●	●	●	
	电话亭	●	●	●		
	厕所	●	●	●	●	
驻站单位	公安派出所					(2)
	海关办公室					(3)
	动植物检疫					(3)
	邮电					(4)
行政用房	党政办公室	●	●	●	●	
	计财办公室	●	●	●	●	
	会议室	●	●	●		
	门卫值班室	●	●	●	○	
	厕所	●	●	●		
生产辅助用房	加油站					(5)
	洗车台	●	●	●		(6)
	锅炉房					(5)
	浴室	●	●	●		(7)
	发电机房					(5)

分类	房间名称	设　置　条　件				注
		一　级	二　级	三　级	四　级	
保修车间用房	保养车间					(5)
	小修车间					(5)
	辅助工间					(5)
	材料库					(5)
	检修车台					(5)
	车间办公室					(5)
生活	宿　舍					(5)
	食　堂					(5)

注:(1) 四级站可与候车厅合并不单独设置。
　　(2) 按需设置。公安派出所机构的平面位置应与候车厅、售票厅、值班站长室有较方便的联系,室内应有独立通讯设施。
　　(3) 按需设置。海关、检疫部门如与公路汽车客运站合建,其布局应有利于各方面工作联系,并有各自单独出入口。
　　(4) 按需设置。邮电业务用房,其位置可邻近候车厅,使用面积不应小于 12 m²。
　　(5) 按需设置。
　　(6) 一级站宜设置汽车自动冲洗装置;二、三级站应设一般汽车冲洗台。
　　(7) 按司机及司机助理人员使用计算其数据。
　　表中●为应设;○为宜设。

14.2　基地选择与总平面布置

14.2.1　基地选择

汽车站的站址选择应符合以下要求:
(1) 符合城市规划的合理布局。
(2) 与城市交通系统联系密切,车辆流向合理,出入方便。
(3) 地点适中,方便旅客集散和换乘。
(4) 远近期结合,近期建设有足够场地,并有发展余地。
(5) 有必要的水源、电源、消防、疏散及排污等条件;站址不应选择在低洼积水地段,有山洪、断层、流沙的地段及沼泽地区;站址靠近河、湖、海岸或水库时,站区最低室外地坪设计标高应根据当地有关部门规定的最高水位计算。

14.2.2　总平面布置

公路汽车客运站的总平面设计应符合以下规定:
(1) 符合城市规划的要求。
(2) 布局合理,满足公路汽车客运站的使用功能(图 14-1)。
(3) 总平面布置紧凑,合理利用地形,节约用地,节省投资。
(4) 分区明确,使用方便,流线简捷,避免旅客、车辆及行李流线的交叉。汽车站的总平面布置应与城市交通干道密切配合,主要使用房间应位于旅客主要出入口的最前端;应与站

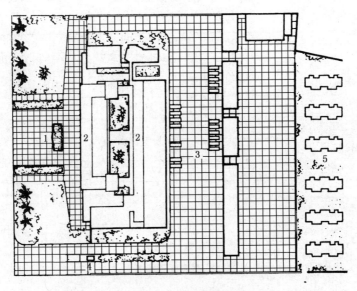

图 14-1　总平面布置示例

1—站前广场；2—站房；3—停车场；4—进出站口；5—生活区

房紧密结合,明确划分车流、客流路线,停车区域、活动区域及服务区域,确保旅客进出站路线短捷流畅(图 14-2)。

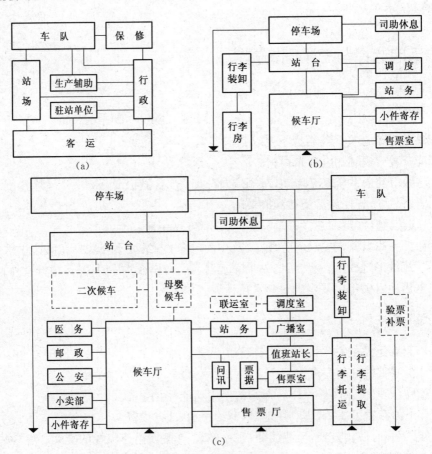

图 14-2　站务功能关系

图 14-2 站务功能关系中,(a)为站务流线图;(b)为四级站旅客流线关系示意图;(c)为一、二、三级站旅客流线关系示意图。

一、二级站汽车进出站口必须分别设置,三、四级站宜分别设置。汽车进出站口的宽度不宜小于 4 m,与旅客主要出入口分开设置,保持一定距离,并设有隔离措施(图 14-3)。

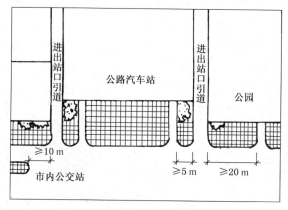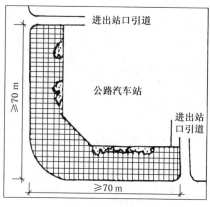

(a)基地处于干道一侧   (b)基地处于道路转角

图 14-3   进出站口与市政设施关系示意

汽车进出站口应设置引道,并满足驾驶员视线的要求。

汽车进出站口宜设同步的声光信号。

14.3   汽车站的空间组合

14.3.1   功能关系分析

中、小型汽车站功能关系分析(图 14-4、图 14-5)。

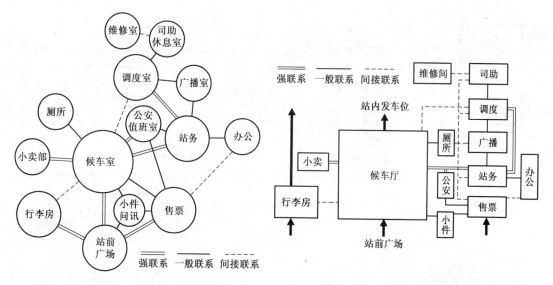

图 14-4   中、小型汽车站功能关系分析   **图 14-5   中、小型汽车站功能关系示意**

14.3.2　平面基本组合方式

1）集中式组合

这种组合方式就是把站房各组成部分组合在一个大空间内,中间是大厅,四周是辅助用房,形成紧密联系的平面布局,主次关系分明,配套服务设施集中,管理方便,交通辅助面积少,流向简捷,导向明确,便于寻找和使用。中、小型汽车站由于功能比较简单,房间个数较少,一般常采用集中式的平面组合方式(图 14-6、图 14-7)。集中式平面组合方式由于旅客集中,站房各部分干扰较大。

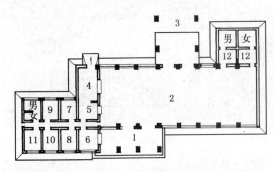

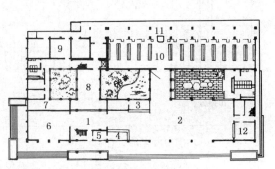

图 14-6　湖北某汽车站

1—门厅;2—候车厅;3—发车位;4—行李房;
5—小件问讯;6—售票;7—公安;8—站务;9—调度;
10—办公;11—司助休息;12—盥洗

图 14-7　重庆南坪站

1—门厅;2—候车厅;3—小件寄存;4—问讯;
5—治安;6—售票厅;7—售票室;8—行李;
9—司助休息;10—二次候车;11—广播;12—小卖部

2）单元式组合

这种组合方式就是按功能使用要求,将汽车站分为各个独立单元,然后将各单元按照一定的方式组合成整体。此种组合功能分区明确,布局灵活,各部分之间相互干扰较小,候车环境安静,便于分散建筑,能适应不同地形变化的情况(图 14-8)。

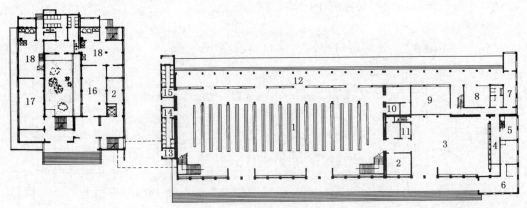

图 14-8　乌鲁木齐汽车站

1—候车厅;2—小件寄存;3—售票厅;4—售票室;5—票务;6—邮政;7—调度;8—司助休息;9—行李托运;
10—治安;11—问讯;12—站台;13—门卫;14—男厕;15—女厕;16—民族餐厅;17—汉族餐厅;18—厨房

3）并列式组合

该组合方式就是汽车站各部分并列布置成一字形。平面布局简洁,各部分房间一般都有直接的自然通风与采光,结构布置整齐规则。但因站房狭长,互相之间联系不甚方便。

14.4　汽车站的使用空间设计

站房设计应功能分区明确,客流、车流、货流安排合理,有利于安全营运和方便使用。

严寒及寒冷地区的站房建筑与室外相通的出入口应有防寒设施,炎热地区的站房建筑应考虑隔热和通风降温措施。

14.4.1　候车厅设计

候车厅是汽车站设计中最主要的内容,空间大,人流多,流线组织较复杂,因此在设计时要作为重点部分来考虑(图 14-9)。

图 14-9　候车厅透视图

候车厅使用面积的确定:候车厅使用面积包括旅客候车坐椅、交通通道及内部服务设施等所需的面积。候车厅使用面积指标应按最高聚集人数每人 1. 10 m² 计算。

(1) 候车厅室内空间应符合采光、通风和卫生要求,净高不宜低于 3. 60 m。

(2) 候车厅应充分利用天然采光,窗地比不应小于 1/7。

(3) 候车厅内带有导向性栏杆的进站口均不得作为安全出口计算其宽度。

(4) 在二楼设置候车厅时,除疏散楼梯不得少于两个外,还应符合以下要求:

① 当疏散楼梯通向地面层候车厅,其楼梯净宽除按上层疏散人数计算外,且不得小于1. 40 m,地面层疏散口应按总疏散人数计算。

② 楼层旅客疏散至地面时,疏散方向与地面层安全出口疏散方向不得相逆。

(5) 候车厅的平面形状有矩形、多边形和圆形。

矩形:与其他房间连接方便,内部空间利用率高,便于安排候车区域,布置紧凑,是最常用的平面形式。

多边形:平面布置轻快,通风、采光条件较好。

圆形:流线短捷,造型活泼,内部候车布置不方便(图 14-10)。

(6) 候车形式与平面关系如图 14-11 所示。

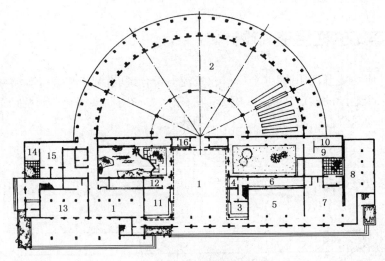

图 14-10 昆明汽车站

1—综合厅；2—候车厅；3—小卖部；4—问讯处；5—售票厅；6—售票室；7—行李托运；8—零担；
9—男厕；10—女厕；11—小件寄存；12—治安；13—行李提取；14—调度；15—司助休息；16—广播

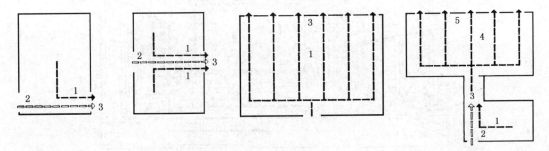

（a）侧向候车的四级站　（b）两侧候车的四级站　（c）一般候车的一、二、三级站　（d）设二次候车的一、二、三级站

图 14-11 候车形式与平面关系

1—候车检票；2—直接检票；3—检票口；4—二次候车；5—对班上车验票口

（7）候车厅功能关系及布置如图 14-12 所示。

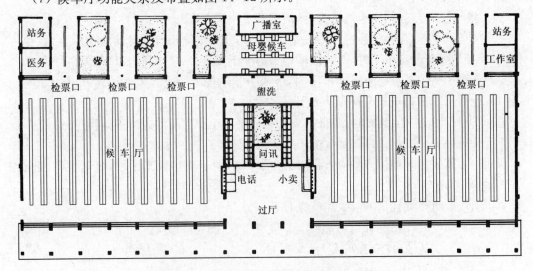

图 14-12 候车厅功能关系及布置示例

（8）候车厅的安全疏散要求（图 14-13）：候车厅安全出口不应少于两个，且应直通室外。安全出口净宽不应小于 1.40 m，且门必须向外开启，应采用双扇自动门，不应设门槛。如设踏步，应在门线 1.40 m 以外起步。室外通道净宽不应小于 3 m。

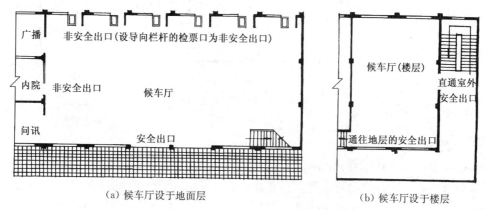

（a）候车厅设于地面层　　　　　　　（b）候车厅设于楼层

图 14-13　候车厅的安全疏散要求

14.4.2　售票厅和售票室设计

售票厅除满足天然采光及通风外，宜保留一定墙面，用于公布各业务事项。

售票厅在站房中位置的布局应根据汽车站总平面布置及进站旅客流线确定，一般设置在站房的前面，目标明显，便于寻找；应选择良好的朝向，充分利用自然通风采光。售票厅内应有旅客正常购票活动空间，与行李房、候车厅等应有较好联系，并单独设出入口。有的中、小型站也可将售票厅与候车厅合用（图 14-14）。

售票窗口的数量为最高聚集人数/120，中、小型汽车站可设 4～6 个售票口，售票厅的使用面积按每个售票口 20 m² 计算；售票窗口前宜设导向栏杆，栏杆高度为 1.2～1.4 m，窗口前还应设局部照明，其照度值不应小

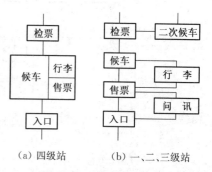

（a）四级站　　　（b）一、二、三级站

图 14-14　旅客流线示意

于 150 lx；售票室的使用面积按每个售票口不小于 5 m² 计算；票据库可与售票室合设也可分设，其耐火等级不应低于二级，使用面积不应小于 9 m²。

售票室应有良好采光、通风和安全设施，与内部办公联系方便（图 14-15）。

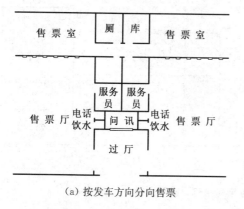

（a）按发车方向分向售票

（b）按长、短途分向售票

(c) 袋形售票厅之一　　　(d) 袋形售票厅之二　　　(e) 双向售票室

图 14-15　售票厅平面组合

14.4.3　行李房设计

　　行李房包括行李托运处、行李提取处与行李装卸廊,中、小型汽车站一般将行李托运处与提取处合并在一起设置为行李房。行李房的作业流线不应与其他流线交叉或相互干扰,行李房在站房中的位置应考虑旅客进出站的流向,设置于方便之处,应与站前广场联系方便并直通站内发车位。中、小型汽车站也可将行李房设于站房一端(图 14-16)。

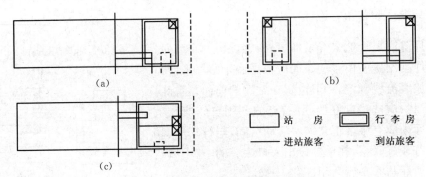

图 14-16　行李房在站房中的位置

(a) 三、四级站行李房可设于站房一端;(b) 一、二级站行李房的托运处和提取处按旅客进出站流线可分设于站房两端;(c) 托运处和提取处按旅客进出站流线分设,但集中在一端。

　　行李房、行李装卸廊应具有防火、防盗、防鼠、防水、防潮等设施。
　　行李房应尽量采用自然通风与采光。
　　行李房与其他空间的平面组合方式见图 14-17。

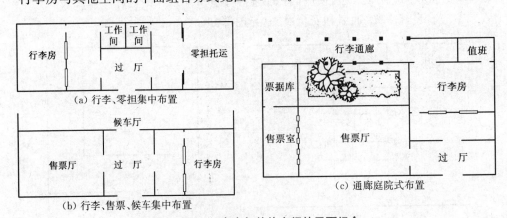

(a) 行李、零担集中布置

(b) 行李、售票、候车集中布置

(c) 通廊庭院式布置

图 14-17　行李房与其他空间的平面组合

14.4.4　站台及停车场设计

公路汽车客运站必须设置站台,站台的设计应有利于旅客上下车、行李装卸和客车运转,其净宽不应小于 2.50 m(图 14-18)。

站台应设置雨篷,位于车位装卸作业区的站台雨篷,净高不应低于 5 m。站台雨篷如支承柱,柱距一般不应小于 3.90 m。柱位不应影响旅客交通和行李装卸。站台雨篷下不应设悬挂型灯具。

图 14-18　客运站剖面特性

发车位地坪应设不小于5‰的坡度坡向站场。

站台的平面布置见图 14-19。

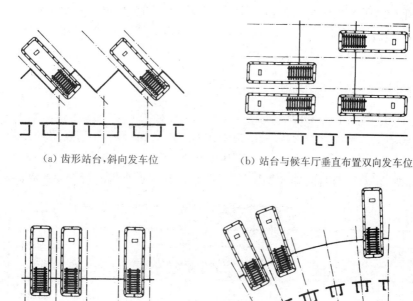

(a) 齿形站台,斜向发车位　　　　　　(b) 站台与候车厅垂直布置双向发车位

(c) 站台与候车厅平行,一般性发车　　(d) 弧形候车厅及站台,放射形发车位

图 14-19　站台的平面布置

客运站的停车场应满足驻站车辆停放及进出车要求,一、二级站停车场的汽车疏散口不应少于两个,当停车总数不超过 50 辆时,可设一个疏散口。

停车场内车辆宜分组停放,每组停放数量不宜超过 50 辆,当超过 50 辆时,应按组分设汽车水箱供水点,严寒及寒冷地区还应设热水供应点。

一级站的停车场宜设置汽车自动冲洗装置,二、三级站应设一般汽车冲洗台。

站场照明不得对驾驶员产生眩光,站场照明平均照度为 3～10 lx。

站场内设置的加油站、油库,其允许容量及防火间距必须符合相关的规范要求。

14.4.5　其他用房设计

(1) 小件寄存及问讯、小卖部　中、小型汽车站一般将小件寄存及问讯、小卖部布置在旅客靠近候车厅主要出入口或者人流集中的售票厅附近的位置,易于寻找,其面积不应小于6 m²。问讯处前应设不小于 10 m² 的旅客活动场地。

(2)广播室 应设在便于观察候车厅、站场、发车位情况的位置,以便及时掌握站内动态而向旅客公告。使用面积不应小于 6 m²,应有隔音设施。

(3)调度室 调度室是站务活动指挥中心,应设在底层并应邻近站场与发车位,以便与站务人员及时联系。调度室内要有很好的自然通风与采光条件,使用面积不应小于 10 m²。调度室的门应外开。

(4)公安值班室 公安值班室的平面位置应与候车厅、售票厅、值班站务员室有较方便的联系,以便及时了解候车厅、售票厅内的治安状况,便于管理。

(5)站务员及值班站长室 应靠近候车厅,便于服务,又要与内部办公联系密切。

(6)司助休息室 邻近调度室及发车位布置,以便及时与调度人员联系。

(7)厕所 厕所及盥洗按男厕:1个大便器及 1 个小便斗/80 人;女厕:1个大便器/50人;盥洗台:1个盥洗位/150人计算。厕所应设置前室,应有天然采光和良好通风,当采用自然通风时应防止异味串入其他房间。中、小型汽车站候车厅与内部办公可共用厕所。

14.4.6 实例分析

(1)武汉市汉阳汽车站(图 14-20)

武汉市汉阳汽车站(图 14-20),采用集中式的平面布局,客运用房及服务设施全部围绕候车大厅布置,方便合理,适应小型站的使用要求。售票厅与候车既分又通,人流组织较合理,又联系方便,售票房与内部办公相连,便于联系。其缺点是提取行李要穿越候车厅。

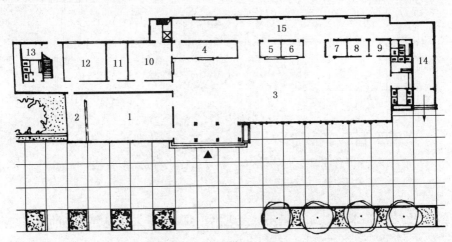

图 14-20 武汉市汉阳汽车站

1—售票厅;2—售票室;3—候车室;4—小件寄存;5—问讯处;6—广播室;7—值班室;8—站务室;9—公安值班室;10—行李房;11—办公室;12—调度室;13—储存室;14—出站廊;15—站台

(2)临汾市汽车站

临汾市汽车站(图 14-21),采用单元式布局,分为四部分:候车、售票、行李、办公。各部分之间干扰小,且又联系方便。方案简洁明快,流线组织合理简捷,空间方整,使用方便。

(3)淮安市汽车站

淮安市汽车站(图 14-22),平面设计中采用几个小院落的穿插形成灵活自由的组织,同

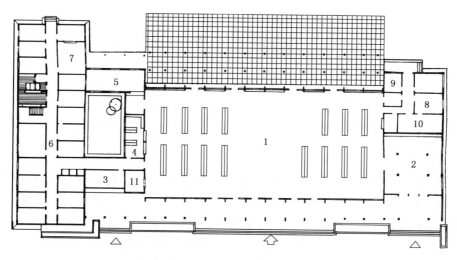

图 14-21 临汾市汽车站

1—候车大厅；2—售票厅；3—小卖部；4—小件寄存处；5—行李房；6—办公部分；7—司助休息室；
8—票据库；9—广播室；10—售票室；11—问讯处

时空间变化丰富。候车大厅相对完整独立，客运用房及服务设施含蓄地与之相连，更能体现出中国建筑空间组合的特点。门厅起到分流作用，流线组织既合理又方便使用。

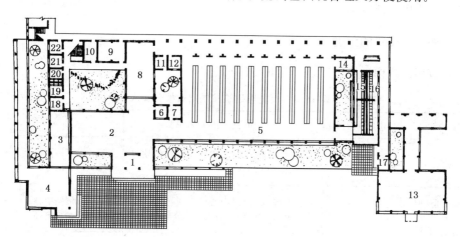

图 14-22 淮安市汽车站

1—门厅；2—售票厅；3—售票室；4—两淮车厅；5—候车厅；6—问讯；7—公安值班室；8—行李房；
9—调度室；10—司助休息室；11—站务室；12—广播室；13—零担货运；14—饮水处；15—男厕；
16—女厕；17—值班室；18—票库；19—办公专用女厕；20—办公专用男厕；21—办公室；22—接待室

15　展览馆建筑设计

15.1　概述

展览馆建筑主要包括博物馆、展览馆、美术馆和陈列馆四类建筑。博物馆是提供搜集、保管、研究、陈列和展览有关自然、历史、文化、艺术、科学、技术等方面的实物或标本之用的公共建筑，如自然博物馆、历史博物馆、军事博物馆、科技博物馆、综合博物馆、美术馆、陈列馆等。另外，博物馆还包括：①图书馆和档案馆长期设置的保管机构；②在搜集和传播活动方面具有博物馆性质的考古学、人种学和自然方面的遗址及历史遗址；③陈列活标本的机构，如森林公园、动植物园、水族馆、动物饲养场或植物栽培所等；④自然保护地区；⑤科学中心和天文台。展览馆是展出临时性陈列品的公共建筑。展览馆通过实物、照片、模型、电影、电视、广播等手段传递信息，促进发展与交流。大型展览馆结合商业及文化设施成为一种综合体建筑。有多个国家参加的规模宏大的产品、技术、文化、艺术展览及娱乐活动的临时性综合建筑称为国际博览会。

15.1.1　展览馆建筑的分类

（1）按展出规模展览馆建筑分为 6 类（表 15-1）

表 15-1　展览馆建筑按展出规模分类表

分　类	建筑总面积(m²)	功能空间构成及说明	实　例
国际博览会	100 000～300 000	展览馆(多处)、广场、商店、餐饮设施、游乐设施等	英国伦敦万国博览会 加拿大国家博览会
国家级、国际性展览馆	35 000～100 000	展览厅、会议中心。一般可附有剧场、商场、饭店、球类馆等公众设施	北京国际展览中心 美国纽约会议中心
省级展览馆	10 000～35 000	展览厅、会议室等	济南国贸中心 江苏省工贸经营中心
地市级展览馆	2 000～10 000	展览厅、会议室等。展厅应可同时用于地市级政治、经济、文化集会	无锡市展览馆 常州工业展览馆
展览(陈列室)	200～500	多用于城市中的商业性展览，如服装、家电、美术作品等	上海第二轻工业局产品陈列室等
其他展览设施	面积不定	多用于城市中的商业宣传、社会教育等简易的大众普及型展览	城市街头橱窗、展览廊、可移动的展览车船

注：专业性展览馆的规模与建筑面积的关系可能因展品尺寸不同而出现例外。

（2）按展出性质展览馆建筑分为 3 类(表 15-2)

表 15-2　展览馆建筑按展出性质分类表

分　类	展出内容	实　例
专业性展览馆	展出内容局限于某类活动范围,如工业、农业、贸易、交通、科技、文艺等	北京农业展览馆 桂林技术交流展览馆等
综合性展览馆	可供多种内容分期或同时展出	北京国际展览中心
国际博览会	展出许多国家的产品和技术品,也是各参展国最近建筑技术与艺术的展示	日本筑波国际科技博览会 神户港岛博览会

15.1.2　展览馆的空间组成

各类展览馆由其性质、规模差别较大,建筑组成各自有所侧重。展览馆建筑一般应包括下列基本组成部分:

（1）展览区:其中包括室内展厅(陈列室)、讲解员工作室、室外陈列场地。

（2）一般观众服务区:包括传达室、售票室、门厅、小卖部、走道、楼梯、电梯、休息室、接待室、贵宾室、会议室(洽谈室)、急救室、剧场、电影院、报告厅、商场、餐馆、旅馆、邮局、球类馆、广场、卫生间等。

（3）库房区:包括内部库房、临时库房、装卸车间、减菌消毒处理室、展示准备室、观察调度室、修理室、洗涤室等。

临时库房:存放临时性展品的库房。

装卸车间:装卸展品的场所。

减菌消毒处理室:展品在展览或运输过程中被污染后需在减菌消毒处理室进行修整,以避免展品被损坏。

（4）专业观众学习研究区:包括图书资料室,学习研究室,咨询、培训室等。

（5）办公后勤区:包括以下部分,①内部办公室、临时办公用房、馆长室、内部会议室;②电梯机房、电话总机室、警卫室、空调机房、锅炉房、变配电室、空压机房、冷冻机房、水泵房、消防控制室、防盗录像监控室;③车库、浴室、厕所。

防盗录像监控室:安装防盗录像设备的房间。工作人员可以通过录像设备监控展厅内的情况,以免展品被窃。

15.1.3　功能关系分析

（1）展览馆功能流线分析,如图 15-1 所示。国际博览会流线分析,如图 15-2 所示。

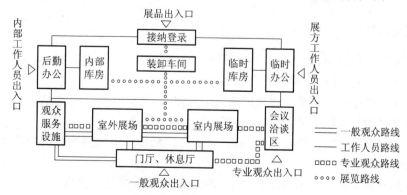

图 15-1　展览馆功能流线分析

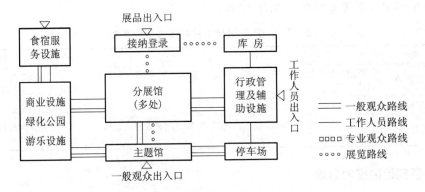

图 15-2 国际博览会流线分析

（2）展览馆功能关系分析，如图 15-3 所示。

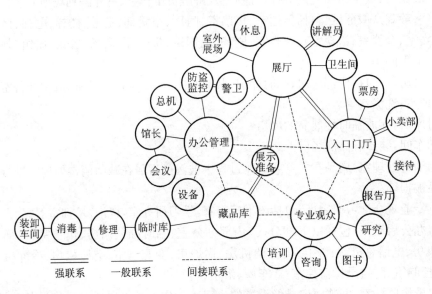

图 15-3 展览馆功能关系分析

15.2 展览馆建筑的基地选择与总体布局

15.2.1 基地选择

展览馆建筑功能复杂，尤其是大型展览馆对城市交通和城市景观有较大影响。

（1）基地的位置、规模应符合城市规划要求。

（2）应位于城市社会活动中心地区或城市近郊。

（3）交通便捷且与航空港、港口或火车站有良好的联系。

（4）大型展览馆宜与江湖水泊、公园绿地结合。充分利用周围现有的公共服务设施如旅馆、文化娱乐场所等。

（5）基地须具备齐全的市政配套设施：如道路、水、电、煤气等管线。

（6）积极利用荒废建筑改造或扩建也是馆址选择的途径之一。

15.2.2　总体布局

（1）新建馆的基地覆盖率宜在 40%～50%，功能分区应明确合理，使观众参观路线与展品运送路线互不交叉，场地和道路布置应便于观众参观集散和展品装卸运送。

（2）建筑内展览的区域一般位于底层，这便于展品运输及大量人流集散，展览区一般宜为 2 层，不应超过 4 层。

（3）必须留有大片室外场地，以供展出、观众活动、临时存放展品、停车及绿化的需要。

（4）在总体上应留有扩建的可能性。

（5）馆内公共活动区观众密度要考虑同时安排两个以上大型展览会时的最大日人流量值。一般可按 15 m²/人控制估算。

（6）主要组成部分的布置要点：

① 展区应位于馆内显要部位，便于人员集散与展品运输。

② 库房区应贴邻展区以利运输，又要与之隔离，避免观众穿越。

③ 观众服务区应贴临馆前集散场地且靠近展区。大型观众服务设施应自成一体，与展区保持良好联系，并设有单独出入口。

④ 后勤办公区与展馆可分可合。

15.2.3　博览会规划设计

（1）会场选址：应根据投资规模、其所在地区人员密度、城市规划决定地址；应远离城市中心区以减轻城市交通压力；应有建造直达市区的大客流量交通设施的技术条件。

（2）会场规划：要控制用地，因地制宜安排各组成部分用地；建筑密度宜控制在 30%～35% 以下，并合理布置绿化；应做好人流、车流道路分级，场外交通不得穿越其展馆区，并适当考虑必要的过境交通和场外交通需要的停车场所。

15.3　展览馆建筑的各部分用房设计

15.3.1　展览馆建筑平面基本组合方式

（1）集中式（图 15-4）：展览空间相对较集中布置，便于管理，参观流线短捷，布展灵活，但不适于布置不同内容的展览。

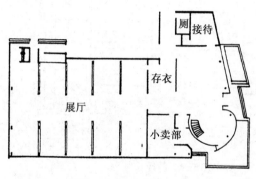

图 15-4　上海美术馆示意

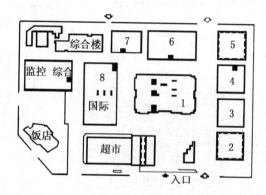

图 15-5　北京国际展览中心

（2）分散式：展览空间分散成多个单元布置，通过廊及走道连接，可同时办多个展览，管理较复杂。如北京国际展览中心（图15-5）。

（3）混合式：采用集中与分散布置相结合的方式，既便于联系，又可分展不同内容，如深圳市博物馆（图15-6）。

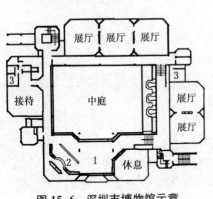

图 15-6　深圳市博物馆示意

1—门厅；2—小卖部；3—厕所

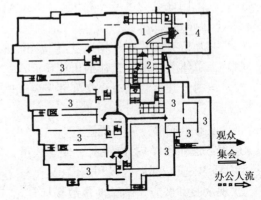

图 15-7　门厅的人流组织

1—门厅；2—广场；3—展厅；4—报告厅

15.3.2　门厅设计

1）门厅设计要求

（1）合理组织各股人流，路线简洁通畅，避免重复交叉。

（2）垂直交通设施的布置应便于观众参观的连续性和顺序性。

（3）合理布置供观众休息、等候的空间。

（4）宜设问讯台、出售陈列印刷品和纪念品的服务部以及公用电话等设施。

（5）工作人员出入口及运输展品的门厅应远离观众活动区布置。

门厅的人流组织如图15-7所示。

2）进厅设计

进厅要与陈列室联系直接，空间宽畅，便于观众进出；要根据陈列内容的性质，有更换陈列序言、屏风的可能性。进厅的形式有以下几种：

（1）走廊式：方向性强，不受其他流线干扰（图15-8）。

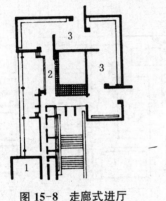

图 15-8　走廊式进厅

1—库房；2—进厅；3—陈列室

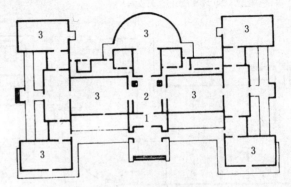

图 15-9　前厅式进厅

1—门厅；2—进厅；3—陈列室

（2）前厅式：与整个展室联系，空间宽敞，观众人流在这里组织，具有选择性大，方向性明晰可循，人流集中的特点（图15-9）。

（3）过厅式：空间紧凑，有过渡性（图15-10）。

（4）中庭式：将不同方向、不同层次的陈列室围绕一核心空间组织。人流组织复杂，选择性大（图15-11）。

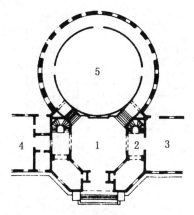

图 15-10　过厅式进厅

1—门厅；2—进厅；3—陈列室；4—报告厅；5—天象厅

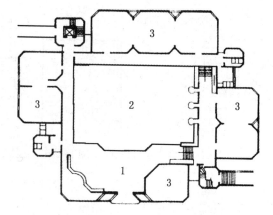

图 15-11　中庭式进厅

1—门厅；2—进厅；3—陈列室

15.3.3　展览空间设计

1）设计要求

展厅应布置在醒目便捷的位置，以便参观者能顺利到达各展厅，人流组织合理，路线简洁，防止逆行和阻塞并合理安排观众休息场所；根据陈列内容性质，满足不同的参观路线要求。展出有灵活性，观众可全部参观或局部参观。参观路线明确，自左至右；展厅工作人员的房间与展厅要联系方便，并与参观路线不交叉干扰。便于组织观众参观、净场和展品保卫工作。尽量争取好朝向，避免日晒。

2）展览区平面布局类型

（1）串联式：各个展厅互相串联，观众参观路线连贯，方向单一，但灵活性差，易堵塞。适于中型或小型馆的连续性强的展出（图15-12）。

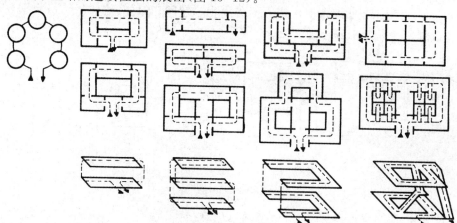

图 15-12　展区平面布局类型（一）

（2）放射式：各展厅环绕放射枢纽（前厅、门厅）来布置，观众参观一个或一组陈列室后，经由放射枢纽到其他部分参观，路线灵活，适于大、中型馆展出（图 15-13）。

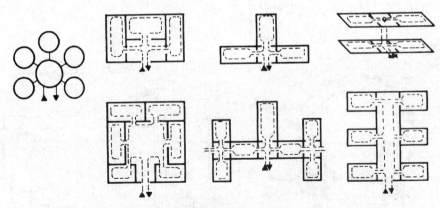

图 15-13　展区平面布局类型（二）

（3）放射串联式：展厅与交通枢纽直接相连，而各室间彼此串联。适于中、小型馆的连续或分段式展出（图 15-14）。

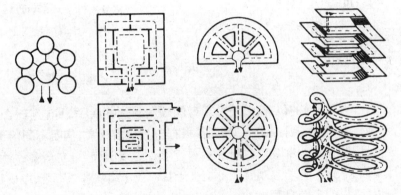

图 15-14　展区平面布局类型（三）

（4）走道式：各展厅之间用走道串联式并联，参观路线明确而灵活，但交通面积多，适于连续或分段连续式展出（图 15-15a）。

（5）大厅式：利用大厅综合展出或灵活分隔为小空间，布局紧凑、灵活，可根据要求，连续或不连续展出（图 15-15b）。

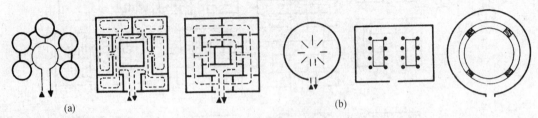

图 15-15　展区平面布局类型（四）

(a) 走道式；(b) 大厅式

3）展览厅、陈列室内参观路线和展品布置形式

展厅、陈列室内参观路线形式有口袋式、穿过式和混合式三种，其展品布置形式有：①单

线陈列;②灵活分隔;③双线陈列;④中间庭院;⑤三线陈列;⑥三跨多线(表15-3)。

表 15-3 展览厅、陈列室布置分类

类 型	口袋式	穿过式	混合式
参观路线	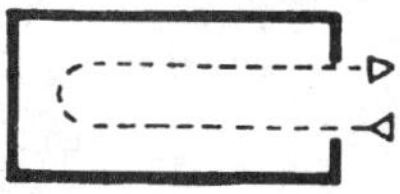	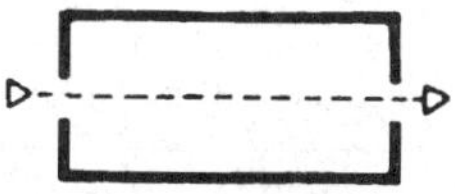	
展品布置形式	单线陈列	单线陈列	灵活分隔
	双线陈列	双线陈列	中间庭院
	三线陈列	三线陈列	三跨多线

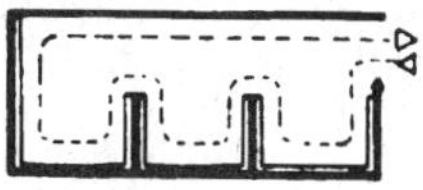

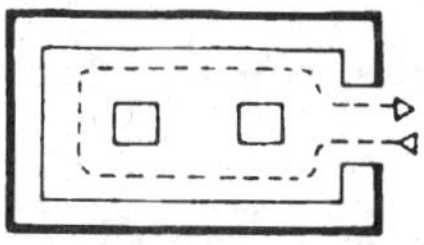

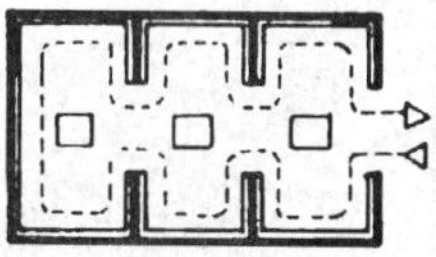

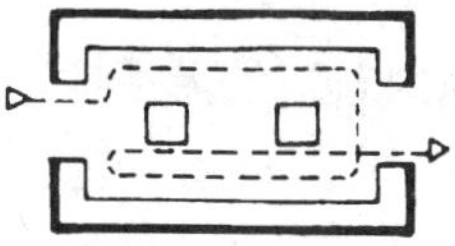

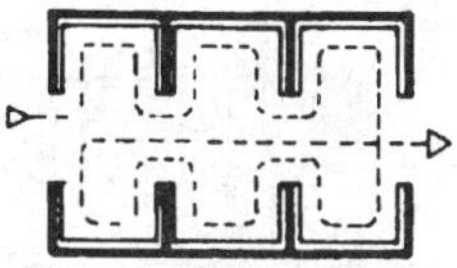

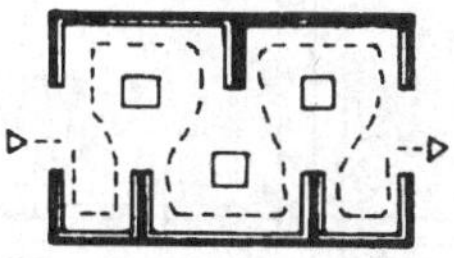

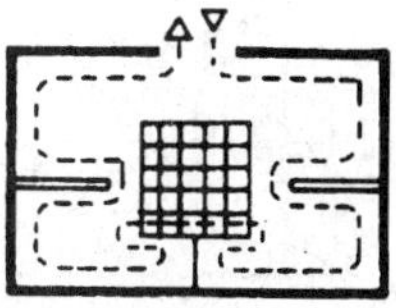

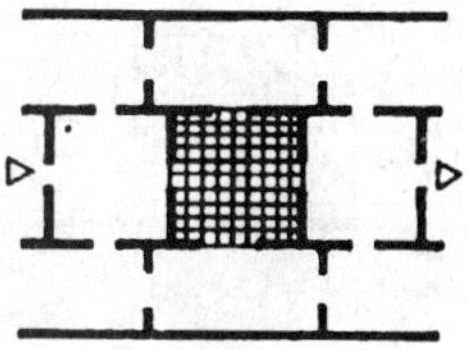

4) 展厅的平面形状及尺寸

展厅内展品布置方式及参观路线的组织对展厅平面形状和尺寸的确定有直接影响。

(1) 展厅平面形状

常用的展厅形状有长方形、正方形、圆形和多边形。

长方形:能获得布展面积最大值;走道通畅便捷,占用面积少;展厅一般照明容易结合走道布置;展览形式调整方便。这种形式适合各种类型展览馆。

正方形:布展方便,排列整齐;走道便捷,参观路线明确;灯光布置有利于组成天棚图案,渲染展览气氛;展览形式丰富。这种形式是常采用的形式之一。

圆形:布置富有变化;走道布置适当时方便参观;展厅一般照明须与走道方向取得呼应;展览形式设计较难,灵活性差。这种形式较少采用。

多边形:展品布置受限制,展览形式设计灵活性较差。这种形式不常采用。

(2) 展厅的面积

展厅面积标准推荐值见表15-4。

表 15-4　　展厅面积标准推荐值

性　质	展览面积(m²)	备　注
用于地区性会议中心兼作展销	净面积:1 000~1 100 总面积:1 800~2 300	附设在贸易交流中心或会议中心内
商品展销厅	净面积:不小于2 300 总面积:不小于4 600	商品展销期以1周~1月为宜
大型展览会	净面积:大于5 000 总面积:大于10 000	相当数量的展厅可达2 700 m²

注:其中展览面积指单个展厅的面积

（3）展厅的尺寸

展厅的跨度:与结构形式和陈列室布置有关,一般隔板长度为4~8 m,观众通道为2~3 m,跨度应不小于7 m。

展厅的柱网布置:应满足陈列布置的灵活性,当双线布置时,进深应不等跨布置,开间一般不小于7 m。

展厅的高度:应突出陈列内容,并保证室内通风,采光良好,净高一般在5 m左右。

几种常用展厅尺寸见图15-16和图15-17。

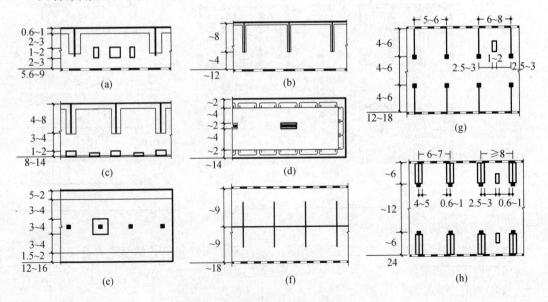

图 15-16　几种常见的展厅尺寸(一)(m)

5) 展厅内的采光、照明要求

展厅内的光环境对展览的效果影响非常大,展览的内容不同,光线的方向、照度、角度都要求不同。

（1）展厅内以人工照明为主,自然采光为辅。一般大、中型馆由于展厅进深远大于层高,难以改善自然采光的不均匀,况且要满足各种展览方式,所以应避免受固定采光口的限制,设计上不宜依靠自然采光。

（2）光线照度应满足观众在视力无明显疲劳的条件下观展的基本要求,并且能确保观众正确辨别展品颜色和辨认展品细部。展品表面照度一般在200~2 000 lx之间,光敏性的

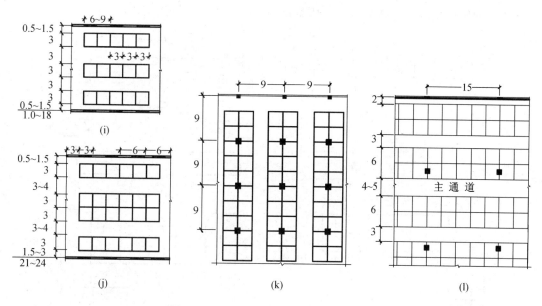

图 15-17 几种常见的展厅尺寸(二)(m)

展品表面照度不低于 120 lx。展品表面照度与展厅一般照度之比不宜小于 3∶1,展厅一般照度与展厅环境照度之比不宜小于 2∶1。展品主要部位照度要均匀,墙面应补充足够的垂直照明,使展品的光和影避免相互影响,不干扰观众视线。

(3) 人工光源的选用应根据展品类别和陈列设计需要确定,应注意灯具显色性、发光效率、照度稳定、含紫外线量以及投光形式。设计应考虑足够数量的导轨灯来补充和强调陈列气氛。

(4) 展厅内应避免光线直射观众和眩光。应限制光源亮度,当光源照度远大于一般照度时,应采用遮光措施或扩散光线或降低光源高度。当玻璃柜内布置展品时,应使得展品照度高于玻璃面照度。为了使玻璃柜上不出现镜像,应保证柜内展品照度高于一般照度 20%。

展厅的采光口型式主要有侧窗式、高侧窗式和顶窗式三种(图 15-18)。

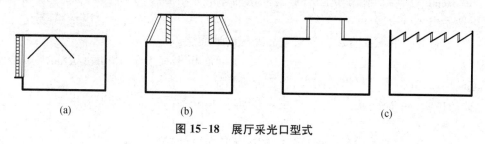

图 15-18 展厅采光口型式

(a) 侧窗式;(b) 高侧窗式;(c) 顶窗式

6) 展厅的平面设计

展厅的规模与数量应视展览内容和管理需要决定。参观路线的安排是展厅平面尺寸的关键,一般地,展览内容多而且相关、连续性强,则采用串联式;展览内容独立、选择性强,则采用并行式或多线式等。陈列布局应满足参观要求,避免迂回、交叉,合理布置休息处和厕所,展品及工作人员出入要方便。

常见的展厅布局形式如图 15-19 所示。

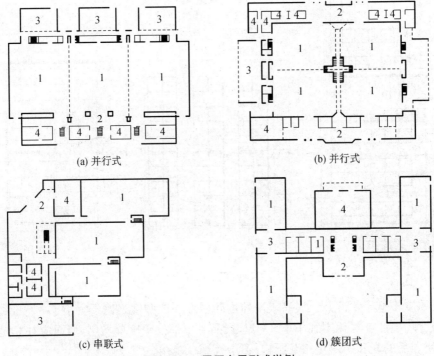

(a) 并行式　　　　　　　　　(b) 并行式

(c) 串联式　　　　　　　　　(d) 簇团式

图 15-19　展厅布局形式举例

1—展厅；2—门厅；3—库房与装运车间；4—会议室

15.3.4　藏、展品库房设计

1）藏品库区组成

藏品库区一般包括藏品库房、藏品暂存库房、缓冲间、保管设备贮藏室、管理办公室等。收藏展品的库房是展览馆中重要的房间。

2）设计要求

（1）藏品库区内不应设其他房间，每间藏品库房要单独设门。在平面布置时藏品库房应靠近展品出入口及展厅。

（2）重量较大的藏品宜放在多层藏品库区的地面层。

（3）藏品库房要按藏品的质地进行分间，每间面积不宜小于 50 m^2。珍品库房若设在普通藏品库区内时，应有严格的防火、防盗分隔措施。

（4）宜南北向布置，避免西晒，尽量少开窗，以免外界阳光入射和温湿度变化过大，其窗地比一般不超过 1/20。

（5）库房区面积约为展厅面积的 1/10。藏品库房的开间或柱网尺寸要与保管设备的排列和藏品进出的通道相适应。保管设备的布置要成行地垂直于有窗的墙面。

（6）藏品库房的净高应不低于 2.4 m。若有梁或管道等突出物时，其底面的净高应不低于 2.2 m。藏品库房的耐火等级不低于二级。

3）藏品库的形式

藏品库按照其管理方式分为闭架库和开架库两钟，闭架库包括普通库和珍品库。珍品库平时很少开库，应有空调。开架库是供专业人员参观、查阅的库房。

藏品库按其空间形式分为独立式藏品库、贴邻式藏品库、分层式藏品库和内附式藏品库。

（1）独立式藏品库(图 15-20)。

（2）内附式藏品库(图 15-21)。

（3）分层式藏品库(图 15-22)。

（4）贴邻式藏品库(图 15-23)。

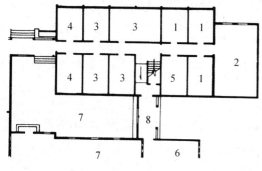

图 15-20　独立式藏品库

1—普通库；2—珍品库；3—技术用房；4—管理；
5—开箱工作室；6—陈列室；7—室外庭院；8—文物入口

图 15-21　内附式藏品库

1—普通库；2—管理办公室

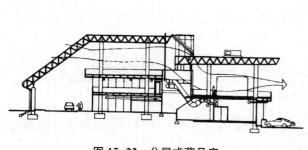

图 15-22　分层式藏品库

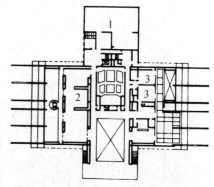

图 15-23　贴邻式藏品库

1—普通库；2—陈列室；3—技术用房

4）藏品库工艺流程及藏品保护

（1）一般要求

藏品防护主要适用于藏品库房,内容包括温湿度要求、防潮和防水、光照要求、防烟尘和空气污染、防生物危害、防盗和防灾等。

围护结构的保温和隔热,应根据室内环境温湿度要求、当地室外气象的计算参数、采暖方式等具体情况,合理确定构造。

藏品库房的外窗为妥善解决防盗、防阳光直射,并与外墙总热阻取得一致,应设金属板和玻璃两层。

绿化既可以美化环境,也可以净化空气、降低噪声等,但不宜紧贴藏品库种植,以免其根部的蓄水穿越地基向室内渗透。

（2）湿度和温度

湿度比温度更加容易影响藏品，一般认为相对湿度不超过 75％比较合适，相对湿度的日较差要控制在 3％～5％范围内。

藏品库的温度一般应控制在 20～30℃之间。在无空调的普通库房内，温度的年较差宜控制在 10℃范围内，温度的日较差宜保持在 2～5℃范围内。

（3）防生物危害

生物危害包括虫类和霉菌两种。从藏品保护来看，温度最好控制在 15～25℃之间，相对湿度宜在 60％以内。

（4）净化空气

藏品库房的空气调节系统必须自成一体，防止与其他部分混合使用，降低标准。在空调和通风系统中设置过滤装置以清除室外新风和回风中的污染物。

（5）防盗

藏品库房和陈列室如有水平连续遮阳、不同标高建筑相连处的高侧外窗、地下室和半地下室的采光通风口等要作防盗处理。藏品库房和陈列室内安装闭路电视、红外线、微波等高灵敏度、多系统的空间入侵报警器。各库室主要通道安装手动防盗报警器。

（6）消防

博物馆内的藏品库房、陈列室以及其他重要部门应作为一类建筑物对待，要求耐火等级不低于二级。普通藏品库和陈列室应设置烟感温差式报警装置及预作用的自动喷洒灭火系统。走廊、过道和楼梯等处设置消防栓、手动灭火器等消防器材及警铃。陈列室为制止火势蔓延，其出入口可装置防火帘。字画、拓片、丝织品等专用库房以及暂存库、珍品库等不宜用水扑救的房间，应设卤代烷固定灭火装置。

面积超过 1 000 m² 的无窗藏品库房以及其他应设的部位应设置防排烟设施。

（7）藏品库的工艺流程（图 15-24）

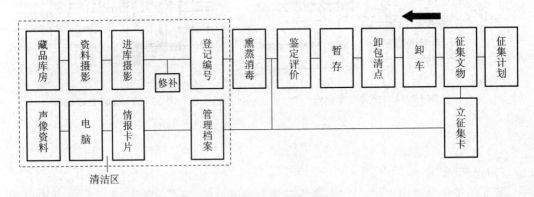

图 15-24　藏品库工艺流程

15.3.5　观众服务用房设计

（1）报告厅、接待室，位置应靠近主要出入口。报告厅也可直接对外开门，以便及时疏散人流。报告厅、接待室面积定额见表 15-5。

（2）卫生间，位置应与展厅、休息处联系方便，又要相对隐蔽些。应设前室，防止异味窜入展厅。展区卫生间设置定额见表 15-6。

（3）休息处，可靠近展厅或门厅布置。

（4）售票处，宜布置在主要入口处，方便参观者购票及入场参观。

（5）学习研究室、图书资料室，要求相对安静，可单独设对外出入口。

表 15-5   报告厅、接待室面积定额

规　　模	报　　告　　厅		接待室面积（m²）
	座位数	每座占据面积（m²）	
大 型 馆	200	1.0～1.5	150
中 型 馆	100	0.5～1.0	100
小 型 馆	—	—	100

表 15-6   展览区卫生间设置定额

卫生间数量		卫生洁具				服务区域	
		大便器	小便器	洗脸盆	污水池	陈列室	层数
男	1	2	4	1	1	1 000 m²	一层
女	1	2	—	1	1		

15.3.6 技术用房设计

（1）减菌消毒室：其位置应便于展品运送。有自然通风及采光。

（2）修理室：宜设在北向，且与库房及展厅联系方便。窗地面积比应不小于1/4，有自然通风及采光。

（3）消防控制中心：应设在底层且靠近次要出入口的位置，以方便与室外联系。

（4）监盗控制室：位置要求与展厅及保安办公、行政办公联系方便。

（5）装卸车间：要保证展品快速装卸及运送。

博物馆建筑技术及办公用房应包括鉴定室、摄影室、熏蒸消毒室、实验室、修复室、文物复制室、录制工厂、标本制作室、研究阅览室、管理办公室、消防监视控制中心及行政库房等。其中专用的研究阅览室及图书资料库，应有单独的出入口与藏品库区相通。鉴定室、实验室、修复室、装裱室、文物复制室、标本制作室等用房，宜北向采光，窗地面积比应不小于1：4。

15.3.7 实例分析

1）北京国际展览中心（图 15-25～图 15-27）

位于北京市朝阳区北三环东路静安庄，占地面积 15 万 m²，有 6 万 m² 室内展览面积，0.7 万 m² 室外展览面积。结构体系分别有网架结构、钢筋混凝土结构及钢结构。拥有中国国内面积最大的 7 个展览馆，其中 1 号展览馆（主体馆），建筑总面积达 5 万 m²以上。

展览中心设有大型报告厅、会议室、技术交流室、贸易谈判间和餐厅等，可供举办大型展览会和会议。为展览会服务的海关、运输、施工、旅游、饭店、物品租赁、餐饮等在中心均设有办公场所或配套设施，展商无需出院门即可得到与展览会有关的各种服务。

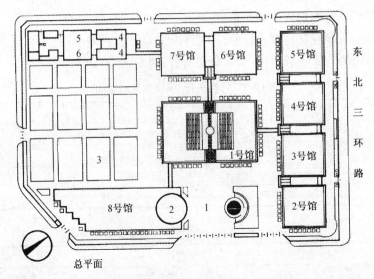

图 15-25　北京国际展览中心（总平面）

1—门厅；2—售票厅；3—室外展场；4—办公；5—食堂；6—仓库

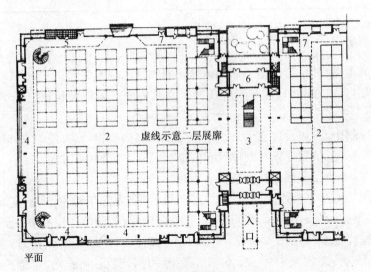

图 15-26　北京国际展览中心（平面）

1—门厅；2—室内展厅；3—中央大厅；4—休息；5—厕所；6—接待；7—进货口

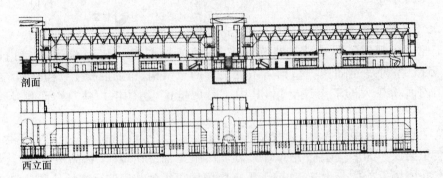

图 15-27　北京国际展览中心（剖面、西立面）

2）南京市规划建设展览馆(图 15-28～图 15-30)

南京市规划建设展览馆,原名江苏省展览中心,江苏省展览馆,位于著名风景区"城市中央公园"的玄武湖主入口西侧,南京第二商业圈湖南路的东端,南临地铁玄武门站,西靠交通要道中央路,地理位置十分优越。全馆共有地下一层,地上三层,一层主要是序厅,二层和三层是展厅包括服务区、休闲厅、模型厅、数字影院、贵宾厅和十个专业展厅。全馆占地 2.3 万 m²,建筑面积 5 万 m²,其中规划建设展厅面积 1.55 万 m²。

展览馆除展示外,还包括查询、交流研究、宣传教育、休闲观光等功能。

展览馆主体建筑呈长方型,巨型玻璃幕墙配饰花岗岩拱形门,将现代美与古朴美有机地结合在一起,具有独特的艺术风格。

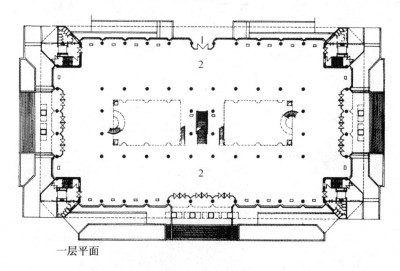

一层平面

图 15-28 南京市规划建设展览馆(一层平面)

1—进货口;2—室内展厅;3—厕所

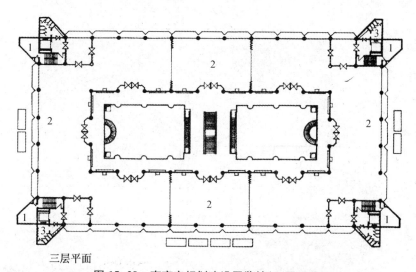

三层平面

图 15-29 南京市规划建设展览馆(三层平面)

1—办公;2—室内展厅;3—厕所

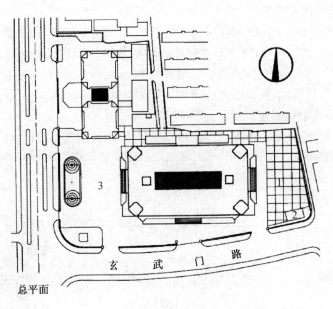

总平面

图 15-30　南京市规划建设展览馆(总平面)

1—室外展场；2—变电；3—门前广场

主要参考文献

[1]《建筑设计资料集》编委会. 建筑设计资料集. 第2版. 北京:中国建筑工业出版社,1994

[2] 张文忠. 公共建筑设计原理. 第3版. 北京:中国建筑工业出版社,2005

[3] 建设部执业资格注册中心,山东省建设委员会执业资格注册中心. 注册建筑师考试手册. 济南:山东科学技术出版社,1999

[4] 赵庆双. 房屋建筑学. 北京:中国水利水电出版社,2007

[5] 骆宗岳,徐友岳. 建筑设计原理与建筑设计. 北京:中国建筑工业出版社,1999

[6] GB 50352—2005 民用建筑设计通则. 北京:中国建筑工业出版社,2005

[7] GB 50763—2012 无障碍设计规范. 北京:中国建筑工业出版社,2012

[8] JGJ 39—2016 托儿所、幼儿园建筑设计规范. 北京:中国建筑工业出版社,2016

[9] GB 50099—2011 中小学校建筑设计规范. 北京:中国计划出版社,2011

[10] JGJ/T 41—2014 文化馆建筑设计规范. 北京:中国建筑工业出版社,2014

[11] JGJ 38—1999 图书馆建筑设计规范. 北京:中国建筑工业出版社,1999

[12] GB 50139—2014 综合医院建筑设计规范. 北京:中国建筑工业出版社,2014

[13] JGJ 62—2014 旅馆建筑设计规范. 北京:中国建筑工业出版社,2014

[14] JGJ 48—2014 商店建筑设计规范. 北京:中国建筑工业出版社,2014

[15] JGJ 60—1999 汽车客运站建筑设计规范. 北京:中国建筑工业出版社,1999

[16] JGJ 64—1989 饮食建筑设计规范. 北京:中国建筑工业出版社,2007

[17] GB 50016—2014 建筑设计防火规范. 北京:中国计划出版社,2014

[18] GB 50045—1995 高层民用建筑设计防火规范. 北京:中国计划出版社,2005

[19] GB 50180—1993 城市居住区规划设计规范. 北京:中国建筑工业出版社,2002